张 伟 曹宝红 宋 扬 薛 峰 李国栋 / 编著

航空系统集成与工艺

Aviation System
Integration Technology and
Process Engineering

国防工业出版社

·北京·

内 容 简 介

本书是国内首本研究和探讨航空系统集成的著作，以航空系统集成技术的理论基础、系统构建和管理的方法、技术发展要点和趋势分析为切入点，从系统哲学、集成理论、系统工程方法、体系构建及评价理论和方法、标准化系统工程等方面，系统地阐述了航空系统集成及工艺工程的理论基础、研究范畴、基本内容、研究策略及发展方向等。

全书分为三大部分，共7章。第一部分包括第1章和第2章，从哲学层面建立了航空系统集成研究的理论范畴，从方法论角度就航空系统集成专业技术路径和发展策略进行了初步探讨；第二部分包括第3章、第4章、第5章和第6章，以系统工程理论和方法论的研究为基础，开展了航空系统集成工艺系统工程研究；第三部分为第7章，探讨了标准化理论和方法论，开展了航空系统集成工艺标准化系统工程研究。

本书可供航空系统集成领域的工程技术人员和管理人员参考，也可作为高等院校航空系统工程相关专业和工程管理专业的教学参考书。

图书在版编目（CIP）数据

航空系统集成与工艺 / 张伟等编著. —北京：国防工业出版社，2021.11

ISBN 978-7-118-12419-4

Ⅰ. ①航… Ⅱ. ①张… Ⅲ. ①航空工程－系统集成技术 Ⅳ. ①V37

中国版本图书馆 CIP 数据核字（2021）第 238112 号

※

国防工业出版社 出版发行

（北京市海淀区紫竹院南路 23 号　邮政编码 100048）

雅迪云印（天津）科技有限公司印刷

新华书店经售

*

开本 710×1000　1/16　印张 16½　字数 285 千字

2021 年 11 月第 1 版第 1 次印刷　印数 1—1800 册　定价 198.00 元

（本书如有印装错误，我社负责调换）

国防书店：（010）88540777　　书店传真：（010）88540776

发行业务：（010）88540717　　发行传真：（010）88540762

序

以航空电子系统集成产品为典型代表的航空机载设备大系统集成产品，由于其在全寿命周期内具有较好的性能、可靠性、可维护性等，是当代航空机载设备研发和发展的趋势，其产品优势已在各型飞机的服役过程中得到体现。航空系统集成业随着这种新的航空设计制造理念出现了，正朝着大综合、大集成、自动化、智能化和规模化方向发展，国外在此领域已取得长足发展，出现了一批知名的大系统集成产品承包商，如波音、空客及商飞的系统级产品供应商利勃海尔、罗克韦尔柯林斯、霍尼韦尔、古德里奇等。

国内航空系统集成产品是航空装备发展的新兴领域，虽然产品已经在数个在研、在役型号得到应用，但是从核心技术、产业链等方面来看，产业的发展模式、工作流程、技术体系等尚未建立或还处于初步萌芽阶段；从航空系统集成产品服役的现实情况来看，集成系统产品已成为制约航空武器装备可靠性的关键一环，严重影响航空装备的服役效率。

尽管面临各种困难和挑战，仍可预见随着国产飞机模块化设计思想与柔性制造技术实施的不断深入推进，航空系统集成技术及产业发展潜力巨大，因此尽快开展定义行业范畴与概念、确立行业技术体系、明确产业发展模式、制定生产管理工作体系等工作是必要、必须且紧迫的。

本书是作者团队在航空系统集成领域的工程实践与思考的结晶，本书对航空系统集成的基础理论、基本概念和体系构建方法及技术进行了系统的思考，并取得了一些创新性的研究成果，从系统哲学的高度，以体系的视角全面阐述了航空系统集成的概念范畴、基础理论、研究方法及体系构建理论和方法论等，是航空系统集成难得的学术专著。本书作为航空系统集成领域的第一本专著，必定对我国航空系统集成业的快速成熟具有抛砖引玉的作用。我相信，本书的出版将有助于我国航空系统集成技术及行业的发展。

中国航空工业集团公司首席技术专家

2020 年 12 月于西安阎良

前　言

由于现代航空任务和作战模式从单机任务型到编队协作再到体系对抗的演变，飞行器在整个任务体系中的功能和作用也在不断变化，由独立单元到中继交换再至协同处理和决策，飞行器自身的功能逐步变得强大起来。由此相应地对各类机载设备、单元的需求也飞速增加，而这些设备单元庞大的体积、重量、功耗等，都对飞行器的结构效益和任务效率提出了严峻的考验；同时这些功能之间又具有较为复杂的交联关系，故设备单元的信号、数据共享成为必须，因此为了保证飞行器能够达到技战术目标，客观上就要求飞控、航电、机电、任务等系统必须进行集成以便协同工作，这就是航空系统集成理念产生的根源。

总线技术、通用模块技术、机载数据网络交换技术等的出现和快速成熟使得飞行器系统功能和设备的集成成为可能。以航空电子系统集成架构为典型代表，从 20 世纪 70 年代开始，历经邦联架构、模块化航电系统架构、综合模块化航电系统（IMA）架构等阶段，集成度不断提高。近年来随着系统集成理论和方法得到广泛研究，系统集成理念延伸扩展至整个飞机机载系统，形成了独特的研制及管理体系，继而航空系统集成行业出现了。

国外航空系统集成业已经成为专门的行业领域，但在我国尚属于新兴技术领域和产业概念，不论是技术体系还是产业模式尚处于探索阶段。因此为了发展这个行业，首先就需要搞清其基本概念，定义其核心要素，厘清技术内容，建立专业技术体系，继而才能对其发展方向进行预判，做出科学合理的路径规划。虽然航空系统集成专业有着特定的科学技术基础，但就科学研究的基本方法而言并无特殊之处，同样遵从任何科学技术的创新和发展都离不开哲学思想的进步和指导这一基本规律，因此系统学、集成论等哲学理论就成为开展航空系统集成专业范畴研究的基础。

由于航空系统集成产业的产业模式、产业架构、生产制造方式和制造（工艺）概念与传统的制造业区别较大，无法快速复制现有产业的管理和工作模式，因此需要开展符合航空系统集成业特点的相关体系、制度规范的建立及方法的研究，特别是工艺体系的建立及相关理论和方法的研究。工艺技术的系统化发展与工艺标准规范的体系化建立是制造业开展的基础，工艺基础的定义和工艺管理方法的形成是行业确立的核心，所以航空系统集成业要成为区别与传统制造业的一门新兴制造业，工艺体系的作用非常重要。

因此，为了满足航空系统集成工艺体系建立这种全新技术、产业领域的规范、科学发展的需求，开展系统工程，研究其支撑理论和方法论，能够使得工艺系统在其他配套系统尚不成熟完善的情况下从工艺过程设计的角度开展工艺系统的顶层设计和架构规划，对于工艺系统的可持续、动态化、规范化、科学化发展，同时对于保障现有航空系统集成产品的质量具有重要意义。

系统工程自从 20 世纪 60 年代提出以来，已成为处理现代复杂工程项目的最佳方法和手段，同时随着社会和工程新问题的出现，系统工程理论和方法论也在不断发展和更新，已在各种领域和项目上取得了成功的经验。典型例子为 1995 年美国国家航空宇航局（NASA）SP-6105 的编制，将系统工程的基本概念和技术融入 NASA 系统和环境中，使得技术人员能够较深刻地理解 NASA 系统工程的性质并在实践中自觉运用它；随着系统工程国际标准框架的不断成熟完善，NASA 的系统工程也迅猛发展，包括国际标准组织 ISO9000 的实现、一体化能力成熟度模型（CMMI）的应用等，2007 年 SP-6105 修订版的出版，更新了 NASA 系统工程知识结构，提供了了解 NASA 实践的范例。但在实践中，运用好系统工程处理现实问题仍然不易，原因在于系统工程有着一整套的理念、方法和工具，面对新的问题时现有的系统工程方法很可能已经过时，这时就需要发展出新的方法论和工具，特别是面对当代新的技术领域和行业快速出现与发展的情况，系统工程新理念和方法的提出显得颇为紧迫。

这里我们面临两个需要思辨的问题。一是建立一个工程技术（管理）体系需要研究哲学思想吗？没有哲学思想的思辨难道不能构建一个科学合理的体系吗？二是什么是方法论，与通常所说的方法有什么本质区别，为什么建立体系理解和掌握方法论？只有搞明白了这两个基本问题才能胸有成竹地开展后续研究，才能从基础理论到方法工具的选择上做到有的放矢、有理有据，最终形成一个理论充分、逻辑严密、方法科学、结构合理的体系。

建立一个工程技术（管理）体系为什么要研究其哲学本源，不研究哲学问题仅从方法论的层面能否建立起一个逻辑、结构、方法、程序细则均满足工程研发需求的体系呢？答案是：当然可以，而且绝大部分体系就是这么建立的，这些体系在实际应用中也取得了相当的效益，甚至是重大的成果。既然如此，为什么还需要寻找体系的哲学本源并使用哲学思想指导呢？这就需要研究体系的内涵与现状了。体系一词的起源这里就不去考究了，仅从其释义"泛指一定范围内或同类的事务按照一定的秩序和内部联系组合而成的整体，是不同系统组成的系统"可知，现代意义的体系必然与自然科学的出现与发展相关，理由在于其释义中涉及分类、联系、系统、系统之系统等现代科学研究专用名词，核心内涵在于对客体系统的结构化。结构化就需要系统方法的指导和方法论的应用，伴随着系统工程思想的兴起，出现了各种系统工程方法、如目标导向的系统工程方法、结果导向的系统工程方法等，以及各类系统论，包括以美国工程师 A. D. Hall 提出的三维空间结构为代表的硬系统工程方法论、以英国学者切克兰德为代表的软系统工程方法论等，用以处理不同类型的对象和问题。实践证明，现有的系统工程方法和方法论在现代工程体系的建立与优化过程中发挥了巨大的作用，取得了令人瞩目的成就，具有非凡的科学和工程价值。

近年来，随着我国科技产业的快速转型和发展，针对传统产业体系构建和优化的系统工程方法已经不能完全满足新的科技领域的建立和产业化的需求，主要原因在于对系统工程思维理解的僵化和对系统工程方法认识的片面化；也在于传统产业发展的特点决定了对系统工程方法认识的狭隘性。系统工程作为一门联系哲学与科学的跨领域学科，起到承上启下的作用，其本质在于将哲学思辨融入系统视角以指导科学发展与研究。因此，系统工程方法的不适用表面体现为系统工程科学技术的落后，其实更深层次的是反映了其哲学思辨的不完善，未能将体系所代表的哲学本源和思辨成果作用于系统工程。故为了适应我国工程技术领域的创新发展，由"必由之路走向自由之路"，满足以航空系统集成为代表的新兴工程技术领域体系构建对系统工程方法的需求，研究体系的哲学本源就成为"治本"之道。

另一问题就是方法论是什么，与方法有什么关系，在建立体系的过程中方法论和方法又分别起到什么作用？那么就需要从体系建立的科学理论和技术基础谈起，对系统科学而言，主要研究问题有两个：一是如何认识系统；二是如何设计、改造及运用系统。这就需要科学方法论的指导和科学方法的运用。方法论和方法又是两个不同层次的问题。一般而言，方法论是关于认识世界和改造世界的根本方法，是研究问题所应遵循的途径和研究路线，在方法论指导下是具体问题，如果方法论不对，再好的方法也解决不了根本问题。在具体学科和具体问题上，方法论是所采用的研究方式、方法的综合体，也就是将方法论客体化就成为方法，但本书还是将其分开探讨，因为本书所讨论的是一般性普适问题。

本书针对航空系统集成工艺体系的特点，从系统哲学、系统科学及系统工程之间关系和发展角度出发，将价值论与系统工程结合，提出基于价值的系统工程方法以应对工程项目建设面临的新问题。这种系统工程方法较好地将系统哲学中的价值问题融入系统工程及方法论中，体现了系统哲学、系统技术与系统工程不同层次的一体化。

同时现有的体系生成和描述方法以需求或能力牵引为基本点，关注点在于技术点的生成及方法，体系的建立过程是一个自上而下的分解过程，以技术列表的形式展示，这种体系生成方法较好地满足了现有的系统工程方法的实施，但对只有混沌理念和价值愿景的新系统构建则不适用，如航空系统集成工艺体系的构建，因为这种体系的构建实质上是一个分解后再组合的过程。故为了适应这种体系的特点，以基于价值的系统工程方法为指导发明了新的体系生成方法——动态系统组体系，但同时我们也应该了解的事实是，系统的产生有许多方法和途径，选择一种科学、高效的体系产生方法是必要的。

那么如何衡量一个体系是否科学高效呢，这就需要使用成熟度评价工具了。本书以技术成熟度评价的基本原理为依据，根据航空系统集成工艺系统工程管理和系统工程技术活动的实际需求，提出了航空系统集成工艺体系构建过程中的成熟度模型体系，涉及的成熟度模型包括技术成熟度评价、能力集成成熟度评价和体系成熟度评价。

目前，国内各个主机院所已开始了相关技术和产业发展的初步探索和研究，我院为了配合、规范及引导行业发展及在研、在制航空系统集成产品的研发、制造，尝试着建立了初步的工艺系统，取得了一些成效。为了进一步规范大系统集成产品的设计、生产，工艺标准化则是一条必经之路，而且系统集成专业发展的目标及目的之一就是建立一套满足自研产品生产需求的工艺标准，使我们的工艺体系能够更加成熟、规范、高效，进而希望能够在此目的上再前进一步，向国外知名大系统集成商看齐，提升我们的研究成果技术水平，做好我们的大系统集成标准化工作，从而填补国内在此领域的空白，规范、指导、协同促进行业发展。因此构建一套能够明确产业技术领域，体现行业技术水平，指引行业发展方向的工艺标准化体系对于产业发展来说意义重大。

标准化系统工程作为现代各种复杂大型工程项目标准化系统建立的指导思想和理论基础，其基本概念最早由钱学森提出，但传统的标准化系统工程结构和模型已不能完全适用于航空系统集成工艺标准化系统的建立。故本书在研究航空系统集成产业的技术领域、特点和行业现状的基础上，从标准化系统工程的原理和方法论角度出发，提出航空系统集成工艺标准化系统工程的基本理论和方法论，通过对标准化理念、标准化程序、标准化方法优化研究和适应性创新，编制了航空系统集成工艺标准体系表，为指导工艺标准化工作的全面开展提供了理论、方法依据。

本书是国内首本研究和探讨航空系统集成的著作，内容包括三部分，分为7章。第一部分包括第 1 章和第 2 章，从哲学层面建立了航空系统集成研究的理论范畴，并就航空系统集成专业技术路径和发展策略进行了初步探讨；第二部分包括第 3~6 章，以系统工程理论和方法论的研究为基础，开展了航空系统集成工艺系统工程研究；第三部分为第 7 章，探讨了标准化理论和方法论，开展了航空系统集成工艺标准化系统工程研究。

在研究航空系统集成领域相关技术和体系的建立过程中，本书在基础理论和方法论研究方面，取得了一些成果，包括：在系统工程领域，提出了基于价值的系统工程方法、动态系统组体系及其构建方法理论、动态系统组体系成熟度评价模型及方法；在标准化及标准化系统工程领域，提出了价值驱动理论、优先性原理、标准化系统工程方法论（空间结构认知论和方法论逻辑）和综合集成标准化程序，革新性地构建了标准化系统工程新模式。

基于系统集成设计及制造技术在航空技术中的新鲜度，本书在讲解模式上抛弃传统的从科学技术理论到应用方法再辅以案例讲解的模式，转而由个体对新事物的认知和理解角度出发，从科学技术的本源、应用方法和途径的视角，辅之以理论和方法论的适应性创新，使得读者能更好把握事物的本质，期望使得读者能够以在无对应的专业背景条件下，仅凭一般科学知识和常识就能够理解与投入这个具有广阔前景和发展潜力的专业技术领域，在自身学习成长的同时为系统集成工艺技术和管理的创新性发展注入自己的才智。技术能力的提升在于经验积累和持久学习的基础上积极地思考与改进，本书目的不在于知识技能的传授，更多的是希望给予知识和业务体系框架的建立方法，帮助读者掌控全局、厘清思路。

本书主要用于航空系统集成领域相关业务从业者全面了解航空系统集成基本概念及行业发展蓝图，特别适用于新入职技术人员快速进入角色，为个人找到感兴趣的研究方向和规划职业发展提供参考，也可用于指导行业管理人员掌握管理理论和方法。

本书的写作过程中得到中国航空工业集团公司首席技术专家冯军的关注，并为本书作序。编写过程中得到李热爱研究员、秦兴华研究员、杜方高工、侯普育高工的帮助，同时陈恒锐高工、侯悦工程师、欧霞高工、杨召庆高工、党彦虎高工、肖维萍高工也给出了一些建设性建议，特别是周卫国高工、高晓娟副教授对本书能够顺利出版也有特别贡献，在此一并向他们表示感谢。

　　本书所讨论的观点、思想及方法等，参考了国内外有关作者的研究文献，但更多的是作者多年科研工程实践过程中的认识与思考。由于作者水平有限，对许多问题的认识、见解难免肤浅、有疏漏甚至错误之处，敬请各位专家、读者批评指正。

张伟

二〇二〇年

目 录

第 1 章
系统集成理论及研究方法

随着我国航空系统集成业的快速变革，如何高质量地发展这一新兴行业就成为当下值得研究的一个热点课题。弄清楚什么是系统、集成及系统集成，厘清其含义、逻辑关系、研究方法等才能为技术发展和行业建立提供基本思路和途径，这是布局航空系统集成的前提；同时需要从哲学理论和系统科学层面研究系统发展和演化的趋势与规律，这是指引航空系统集成发展方向的理论基础。

1.1 系统及系统集成的概念

1.1.1 系统的概念

据考证，系统（system）由古希腊语"Syn-Histanai"翻译而来，原本指事物中的共性部分和每一事物所占据的位置，表达部分组成的整体的意思。近代科学家和哲学家常用系统一词来表示具有一定结构的复杂研究对象，如天体系统、社会系统、航空系统等。从中文字面上看，"系"指关系、联系；"统"指有机统一，"系统"则指按特定关系而联合组成的整体。随着现代系统科学的不断发展，"系统"成了整个系统科学中最基本的概念和研究对象。

1937 年奥地利生物学家贝塔朗菲（Ludwing Von Bertalanffy）首次将系统作为科学概念予以定义，他认为，"系统的定义可以确定为处于一定相互关系中并与环境发生关系的各组成部分的总体"。而同时依照学科的不同、待解决问题的不同及使用方法的不同，国外关于系统的定义已达数十种。但不论如何定义，系统概念同其他认识范畴一样，描述的是一种理想的客体，而这一客体在形式上表现为诸要素的集合，具有以下共同特征属性：整体性、集合性、层次性、相关性、目的性及环境适应性。这些属性是系统与非系统的本质区别。

我国系统科学界较为通用的定义是："系统是由相互作用和相互依赖的若干组成部分（要素）结合而成的、具有特定功能的有机整体。"据此定义，系统必须具备 3 个条件：第一，系统必须由两个或两个以上的要素（或部分、元素、子系统）所组成，要素是构成系统的最基本单位，因而也是系统存在的基础和实际载体，系统离开了要素就不能被称为系统；第二，要素与要素之间存在着一定的有机联系，从而在系统的内部和外部形成一定的结构或秩序，任何一个系统又是它所从属的一个更大系统的组成部分（要素），这样，系统整体与要素、要素与要素、整体与环境之间，存在着相互作用和相互联系的机制；第三，任何系统都有特定的功能，这是整体具有不同于各个组成要素的新功能，这种新功能是由系统内部的有机联系和结构所决定的。

1.1.2 系统集成的概念

关于系统集成，国内外并没有统一的标准化的定论，各个定义都是各行业、机构、商家等依据自己商品需求或是研究需要来界定。系统集成概念最初由各系统集成开发商提出，其目的在于说明其系统集成产品的特点和优势，因而对系统集成的定义局限在将系统集成圈定在通过通信技术将软、硬件连接从而实现业务功能，并能够为用户提供即时通信、资源共享、信息服务这一单一和狭小的范围。由于系统集成最早是由处理计算机互联和信息处理的需要而产生的，因此在系统开发商的眼界中，系统集成更多的是一种软件产品的功能实现，是以网络为中心的应用集成，即计算机网络系统集成，并不包括系统中所要用到的数据库系统和应用程序，更不涉及广义的集成领域，包括硬件集成和管理集成。例如，美国 IBM 公司就把系统集成定义为将信息技术、产品与服务结合起来实现特定功能的业务，以硬件、软件和专业服务的形式向客户交付一个满足需求的信息系统。而大型系统集成商 Input 公司认为系统集成是由一家厂商全面承包用户的大型复杂信息系统，负责系统设计，利用硬件、软件与通信技术实施，包括资源调查、文档管理、用户培训与运行支持在内的全面项目管理等。

随着系统集成概念在多个领域的广泛应用，对其本质和内涵的研究也越发丰富。

在研究领域，系统是一个很大的概念范畴，对系统集成的理解可谓是纷繁复杂。从广义上理解，系统是指为实现某一目标而形成的一组元素单元的有机结合，而系统本身又可作为一个元素单元与其他元素结合或与系统群组合，这种组合过程可以概括地称为系统集成。从系统理论角度来看，系统集成是指通过改善系统结构，加强系统各部分之间的联系与交互，优化性能，使系统表现出更高的整体性。

在管理学研究方面认为系统集成的本质含义是通过思想观念的转变、组织机构的重组、流程的重构及计算机系统的开放互联，使整个产品研制机构彼此协调地工作，从而发挥整体的最大效益。这种角度是从管理的思想出发，提倡以系统能够发挥最优化效能为目标的管理思想、手段、方法的某种行为过程。

美国安全工业协会的系统工业研究小组以"集成系统"概念来说明系统集成，体现其更注重信息技术为核心的研究方向。

这些定义从不同的研究领域出发，具有一定的理论性意义。本书将系统集成局限在航空器设计和制造业范畴，依据系统集成实施的不同范畴，将航空业的系统集成分为狭义的和广义的两个概念，既包含技术研发和设计手段上的系统集成概念，也包含管理组织机构重构的思想。

本书所介绍和研究的是狭义的航空系统集成，主要指飞机航电、机电、飞控等大系统产品的机载设备及软件的集成设计和测试或调试，概念也可延伸至与大系统配套的传感、作动、监视等外部机构的集成设计与调试。

广义的航空系统集成是新理念、新技术在飞机上的应用技术研究，通过选择、重构、优化、验证等步骤，开展新设备、新系统、新材料、新设计思想等与飞机大系统相容性和适配性研究，在此过程中对研发组织和管理机构的职责重新分配与定义，最终完成在飞机上的应用，并实现产品优势的最优化和产品效益的最大化，这是另外一个更具有前景的研究课题。

1.2　系统学理论

研究系统集成首先要搞清系统，从系统学科基本定律及相关研究理论入手，才能科学地对系统的集成研究开展理论和方法上的创新与构建。

本节介绍了系统学的基本定律与3个研究系统发展和演化的理论，包括耗散结构理论、SAR系统理论和界壳理论，对如何看待和研究系统、如何发展系统提供了基本的思路和指导，对系统集成研究的开展具有重要意义。

1.2.1 系统学定律

1. 系统学第一定律

"系统的质总是大于组成它的各个要素在孤立状态下的质的总和，系统可累加或不可累加的某一具体属性的量，既可放大也可缩小或者不变，由这一具体属性的特征、系统结构及系统内协同作用的强弱所决定"，这个规律称为系统学第一定律。

系统学第一定律的意义在于揭示了系统的质总是大于要素质之和，并能对某些属性加以放大的客观规律，同时对于某些会导致属性量缩小的因素要给予防止和纠正，提高系统的组织化和有序化程度、加强系统内部的协同作用，使系统质不仅大于要素之和且趋于最优。这对系统的构造的必要性提供了依据。

系统构造的目的在于系统功能的倍增，根据上述定律，系统结构的作用不可忽视。系统结构，作为系统论一个基本范畴，是指系统部分要素的秩序，更具体地说，是指系统各组成要素在空间、时间方面的联系与相互作用的方式与逻辑，所以系统结构由要素加序组成，具有层次性、相对性、稳定性、开放性和动态性等特点。一般而言，系统有序性越高，结构也越严密。

系统的功能是指系统与外部环境相互联系和作用过程的秩序和能力。系统功能体现了系统与外部环境之间的物质、能量、信息的输入与输出的变换关系。

系统的结构与功能是一对不可分割的范畴，系统的结构是完成系统功能的基础。功能是一个过程，反映了系统对外界作用的能力，由系统的结构所决定，表现于系统整体的运动过程中。结构与功能的关系有着绝对依赖性的一面，也有着相对独立性的一面，其关系存在多种情况：组成结构的要素不同，系统功能不同；要素相同而结构不同，系统功能也不同；不同的要素和结构，可能获得相同的功能，但其实现的程度和效益会有优劣之别，由此现象催生了旨在解决系统结构最优化问题的系统工程。

系统与功能的关系是动态变化的。系统对环境的功能是保持结构稳定性的必要条件，这种动态稳定性说明了结构和功能的动态变化关系。另外，功能变化总是结构变化的前提。由于外部环境是处于变化中的，当环境对系统输入的物质、能量和信息发生变化时，结构虽然未变，功能却首先发生改变，而功能的变化必然影响结构的稳定性，促使结构发生改变。这种功能引起结构变化的现象可由耗散结构理论进行理论层面的阐述，其关系可简单地用图1-1来表达。

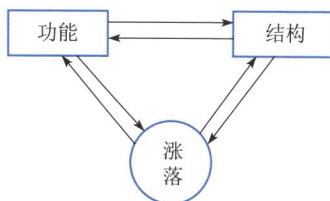

图1-1　功能结构涨落的循环关系

2. 系统学第二定律

由2.1.1节已知，系统结构由要素加序组成，而且系统的结构越是稳定有序，其组织也就越严密，功能也越完善。这里就提出了"序"的概念。

"序"代表了系统内部的组织程度，是系统中各要素一切相互联系的总称，代表了系统的整体性质，也规定了每个要素在系统中的作用。但系统的"序"又要以要素的性质作为基础，即要素以何种方式构成系统的序需要以要素的固有性质为依据。

序是系统结构的抽象化，其目的在于认识和分析系统的演化。可认为系统的演化过程包含了一系列序变，每次序变都是系统演化过程中的一个环节。由于系统的序决定了系统的质，系统的序变导致系统的质变。一般来说，系统的序和要素是同时变化的，但也有特例发生，在此不作讨论，将关注点放在普遍现象和规则上。序和要素的变化关系在于，只有要素分化产生新的要素，新的要素建立起新的联系，才会直接引起系统序变，从而演变出不同质的系统。故此有两点启示，一是系统演化的直接推动力在于要素分化新要素的产生，二是新要素建立的联系需要具有不同的性质才能引起系统的质变。这对于工程技术系统的构建和发展具有重要启示。

一个系统除了有序程度的大小外还涉及序变能力大小的问题，特别是对于社会经济系统，高的有序度固然重要，但从发展和竞争的角度看，较高的序变能力是更加值得重视的因素。

系统的序变能力越大，所具有的序变方式就越大，意味着越能适应更多的环境变化，从而具有较强的应变能力和发展潜力。

序变能力是一个系统所具有的重要素质，是衡量系统发展快慢的重要标志，体现了系统的活力和发展潜力。

序变能力可看作系统从环境吸收负熵的能力和系统内各要素之间的协同作用的能力。这两种能力是相互促进、协调发展的，当发展演化至一定阈值时，系统的结构会产生一些质变，使系统内发生分化，在系统原有要素的基础上重组形成相对独立的功能（子系统），而且这种功能（子系统）分工独立，相互合作。由于功能的专业化分工和合作，又会促使系统吸收负熵和内部协作的能力增强，从而系统处于不断的动态演化过程。这个过程的结果从系统结构变化的角度来看，主要特征在于系统内控制中心的出现，控制其他部分和子系统功能的实现与运作。总体来说，控制中心的形成提高了系统从外部环境系统吸收负熵的能力和内部协作的能力，使系统更加稳定，同时为结构的进一步有序化创造了新条件，使系统具备了较强的演化能力和发展潜力。

因此，从支配系统内的分工和协作角度来看，系统内各子系统之间的分工和协作不是各子系统彼此孤立地形成的，而是在系统的控制下形成的，受系统目标的外部环境的影响，遵循一个统一的客观规律，这个规律是"在保证实现环境所允许的系统功能的前提下，使整个系统对时间、空间、物质、能量和信息的利用率最高"，这个规律也被称为系统学第二定律。

1.2.2　耗散结构理论

现代系统理论开创于贝塔朗菲所创立的一般系统论，将系统作为一个整体看待，对其基本概念、原理、方法论层面作了开创性和经典性的论述。从此有关系统的各种研究层出不穷，出现了各种各样的系统理论并形成了一个新的学科——系统科学。传统系统科学均以封闭系统和平衡结构为研究对象，直到比利时普利高津（Prigogine）提出了耗散结构（dissipative structure），才将对系统研究的着眼点进行了划时代的转移，而以远离平衡的开放系统为研究对象，并于1969年正式提出耗散结构理论。

一般而言，耗散结构是指在远离平衡态情况下所形成的有序结构。耗散结构理论是研究耗散结构的性质、形成、稳定和演变规律的科学，探讨了系统从混沌到有序的演化规律，形成了一般系统理论的有序结构稳定性的严密的理论基础，具有重要的科学意义与哲学意义。

1. 耗散结构理论提出的背景

按照唯物辩证法的观点，世界是一个统一的、普遍联系和永恒发展的物质世界，可划分为实物和场态两大物质形态。而普利高津提出的理论则从一个全新的视角审视物质形态，根据平衡程度的不同，将系统划分为平衡态、近平衡态、远离平衡态，其意义在于成功地使生命和非生命现象，生物和非生物统一规范在一个体系中，解决了生物学和自然科学在系统演化层面存在的不可调和的矛盾。耗散结构理论为运用自然科学方法研究生命现象开辟了道路，也为自然科学从生命演化现象提取规律和灵感提供了依据。

按照传统的物质运动状态划分，系统可分为孤立系统、封闭系统和开放系统，其区别在于，孤立系统不与环境发生物质和能量的交换，封闭系统与环境发生能量交换而不发生物质交换，开放系统则与环境既产生能量交换也发生物质交换。

根据经典热力学第二定律，对于一个系统其热量总是自发地由高温向低温处流动，且这是一种不可逆的自发过程，最终整个系统达到稳定的平衡态，即无序的混乱状态。德国物理学家克劳修斯（R. Clausius）用熵的概念描述了这个过程。将可逆过程中物质吸收的热与稳定之比称为熵（Entropy），表达为

$$S(X) = \sum_{i=1}^{n} p_i \log_a \frac{1}{p_i} \tag{1-1}$$

式中：$p_i(i=1, 2, \cdots, n)$ 为每种状态的熵。

熵是一个状态函数，与路径无关，只与起始和最终状态有关，这个过程可表示为

$$S_B - S_A = \int_A^B \frac{\mathrm{d}Q}{T} = \Delta S \tag{1-2}$$

式中：$\mathrm{d}Q$ 为系统在绝对温度 T 时所吸收的热量。

在一个孤立系统中，虽然与外部环境无热交换，但内部仍有高温区向低温区流动的热量，同样在热流量 ΔQ 下，高温区减少的熵为 $\Delta Q/T_1$，低温区增加的熵为 $\Delta Q/T_2$，由于 $T_1 > T_2$，故说明系统内熵的减少不如熵的增加快，那么整个系统的熵是增加的，直到整个系统的温度趋于均匀。1856 年克劳修斯将这种热力学第二定律视为孤立的系统中熵仅能增加或不变的现象称为"熵增加原理。"由此得到一个有关熵的概念就是系统混乱程度越大，无序度越高，熵越大。想要提高系统的组织程度，增加有序度，就应该降低系统的熵值。

基于上述热力学第二定律，传统的化学与物理学认为，系统总是自发地从有序变为无序，即在一个孤立系统中，任何物理或化学过程总是导致熵的增加，且熵增加是一个不可逆的自发过程。但 19 世纪的生物学研究成果达尔文进化论指出，生物随时间的演进，由低级到高级、由简单到复杂、由无序到有序地发展，即生命进化总是越来越有序化。因此传统的化学与物理学所描述的无机物自发的、无序的、无组织演化，与生物学所描述的生命现象有序的自组织演化学说之间存在着尖锐的矛盾。要解决这一矛盾，从平衡态结构中是无法得到正确答案的，只能从非平衡态中去寻求解决方案。

普利高津指出，一个远离平衡的开放系统的熵变 ds 既与系统内部的熵增 dis 有关，又与从环境中引入的熵变 des 有关：

即　　　　　　　　　　　　　　ds = dis+des　　　　　　　　　　　(1-3)

由于 dis 永远不会为负数，des 既可以是正、也可以是负，所以系统可以实现由无序向有序的转化。如果 des<0，且 | des | >dis≥0，则 ds<0，表示系统的有序性加强，特别当 des≪0，系统不断从环境获取物质和能量，给系统带来

负熵，使系统有序性的增加大于无序性的增加，新的结构和新的组织就能够自发地形成，这种远离平衡态的开放系统称为耗散结构。

2. 耗散结构理论的内容

耗散结构是指这样一个系统结构，其远离平衡的开放系统并不断地与外界交换物质和能量，当外界条件的变化达到一定的阈值时，系统可能从原有的混沌无序的状态转变为一种在时间、空间或功能上的有序状态。简而言之，耗散结构是指在远离平衡态情况下所形成的有序结构。耗散结构理论认为，系统的熵是远离非平衡态的，需要不断地从环境中（系统外部）获取物质和能量，使整个系统的有序性增加大于无序性的增加，新的结构和新的组织就能自发地形成。但这种自组织现象的发生，耗散结构的形成不是在任意条件下都可以发生的，它需要具备下列 4 个重要的条件，这 4 个条件也解释了开放系统如何从无序走向有序的过程和机制。

（1）系统必须是开放的。由经典热力学定律可知，孤立的体系只会产生一种趋势并最终到达平衡态，且其必须靠外界供给物质能量获得维持生命的活力。例如，在生物界，生物体如果不从外界不断地吸收、耗散物质，生命就不能维持；又如，在工程领域，技术和管理系统需要不断跟踪学习、创新开发新的技术理念和管理方法，否则就无法满足新型产品的研发需求。因此，系统要通过耗散引进负熵流，保持加强系统的有利因素，促使系统的存在和发展以抵消内部的熵增加，才有可能形成有序结构，故开放系统是产生自组织现象的首要必备条件。

（2）系统必须是远离平衡态的。只有远离平衡态，才能产生足够大的负熵流，远离平衡态是有序之源。以工程系统为例，远离平衡态意味着学习和创新能力的强大、技术手段的快速更迭、管理方法的因时制宜等，一旦系统趋近平衡态，也就意味着工程系统的落伍及其产品被淘汰。

（3）在系统内必须存在非线性的相互作用。一般系统内各要素之间的作用分为线性和非线性的。线性作用具有加和性，每个作用的性质、行为是相同的，没有制约性，不可能产生新的性质和结构，只有靠系统内众多的具有相干性和制约性的非线性作用，才能形成有序的耗散结构。因此非线性作用是形成耗散结构的重要条件之一。

（4）要有涨落的触发。涨落是指达到热力平衡的系统仍可能发生离开平衡态的微小偏差的一种现象。涨落产生是必然的固有现象，微细的涨落在任何情况下总是有的。在平衡态附近所有的涨落都是衰减的，涨落只起很小的表面作用；但远离平衡时，在不稳定点附近涨落有很大的反常，最初是小范围内产生,最后在大范围中出现"巨涨落"。因体系远离平衡态,系统从无序走向有序的演化是通过随机涨落来实现的,而此时的涨落不再是一般的干扰因素,而是对一个动态的体系起到触发作用,推动系统发生质的变化而跃迁到新的稳定有序的耗散结构状态。

如何理解耗散结构形成的4个条件的必要性,这就要研究系统的一般演化过程。一个系统由线性近平衡态逐步发展,在分支点进入一个远离平衡态的不稳定的无序定态,然后通过物理上所讲的非线性反常涨落(实质是环境给予的一种适当大的控制输入)发生突变,虽然在平衡态附近所有涨落都是衰减的,但在远离平衡态的不稳定点附近涨落有很大反常,促使系统从一个平衡态跳跃到另一个平衡态,即产生一种新的稳定结构秩序,这种结构是系统在运动中由系统内部自行产生的,这就是所谓的自组织现象,其实质是由反常涨落,即较大的外界控制输入驱动系统从一个稳态向更高阶的稳态过渡,这种更高阶的稳态也就是系统新的动态结构。只有经过这种演化过程形成的结构才是耗散结构,也就意味着确定一个稳定有序的结构是不是耗散结构,需要考察其演化历史。

可用图1-2来说明上述演化过程。

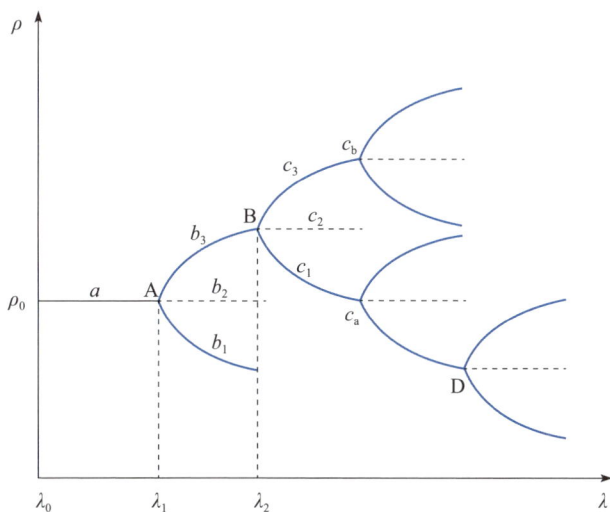

图1-2 系统演化过程示意图

系统初始状态为(λ_0、ρ_0),其中ρ_0为系统初始状态的本征量,λ_0为影响非平衡状态的参量λ的初始值。当参量λ超过特定阈值λ_1时,系统进入一个不稳定无序状态A,随即得到由3个热力学解b_1、b_2和b_3组成的稳定有序结构，其中 b_2 为不稳定态，b_1 和 b_3 为稳定态。当 λ 继续增加至 λ_2 时，系统第二次进入不稳定状态 B，随后出现 3 个热力学解 c_1、c_2 和 c_3，据此规律，不断形成分支及分支的分支。当研究 C_a 分支结构是否为耗散结构时，就需要研究其演化历史，研究其是如何随着 λ 的变化从 ρ_0 转变过来的，这个过程归纳为由初始状态经过突变，形成新的有序稳定结构，再经突变形成更高级的有序稳定结构，而这个过程中参量 λ 可理解为有触发作用的涨落，其是导致不稳定无序状态 A、B、C 等发生突变产生稳定有序结构解的决定因素。

系统演化过程也给予了其他启示，即系统的发展不可能只有一个方向，随着分支点的不断再分支，系统会越来越复杂，形成各种各样的有序结构。

3. 耗散结构理论的价值及方法论意义

耗散结构理论是继一般系统论、信息论和控制论之后产生的一门新兴系统理论，它揭示了系统从无序到有序的条件和机制，把系统科学提高到研究系统发展与演化的阶段，属于系统科学的理论层次。基于耗散结构理论的观点，可以预料，世界万物组成的这个大系统将会出现各式各样的新的有序结构，这个世界也会变得越来越复杂、越来越丰富多彩；人类社会无论是过去、现在或将来，也是一个从有序变为无序，再由无序转成新的有序的开放系统。如果把处于非平衡态的物质运动发展趋势视为新的有序结构，那么在无序中思考有序，并研究其实现方法，这也是辩证法思想的体现。

由于耗散结构理论已经跨越了学科的界限，其本身已经具备了哲学层面的指导意义，对于科学研究和社会实践都具有积极的指导作用。耗散结构理论除了具有普适性外，其最重要的价值在于对系统演化提供了全新的视角。无论是自然系统还是社会系统，都存在着系统随着时间的推进不断演化的事实。

那么系统是如何演化的呢？耗散结构理论给出了一般性的过程：一个开放的系统在远离平衡态的情况下，通过系统内部要素的相互作用，自发从无序走向有序，从有序走向新的有序，这个过程就是系统自组织演化的过程。在此必须指明的是，系统的演化是自组织的，不是外力和人为的因素推动事物发展变化的，自组织是事物自身发展所选择的最优化的方式，这种方式无论在效益方面还是在结果方面都优于其他进化的方式。

虽然耗散结构具有优越的演化方式，但根据耗散结构理论，耗散结构无法被创造，其出现是一种自组织行为，那么也意味着耗散结构无法被研究，或者说研究耗散结构没有任何意义。事实是这样吗？显然不是，从耗散结构理论的基本内容，"但这种自组织现象的发生，耗散结构的形成不是在任意条件下都可以发生的，它需要具备下列 4 个重要的条件，这 4 个条件也解释了开放系统如何从无序走向有序的过程和机制"可知，虽然无法直接创造耗散结构，但只要耗散结构出现的 4 个条件被创造出来，耗散结构的生成就是必然的，因此从这个角度来说，耗散结构理论也是系统自组织条件的理论，对系统自组织的研究就转化成对系统自组织条件的研究。

应用耗散结构理论虽然使用数学分析的方法是必不可少的，但是完全能够运用数理分析的系统少之又少，那么如何才能合理应用耗散结构理论解决我们面临的各种系统问题呢？这就应该按照耗散结构理论的基本思想建立起研究解决问题的思维模式，这正是耗散结构方法论的本质所在。耗散结构理论对自然科学和社会科学都具有方法论的意义，深入研究耗散结构中的有关方法论问题，对研究耗散结构的内涵，促进系统科学进一步发展具有重要的启示作用。

1.2.3 SAR 系统理论

在复杂系统中，有一类系统的边界具有多变、易变的特点，当环境条件和系统结构条件达到某种组合时，系统的边界就有可能发生扩张或收缩，从而形成一个具有不同规模、不同特性的新系统，这类系统称为具有感知反应边界的系统，简称 SAR 系统（sensitive and reactive boundary system）。感知反应是指系统边界的扩张或收缩行为，或系统要素的捕获或游离的行为。

SAR 系统理论以研究感知反应系统的构造及其演变的一般性规律为宗旨。

1. SAR 系统理论的内容

SAR 系统理论是一门采用定性、定量相结合方法研究此类系统的结构、功能和行为演化的学科。在定性研究方面，以马克思主义辩证唯物论的哲学思想为指导，采用符合人类认识过程规律的螺旋式推进的研究思路，由表及里，由浅入深，层层推进，抓住矛盾的主要方面，把握好事物的本质。在定量研究方面，遵循复杂系统研究的整体性、相关性、层次性、动态性等基本原则，合理地定义和选择系统内、外部的各种变量要素；适当地处理好 SAR 系统边界的确定问题（边界分析在系统研究中是一个非常关键的环节）；正确地构造系统的动力学方程及其模型，并借助于计算机模拟来揭示系统的演化规律。

SAR 系统是一种开放、动态的系统，其演化过程除了包括系统内变量，还包括环境变量和时间变量，其系统框架结构如图 1-3 所示。

以时间连续过程为基准，记：

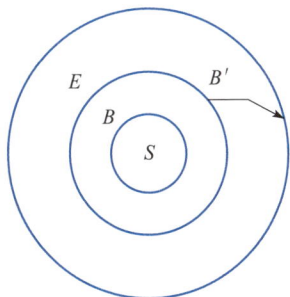

图 1-3 SAR 系统框架结构

X——对象系统（本体系统 S）内部要素及其关系的集合；

Y——在任何情况下都不考虑发生感知反应的那部分（环境系统 E）内的要素及其关系的集合；

Z——位于区域边界 B 内的要素及其关系的集合。

当不发生感知反应时，反应流线不起作用，Z 游离到环境系统中，这时 SAR 全系统中的本体系统为 X，环境系统为 $Y+Z$；当发生感知反应时，感知虚流线变成实流线，Z 被本体系统捕获，这时 SAR 全系统中的本体系统为 $X+Z$，环境系统为 Y。

SAR 全系统的动力学方程可表达为

$$\frac{\mathrm{d}X(t)}{\mathrm{d}t} = F(X,Y,Z,t) \tag{1-4}$$

$$\frac{\mathrm{d}Y(t)}{\mathrm{d}t} = G(Y,Z,t) \tag{1-5}$$

$$\frac{\mathrm{d}Z(t)}{\mathrm{d}t} = \begin{cases} H_1(Y,Z,t) & \mathrm{IF}_1\{K(X,Z,t)\} \\ H_2(X,Y,Z,t), & \mathrm{IF}_2\{K(X,Z,t)\} \end{cases} \tag{1-6}$$

式（1-4）称为本体系统方程，式（1-5）称为环境系统方程，式（1-6）称为感知反应方程。其中 X、Y、Z 的定义如上，t 为时间变量，$K(X, Z, t)$ 为感知强度的集合；IF_1、IF_2 分别为系统不感知反应和感知反应条件表达式的集合；F、G、H_1、H_2 均为非线性函数。

可以看出，SAR 系统理论所要研究的问题与通常的开放系统问题不同，通常的开放系统问题主要涉及系统与环境的输入、输出问题，是一个二体问题；而在 SAR 系统理论所面对的开放系统中，除了有本体系统与环境系统之间的相互作用关系之外，还存在着一个区域边界及区域边界与整体系统和区域边界与环境系统之间的各种相互作用关系，它是一个典型的三体问题。

2. SAR 理论的系统运动基本原理

SAR 系统在运行过程中遵循着时间旋进原理、空间旋进原理和区域边界原理这三大基本原理。

1）时间旋进原理

SAR 系统的运动是以周期性规律进行的，每个运动周期由系统的现实状态、系统的发展变化及旧系统的消亡与新系统的建立这 3 个基本环节组成。从时间坐标的方向上来看，SAR 系统的一个运动周期可划分为：感知、反应和结构重组 3 个阶段，这 3 个阶段构成了 SAR 系统的一个运动周期。

从过程论的角度可将这个运动周期简称感知反应过程，而且这种循环往复并不是系统在简单意义上的重复，而是在每个运动周期循环之后系统都会被赋予新的结构、功能和行为。这是一种螺旋式推进的模式，正是这种旋进模式促进 SAR 系统持续地走向新的境界。

2）空间旋进原理

从空间上来看，SAR 系统由三大部分组成：本体系统、环境系统和区域边界。感知反应的整个过程就是信息、物质和能量在这 3 个主体之间相互发生作用并产生出结果的过程。感知反应的结果就是对这 3 个部分各自所辖区域的重新分配。

在纯粹的感知环节上，信息在本体系统和区域边界之间的相互作用关系中占据着绝对主导的地位。而在系统结构重组的环节上，物质和能量的主导作用实实在在地改变了本体系统的边界，使重组后的系统具有了全新的结构、功能和行为。SAR 系统的运动在时间上是以"感知—反应—系统结构重组"周期循环推进方式进行的，因此从本体系统与区域边界之间相互作用的主导因素方面来看，SAR 系统运动的节奏为"信息主导—物质和能量主导"的两步。由于感知反应导致了系统的结构重组，在不同的系统运动周期里，无论是以信息为主导还是以物质和能量为主导，其作用的主体和作用的对象都在不断地发生着变化，它们不再是表面上的简单重复，而是不断地更新着自己的内涵和外延，在空间上形成一种旋进模式，推动着系统不断向更高更新的方向发展。

3）区域边界原理

SAR 系统的感知反应过程结果，从根本上来看就是改变了本体系统的边界。本体系统边界的改变可以遵循两个方向进行：一个方向是边界扩张，把原来在本体系统以外的某些部分包容到新的本体系统中来，我们把它称为捕获；另一个方向是边界收缩，把原本体系统中的某些子块释放到新的本体系统的边界之外，我们把它称为游离。捕获和游离都是相对于本体系统而言的。一般来说，结构重组后的新的本体系统具有与原系统完成不同的结构、功能和行为。因此本体系统边界的每次改变都意味着系统的一次演化。

事实上，捕获也好，游离也好，在一般情况下都不会是 SAR 系统运动变化的唯一模式，它们是矛盾的两个方面，既对立又统一。捕获的压力和游离的压力经常同时出现在系统运动的过程中，它们相互竞争，相互制约，交替地占据着主导地位，使系统呈现出丰富多彩的行为变化。由此可见，本体系统的边界已不再是一条传统的数学意义上的线，而是一条具有丰富层次的环带状区域，我们把它称为"区域边界"。

从微观来看，本体系统边界的每次扩张和收缩都是由相应的感知反应条件决定的，是确定性的；但是从宏观上看，本体系统的边界在区域带上的张弛节奏变化却呈现不出任何的规则性。因此在"区域边界"中集中地反映了 SAR 系统的整体性、层次性、活力性和演化性等许多复杂系统固有的重要特性，是研究 SAR 系统问题的一个重要切入点。

3. SAR 理论的价值及方法论意义

SAR 系统理论认为，开放系统的复杂性是由系统与环境之间的相互作用关系产生的，而这种相互作用关系最集中地体现在系统边界上，因此必须把系统、环境及边界三者一起放到一个更广泛的全系统中进行处理，并且必须以边界研究为中心。由区域边界原理可知感知反应导致了系统边界的扩张或收缩，促使系统结构重组，也就意味着系统的演化，而感知反应临界带不同宽度的分布及其组合则确定了系统的演化方向和演化道路。

根据耗散结构理论，系统有序结构的演化至少要有 4 个必要条件，即开放性、远离平衡态、非线性相干和涨落的触发。在 SAR 系统中的区域边界上所有这些条件都能够很自然地得到体现。区域边界是为研究本体系统和环境系统之间物质、能量和信息的相互作用关系而定义的，显然是一个开放性的研究系统。从边界的角度来看，本体系统边界的扩张与收缩遵循着不同的轨迹，因此是不可逆的。涨落的触发则可以在区域边界上要素的感知反应临界上得到体现。区域边界上各要素的感知反应灵敏度决定了它们的感知反应临界带的结构及其分布，这种结构和分布完全超越了线性系统的叠加性和比例性的形式范畴，以极其复杂的非线性方式组织在一起，形成了区域边界的层次性。

区域边界上的要素在不同的条件下既有可能被本体系统捕获，也有可能从本体系统中游离出去。无论是捕获还是游离都是系统在远离平衡态的情况下结构重组的过程，都是对旧系统自稳性的降伏。不摆脱旧系统平衡态的束缚就不可能有新系统的建立和发展。因此可以认为，区域边界是 SAR 系统演化的结构根源，同时也是研究 SAR 系统问题的一个重要切入点。

1.2.4 界壳理论

界壳理论是研究系统周界（边界）的一般性理论，它并不具体研究个别系统周界，而是研究存在于系统周界中的共同规律。界壳理论对理解许多自然、社会现象提供了一种全新的观点，为研究普遍存在的系统提供了新的方法。

1. 界壳理论的内容

界壳论认为，系统是由若干相互作用的部分组成的复合体，与系统相邻并与之依附的部分称为环境或外界，分隔系统与环境的边界称为周界。无论从系统向环境或从环境向系统的物质、能量、信息的传输都必须经过这一周界。系统周界对系统的生存、调控和演化起着关键作用，甚至是决定性的作用，如图 1-4 所示。如果系统的周界具有卫护系统的生存与发展、在环境与系统间起交换作用，则把这样的周界称为界壳。界壳理论是研究界壳的普适性规律，从一般意义上研究界壳的结构、功能和行为。

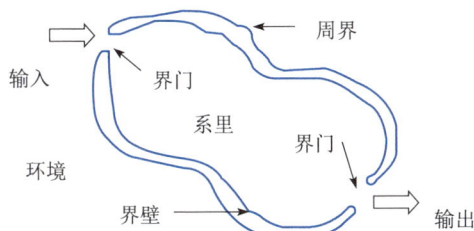

图 1-4　周界结构

周界中卫护系统的部分称为界壁，其交换功能的部分则称为界门或通道。无论界壁还是界门都占有空间维度。因此，本质上界壳是在环境和系统内部之间占有空间或相空间的特定位置，可以说界壳是空间意义上的物理概念。

2. 界壳要素

界壳要素包括开放度、交换率和界壁抗力。

从结构上讲，界壳由界壁和界门或通道组成。设系统的周界记为 L，其周长为 l，定义界壳开放度 ρ 为通道宽度 p 与周长 l 之比，即

$$\rho = p/l \tag{1-7}$$

用 ρ_m 和 ρ_e 分别表示物质和能量的开放度。

如果 $\rho_m = \rho_e = 0$，则系统为孤立系统；

如果 $\rho_m = 0$，$\rho_e > 0$，则系统为封闭系统；

如果 $\rho_m > 0$，$\rho_e > 0$，则系统为开放系统。

用 ρ_l 表示信息开放度，$\rho_l = 0$ 时系统为全黑箱，即系统与周围环境无任何信息交换。定义 ρ_b 为通过系统辨识获得的系统开放度，则 $0 < \rho_l < \rho_b$ 为黑箱，$\rho_b < \rho_l < 1$ 为灰箱，$\rho_l = 1$ 为白箱。

开放度 ρ 是界壳论的基本概念，另一个重要的界壳要素是交换率，它是功能上的，是对能量、物质或信息通过界门能力的量度。

交换率 α 定义为通过界门交换的实际量 E_s 与存在于环境和系统中的可交换量 E_e 之比。

$$\alpha = E_s / E_e \tag{1-8}$$

这是一个较为抽象的定义，对于具体问题要设计适合该问题的交换率。交换包括输入和输出两部分。净交换量则是输入和输出之差。

界壁是用来卫护系统的，其卫护功能的大小可以用界壁抗力来表示。可以归纳出界壁抗力 R 是界壁结构 C、外在攻击 A 和系统状态 D 的函数，即

$$R = f(C, A, D) \tag{1-9}$$

针对不同的问题可以定义相应的界壁抗力。例如，飞行器外蒙皮的设计就可以用相应的气密舱力学方程来计算。

3. 界壳熵平衡方程和界门上下界

在耗散结构理论、协同论中都基于熵平衡对系统自组织进行了讨论，但都没有研究熵出入系统受制于系统周界的问题，我们将熵平衡方程应用到界壳理论中，导得界壳熵平衡方程为

$$\frac{\mathrm{d}S}{\mathrm{d}t} = -\int_p \alpha(x) n \cdot J_e \mathrm{d}l + \tilde{P} \tag{1-10}$$

式中：S 为点熵；p 为界门或通道；α 为通过界门的熵交换率；J_e 为可交换熵流；$\tilde{P}$ 为系统的熵产生；n 为界壳的法向单位向量；$\mathrm{d}l$ 为系统周界 L 的单元。根据热力学第二定律，可以导得开放度熵判据。

$$\rho_c = \frac{\tilde{P}}{(n \cdot J_{mn})l} \tag{1-11}$$

系统要发展，系统的熵流应是负的，即应满足

$$\rho > \rho_c \tag{1-12}$$

这里，J_{mn} 表示界门 P 上的熵流的中值，l 为系统周界的长度。

ρ_c 表示系统中熵产生与从环境进入系统的熵流的相对关系。系统的熵产生 $\tilde{P}$ 增大，熵判据 ρ_c 也加大，要求系统更加开放，否则系统得不到发展。反之，如果熵流 $n \cdot J_{mn}$ 加大（减小），ρ_c 减小（增大），若要系统发展，系统开放度可减小（加大）。

式（1-12）表示了系统应有足够的开放度才能发展。反过来，系统的界门也不能开得太大，以致系统本身为环境所湮没。可以从物质流、能量流和信息流的角度分别导出界壳开放度的上界，我们从反应扩散方程

$$\frac{\partial \rho_j}{\partial_t} = D_j \nabla^2 \rho_j + f_i(|\rho_j|) \tag{1-13}$$

导出了开放度上界。其中，ρ_j 为第 j 组分密度，D_j 为第 j 组分的扩散系数，

式（1-13）右端第一项为扩散项，第二项为化学反应项，是系统内由化学反应产生的组分 j 的质量变化。开放度上界应满足，

$$\rho < \rho_\mu \tag{1-14}$$

式中：

$$\rho_\mu = -D_j \nabla^2 R_j / lf_i \, (\,|\rho_j|\,)$$

$$R_j = \int_0^q \rho_j \mathrm{d}l$$

q 为界门长度。式（1-14）说明，若要保持系统的属性不被流入的质量流同化，一个系统的开放度不能太大。

由此得到界壳理论的一个核心观点就是，任何进出系统的物质、能量和信息都要受到系统周界的控制，系统要稳定，必须有其周界的卫护；系统要发展，必须存在通过界门的交换。界壳既是系统的特殊部分，又要受控于环境。

1.3　集成论概述

系统集成作为一门新兴的技术科学，虽然其学科的科学技术基础理论和技术特点具有独特性，但就技术研究的思想逻辑、路线、方法而言，与传统学科并无太大差异，因此研究系统集成的基本方法和技术过程、集成系统的技术研究重点及发展趋势判断、系统集成研发体系架构设计和发展方向等均需要相关理论作为理论依据与方法论指导。

集成作为现代系统科学及复杂性科学研究的新领域，在学术界和工程界都得到了广泛关注和研究，由于集成强调人的主体行为和功能倍增性，故集成思想已成为构造各类系统的理论和解决复杂系统问题的方法之一，以集成论为代表的有关系统集成的理论也初现雏形，并取得了一些基本共识。虽然当前集成论主要用于社会经济领域的研究，但其理论思想、研究方法及思路对于工程领域也是适用的。

1.3.1　集成论的定义

有关集成的定义在 1.2 节进行了详细的阐述，在此不再赘述，但为了研究集成的规律和方法，就集成的内涵及现实意义进行简单论述。

根据一般系统论的观点，集成是指集成单元之间在一定的集成环境中按照某种集成模式形成的关系；按照集成论的观点，集成是两个及以上的系统要素（因子、单元、子系统等）集合成为一个有机体的行为和过程，所形成的有机体（集成体）不是集成要素之间的简单加和，而是按照一定的集成理念、模

式及方法进行系统的重新构造，目的在于最大程度上提高系统的功能和效能，更加有效地实现系统的目标。故综合两种观点来看，集成论的研究范畴至少涉及集成单元、集成模式、集成界面、集成条件、集成环境等。

集成论的研究目的在于形成有关集成条件、机理及内在规律等集成理论，并在此基础上形成集成的方法论以指导和解决集成的具体问题。集成论强调集成方法（论）的运用、集成系统功能和效能的倍增性，以及集成系统的演化性。因此，从本质上讲，集成论是构造系统的一种理念，也是解决复杂系统问题的一种方法，系统地研究集成理论、探寻集成方法，对于解决社会经济和工程实践发展过程中大量出现的综合性问题具有现实意义。

1.3.2　集成论的基本范畴

集成论的研究范畴包括集成单元、集成模式、集成度、集成界面、集成条件、集成环境六大要素。这六大要素是集成关系形成、描述与发展的基础，任何集成关系都是这些要素相互作用、相互促进的结果。集成单元内在性质决定了集成关系的行为和组织模式，集成环境则是影响集成模式的外部因素，集成条件是集成关系形成的前提，集成界面和集成度则是集成过程的选择与优化的路径，并对集成结果进行了度量。

1. 集成单元

集成单元也称为集成要素，是指构成集成体或集成关系的基本单位，是形成集成体的基本物质条件。描述和认识集成单元是集成论的研究基础。

既然集成体可看作系统，那么其必定具备系统的基本特征，如层次性，意味着集成体结构具有不同的层次结构，下一层可看作上一层的集成单元，最底层的集成单元就是基本集成单元。以航空系统集成大系统为例，该系统通常是由航电子系统、机电子系统、飞控子系统、环控子系统等组成的，各子系统可视为航空系统集成大系统的集成单元，但其子系统还可以分解，如航电子系统又可看作由综合处理机、导航模块、射频模块、总线、人机交互等集成单元构成。如果有集成需求的话，其中的综合处理机还可以继续分解为底层软件、应用软件、硬件、机柜、协议接口等集成单元，如没有进一步分解需求，那么航电子系统的集成单元就可称为基本集成单元。

对集成单元的描述可从其内在性质和外部特征两方面展开。反映集成单元内在性质的因素为质参量，反映集成单元外部特征的因素为象参量。

1）质参量

质参量是指决定集成单元内在性质及其变化的因素。一般而言，任何集成关系中的集成单元其质参量往往不是单一的，而是一组质参量，它们共同决定集成单元的内在性质，组中各个质参量的地位也是不同的并且是变化的。特定的时空条件下往往有一个质参量起主要作用，称为主质参量，主质参量在集成关系形成过程中具有关键作用。

2）象参量

象参量是指反映集成单元外部特征的因素。集成单元的象参量也不是单一的，而是一组象参量，这组象参量分别从不同角度反映集成单元的外部特征。

3）质参量与象参量的关系

任何集成单元都同时具有质参量、象参量。质参量的变化往往引起集成单元的突变，而象参量的变化一般不会引起集成单元的突变，质参量的变化一般决定或引起象参量的变化，而象参量的积累变化也会对质参量产生显著影响。质参量、象参量的相互作用是集成单元存在和发展的根本动力，也是集成关系形成和发展的内在依据和基本条件。因此，确定和判别集成关系的核心就在于识别和掌握集成单元的质参量和象参量。

同一集成单元的质参量、象参量的关系随时空条件变化和集成关系的变化而变化。在集成关系中，不同集成单元的相互作用可以通过质参量、象参量之间相互作用而体现出来。

2. 集成模式

集成模式是指集成单元之间相互作用的方式，反映了集成单元之间物质、信息、能量的交换关系。对于模式的分类可从集成的组织方式和行为方式两个角度去分析。

（1）从集成的组织方式来看，集成模式可分为单元集成、过程集成和系统集成 3 种形式。

单元集成是指同一层次的同类或异类集成单元，在一定的约束条件下实现集成单元特定功能的集成方式。各集成单元之间联系紧密，但关系简单，往往具有相同的界面，并且界面介质较为单一，形成的集成体较为稳定。如航空系统集成设备的接口集成，这种集成界面是各设备的接口，介质是接口协议。

过程集成是指集成单元按照某种规则或某种过程而进行的集合方式。各集成单元集成介质一致，形成的集成界面具有某种有序关系。如航空制造的自动化流水生产线，就是按工艺过程安排各工序（集成单元），工件（介质）在流水生产线（集成体）中按各种工艺规程进行制造和装配。

系统集成指各种同类或异类集成单元，在相同层次或不同层次上进行集成的方式。系统集成的界面和介质具有多样性、复杂性的特征，系统集成体结构具有层次性、集成单元之间关系复杂，集成系统具有耗散结构系统的特征，如自组织机制、较强的环境适应性和系统演化特征，集成系统的目标具有多重性。航空系统集成制造系统就属于典型的系统集成模式，该系统按照某种价值理念，将各种制造要素、单元集成为一个动态管理、演化发展特征的大集成系统，其中各集成要素、集成单元性质、功能、结构层级千差万别，集成界面交互复杂，而集成介质更是信息、物质、能量流均有所体现。

（2）从集成行为方式来看，集成模式分为互惠型、互补型和重组型3种形式。

互惠型集成模式是集成单元为更好地实现其自身功能，以某种物质为介质，以供给与需求为主要方式建立的集成模式。例如，生物系统的共生、产业间的关联，企业中的各组织机构等均属互惠型集成关系。

互补型集成模式是集成单元之间以功能或优劣势互补为基础形成的集成模式。当某一集成单元的优势恰恰是另一集成单元的劣势时，互补则成为集成单元形成集成体的条件。例如，产学研合作模式、设计领域计算机的应用等。

重组型集成模式是集成单元为改善各自功能，经过结构重组而形成新的集成体的集成模式。集成体的功能/效能较之于集成单元发生突变，且集成单元所表现出的特性与集成体特征相一致。例如，航空系统集成，集成方式体现为系统架构的设计和应用，集成系统具备集成单元不具备的功能，且整体系统效能大大提升。

可以看出，任何集成模式本质上都是组织方式和行为方式两种集成方式具体结合，且随着集成单元性质和特征的变化，集成模式随之也可能改变。

3. 集成度

集成度是反映集成体特征与性质的综合指标，主要用集成关联度、集成融合度、集成密度和维度等指标描述。其中，集成关联度、集成融合度反映了集成单元之间的联系，而集成密度与维度则反映了集成单元的规模及类别。

一般而言，集成度越高的集成体其效能也越高，创造的功能强度也相应越大。如果以 F 表示集成的功能，以 U 表示集成过程，则可得到简化函数关系 $F=f(U)$，其集成度为 $\dfrac{\mathrm{d}F}{\mathrm{d}U}$。

就工程实现历程和结果来看，从集成电路的出现到航空系统集成产品的蓬勃发展，从跨部门的项目组、并行工程的实施到系统工程、体系工程的普遍应用，也都表明了一个趋势：集成的发展趋向于形成高集成度的集成体。

1）集成密度和集成维度

集成密度与维度则直接反映了集成单元的规模及类别，是研究集成关系的基本条件和参量，一方面反映了集成体内在的性质特征；另一方面也为集成体形成提供选择与评价标准。

在一种集成关系中，同类集成单元的多少反映集成单元的密度，异类集成单元的多少反映集成关系的维度。故定义：

集成密度 $\rho_s = \dfrac{N}{V}$，其中，N 代表同类集成单元的数量，V 代表集成空间；

集成维度 $\eta_s = \dfrac{W}{V}$，其中，W 代表异类集成单元的数量，V 代表集成空间。

2）集成关联度和融合度

集成关联度是对集成单元之间的静态关系的描述，集成融合度则反映了各集成单元之间的动态关系。

由于集成单元质参量性质的不同，集成单元之间的联系又可分为同类（质）集成关系和异类（质）集成关系。

对于同类（质）集成关系，用同质度描述，表示集成单元所有质参量相同的比率，即：假设集成单元 A、B 分别有质参量（Z_{a1}，Z_{a2}，$\cdots$，Z_{an}）、（Z_{b1}，Z_{b2}，$\cdots$，Z_{bn}），则同质向量 $\overline{S} = (S_1, S_2, \cdots, S_n)$。同质度为

$$S_i = \frac{Z_{ai}}{Z_{bi}} \tag{1-15}$$

例如，取单元主质参量进行描述，则

$$S^m = \frac{Z_{am}}{Z_{bm}} \quad (Z_{bm} \neq 0, Z_{am} \geq 0) \tag{1-16}$$

可以看出，若 $S^m = 1$，说明集成单元 A 和 B 同质；若 $S^m > 1$，说明集成单元 A 的主质参量水平高于集成单元 B。

对于异类（质）集成关系则用相关度描述，如用主质参量描述，则相关度为

$$\zeta^m = \frac{Z_n^m}{Z_b^m} = \frac{f(Z_b^m)}{Z_b^m} \quad (Z_b^m \neq 0) \tag{1-17}$$

显然，ζ^m 越大则说明集成单元 A、B 相关度越大。

融合度用来描述各集成单元质参量变化的相互影响程度，定义集成融合度为

$$\delta_{ab} = \frac{d_{z_a}/Z_a}{d_{z_b}/Z_b} = \frac{Z_b}{Z_a} \cdot \frac{d_{z_a}}{d_{z_b}} \quad (d_{z_b} \neq 0) \tag{1-18}$$

表示集成单元 A 的质参量变化率所引起对应集成单元 B 的质参量变化率，显然 δ_{ab} 越大，则说明集成单元 A、B 的有机性越强，从系统论的角度来看，说明其集成系统的自组织机制能力越强。

4. 集成界面

集成界面是集成单元之间、集成体与外部环境之间物质、信息与能量传导的中介、通道或载体，是集成单元之间的联系方式和机制的统称。集成界面是集成单元/集成体的一部分，其性质、形态、功能由集成单元/集成体决定。集成界面是集成现象发生和发展的基础。

集成界面可以从不同的角度来分类，从是否实体化的角度分为无形界面、有形界面，从功能角度分为单一界面、多重界面，从性质角度分为内在界面、外在界面，从媒介形式分为单介质界面和多介质界面等。因此，对具体的集成关系而言，集成界面可看作是多种界面分类形式的组合。例如，航空系统集成中设备的集成，其集成界面是信息接口，接口集成既包含通信协议的集成（信息），也包括设备接口规格（物质）的集成，而这个集成界面从分类看是有形界面、外在界面、多介质界面的组合集成。

集成界面的性能影响集成体的功能。一般而言，集成度高的集成体，如果集成界面性能不佳，则集成体的功效就不能充分发挥，也就是说集成界面影响集成度，制约集成效果。例如，航电设备间的集成，目的在于共享信息，减少系统冗余，提高系统效能，但如果设备间的接口集成未能充分考虑通信协议、传输速率等功能匹配，则集成系统不但效能无法发挥，甚至有可能导致集成系统的功能失效。因此，从这个意义上说，集成界面不但有信息、物质和能量交换的功能，而且还具备系统有序化的功能，这既是集成单元及相互联系的内在要求，也是这种内在要求的具体表现形式。

5. 集成环境

集成环境是一个相对于具体集成体的概念范畴。集成体与集成环境通过集成界面来实现物质、信息和能量的交流。集成体一旦形成，其集成环境同时也就确定了。但从系统论角度来看，环境往往又是更高一级系统的系统要素，构成集成环境的各要素与集成体则可看作这个更高一级系统的集成单元，由于系统具有动态演化能力，决定了其结构形式也将随之优化改变，因此，集成体与初始集成环境的关系也可能发生变化，甚至改变集成体的功能和集成单元的性质。这是我们深入认识集成体与环境关系的理论基础。

就集成单元之间的相互影响所起的作用来看，不外乎有正面作用、负面作用和无作用 3 种类型，因此，集成环境对集成体的作用，也可用正面作用、反面作用和中性作用来定性描述。环境对集成体的正面作用可理解为能够促进集成体功能的发挥，并可促使其持续发展；反面作用则表示其制约集成体功能的发挥，使其功能退化，甚至导致集成体解体；中性作用则表示无明显激励或约束作用。

6. 集成的条件

从上述的分析可知，集成能够产生的条件一般需要具备以下几个方面。

1）模式条件

集成单元之间必定存在物质、信息或能量的交换，这种交换关系体现了集成单元的质、象参量的相互作用及互补性，宏观上表现为具有一定规律和方式的集成行为，即存在可归结为特定模式的交换方式。这种具有特定模式交换方式的意义在于：能够弥补集成单元功能或性能上的不足或缺陷，或可以改善或增强集成单元功能及性能。因此，模式条件是集成体形成的基础条件。

2）选择条件

理论上，在集成关系中任意单个集成单元都有选择其他集成单元或被其他集成单元选择的可能，但由于集成体的集成密度和维度受一定时空的限制，且界面形成又有能量损耗，故集成关系的形成一般而言还是要遵循能耗最小路径，这是判定或选择集成单元的条件。同质度高、融合度好、界面单一（介质）、适宜的集成密度和维度的集成关系是集成的优化方向。

3）界面条件

集成体功能的实现和有效发挥是通过界面来实现的。集成单元间能否形成高效传递信息、物质、能量的界面及界面有序化是关键。所以，界面条件是集成体形成及集成功能发挥作用的实现条件。

1.3.3　集成论的基本原理

1. 质参量兼容原理

集成的质参量兼容原理反映的是集成单元间内在联系性的基本规律。集成单元能否相容并关联是能否形成集成体的前提条件。

由于集成单元内在性质与特征是通过质参量表述和决定的，因此，集成单元间的相容性由集成单元的质参量的相容性确定，也就是说，集成单元的质参量决定了集成单元的相容性；同时，质参量间相容的性质或联系方式的不同，将直接影响集成体形成的模式。

假设有 n 个集成单元 (U)，Z_i 为 U_i 的质参量的集合，若有 $Z_1 \cap Z_2 \cap \cdots \cap Z_n \neq \varnothing$ （$\varnothing$ 为空集）成立，则表明 n 个集成单元质参量兼容，能够形成集成体。

质参量兼容原理，揭示了集成单元形成集成系统的必要条件。

2. 界面协同原理

界面协同原理是指集成单元之间、集成体与环境之间的信息传输、物质交流以及能量传导遵守某种特定的公共规则。这些规则规定了集成单元所具有的权利、义务的内容与约束，集成单元是对照这个共同规则进行协调行动的。集成的界面协同原理反映的是集成单元之间、集成系统与环境之间的物质、信息和能量等交互作用的基本规律。

集成界面作为集成单元相互作用的媒介，具有以下基本功能：信息传输功能、物质交流功能、能量传导功能、集成有序性形成的功能。例如，航空系统集成系统，本质上是以信息的交流和共享保证整个集成系统的集成功能的实现，那么从原理上讲，不同子系统的接口可看作集成界面，接口承担着信息传输、交流和共享的作用，相应的接口技术标准则为其提供了规则和尺度，协调统一接口的通用性。

3. 功能倍增原理

集成的功能倍增原理是指集成单元形成集成体过程中，其相互作用、整合重组所产生的集成体功能倍增或涌现的基本规律。它既反映局部规则导致系统宏观变化的规律，又反映"整体大于部分之和"的整体论规律。功能倍增或涌现原理揭示了集成系统形成的动因。

功能倍增或涌现的方式有功能重组、架构重构、过程重组和协同方式。

1）功能重组

功能重组是指集成单元在形成集成体过程，在功能上以互补关系为基础而形成集成体整体功能倍增或涌现的方式。功能的互补，可以在组织系统内部以匹配的方式实现，也可以在组织外部通过竞争性选择集成单元来实现。因此，所产生结果可能有两种，一种是实现了整体功能的倍增，另一种可能实现整体功能的涌现。

2）架构重构

架构重构是指集成单元在集成过程中通过重组集成单元之间的关联架构及集成界面以实现功能倍增或涌现。关联架构和集成单元的集成界面是反映集成体性质的基本形式，其功能也是通过特定架构实现的，架构的变化会导致集成整体功能的变化，包括功能结构和功能效能。

3）过程重组

过程重组是指集成单元在集成过程中通过时空和逻辑秩序（时间、流程、逻辑）重构的方式建立来实现集成体的整体功能。

4）协同方式

协同行为是指集成单元在空间、时序、界面按照某一共同的行为模式集合成有机整体的过程。集成的集成体呈现出高度有序的整体特征及涌现出新的整体功能。

4. 适应进化原理

集成的适应进化原理是反映在环境变化的情况下，集成体及集成单元的进化和自适应发展的基本规律。

由于集成体是一个开放复杂系统（如计算机集成制造系统等），系统具有动态的多层次、多功能的结构，即系统在与环境的相互作用中往往表现出某种智能性，即集成系统可以形成对未来的预期并产生积极的行为，这种行为则是集成系统的适应进化。环境与集成系统的相互作用是通过集成界面来与集成系统中的集成单元发生联系，并导致集成单元的性质和功能发生变化。因此，集成单元的变化与自适应具有自组织的特征。集成单元的变化使得集成系统中集成单元间联系的关系发生变化，导致集成系统整体进化与发展。因此，柔性、敏捷性、适应性，既是集成系统的系统功能目标，又是集成系统适应环境变化发展的必然。

1.4　系统集成研究

在厘清系统集成的定义之后需要思考的问题是，系统集成到底集成的是系统的什么，如何进行系统集成，以及系统集成的发展方向是什么，这些问题都需要从相关理论中去寻找方法论层面的指导。

1.4.1　系统集成的研究内容

按照系统集成的基本概念，系统集成的本质绝不只是把各个单项器件、设备和软件互联在一起，而是一个全系统多角度的综合问题。从集成的直接目的，"成倍提高系统效率的同时减少系统冗余"，即通常所谓的"1+1>2"这个角度来看，集成是指系统的核心因子把若干部分、要素联结在一起，使之成为一个统一整体的过程。简单的部分、要素结合在一起并不能称为集成，因为集成的原动力是系统核心的凝聚作用，只有当要素经过优化，相互之间以最合理的结构形式结合在一起，形成一个由合适的要素组成的、优势互补的有机体，才能称为集成。然而系统的核心因子是什么呢，对于工程系统来说，自然是其系统功能。只有系统功能实现了，集成的过程才有意义，否则系统集成就是失败的，也没有必要。在系统功能完备的情况下，通过集成优化系统结构和要素，至少可以达到提高功效、降低成本、增加效率等目的，同时基于系统的涌现性和演化性特性，集成可以为系统带来新的功效或提供发展的新启示。

依据 SAR 系统理论，区域边界是 SAR 系统演化的结构根源，同时也是研究 SAR 系统问题的一个重要的切入点，也就意味着系统集成的边界问题是研究系统集成内容和方法的首要和重要内容。而如何研究系统集成的边界问题就需要从界壳理论中寻找方法和观点，界壳理论认为系统的稳定需要边界，系统的发展又离不开界门，因此研究边界与集成的关系，界门的设置原则就成为系统集成边界研究的主要内容。

集成的系统如何发展及其发展方向如何判断与评估，则需要按照耗散结构理论的基本思想建立起研究的思维模式，以耗散结构产生的 4 个条件为准则进行系统设计，从而保证系统集成具有源源不断的发展和革新动力。

1.4.2　系统集成的一般过程

大家知道，系统是由一些相互联系和彼此影响着的要素所组成的，要素及其结构是系统的基本组成成分，这些要素可以是具体的物质，也可以是抽象的概念。在系统中，系统结构是相对独立的客体，与系统相邻并与其依存的部分称为外部环境。

系统具有一定的边界，以便把系统从所处的环境中分离出来，系统通过该边界可与外界环境发生能量、信息和物质的交换，同时，系统边界也表明了系统的研究范围，系统区别于外部环境或其他系统是通过边界来界定的。

系统的输入、输出是系统与外部环境的相互作用，系统要素及其结构是输入、处理和输出活动的执行部分。图 1-5 是系统的概念示意图。其中 A1~A4 为系统 A 的要素，B1~B3 为系统 B 的要素，箭头表示系统要素的关系。

可以看出系统一般由系统要素及其相互关系构成的系统结构和边界组成，因此系统集成的程序也包含以下两个过程。

（1）系统架构的重构，包括系统要素的融合和结构关系的优化。

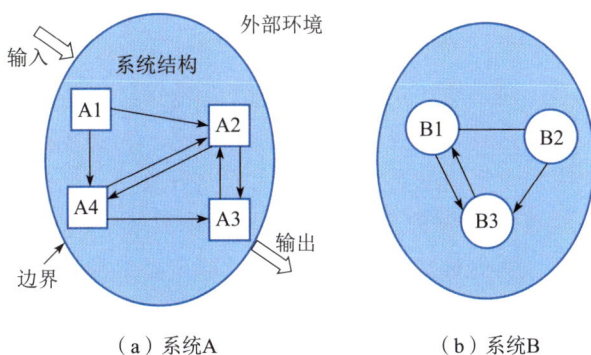

（a）系统A　　　　　　　　（b）系统B

图1-5　系统的概念示意图

（2）系统边界的融合。以系统 A 和系统 B 的集成为例，系统 A 和系统 B 经过系统集成为系统 AB，如图 1-6 所示。系统 AB 包括新的系统架构和系统要素，如 B3A4、B1A2 等系统要素及其之间的新关系，和新的系统边界。

系统架构的重构以核心因子，即工程系统的功能为基点开展，其方法为系统工程各类方法，如基于模型的系统工程 MBSE 等。

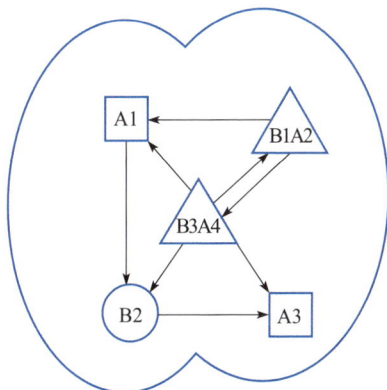

图1-6　集成系统 AB

1.4.3　系统边界与集成

边界在社会、经济系统和工程系统中是普遍存在的，边界在保护系统的同时，对系统开放和集成有很大的约束，集成就是要最大限度地超越边界的约束，扩大系统开放的程度，达到各种优化指标。边界对系统集成起着阻碍作用，然而其护卫作用又表明它对于系统是必不可少的，因此处理好边界与集成的关系，合理配置边界和界门要素及结构对系统集成有非常重要的意义。

1. 边界与集成的关系

从现代集成制造系统角度出发，企业的周界是多方面和多层次的，企业在功能、组织、资源、决策、过程、企业文化等方面都存在边界，企业的决策、执行等层次上也存在边界。就集成产品而言，如果不能打破原系统地边界，在集成产品上进行核心架构上统一规划，技术手段上科学配置，子系统边界合理划分，那么集成产品就不能称为系统集成产品，其最多只能是一个形式上的集成。

边界和集成是一对矛盾，集成要打破边界的约束，不打破边界的约束，集成就无从谈起，然而打破了边界的约束就是集成吗？究其本源，系统集成进行的打破边界的约束只是集成的必要条件，而非充分条件。打破边界的约束是不容易的，即便是所有的约束都打破了，但没有形成统一的核心架构、接口规范、协调工作标准，就没有整体的工作效率，那么这也不是集成。

因此，实施系统集成首先要尽可能打破或减少边界的约束，同时要加强协调，建立统一的标准规范，提高效率。

2. 界门的设置

从自我保护的角度来看，边界是必须有的，但要想打破或减少边界的约束，就必须合理配置界门。

界门是个抽象的概念，界门的大小不能仅以交换率或交换量为主要衡量指标，而应以约束通过界门进行交换的要素为准则，对界门的设置，实质上就是要解决如何对系统与外界实施交换施加约束以及约束的程度。通过界门对交换要素的约束程度大体可分为完全约束、部分约束、不加约束。

对于企业而言，其核心能力关系到企业的生存和发展，是必须受到保护的，周界和界门都必须对其进行严格约束。从这个角度来看，许多企业之间在合作过程中相互之间各有所保留也就见怪不怪了。对于一个系统集成产品而言，边界与界门是其产品功能与效能的直接或间接体现，界门可理解为各种信息、信号、数据等维持系统正常运作的交换接口，从这个角度来看，系统集成产品界门的设置应科学规划、合理配置、充分集成，既要满足集成产品的数据信息接收与输出能力和效率、人机交互的便利性等，保证产品功能和性能需求，又要做到符合工业设计美学、人机工程等先进科学技术的设计规范和原则约束。

3. 边界约束

1）扩大系统各部件与外部环境的关联程度

系统各部件都能与外部环境有联系，有些部件是与外部环境直接联系的，有些部件是通过数据信息为载体间接与外部联系的，扩大系统各部件与外部环境的关联程度就是要合理调整系统内各部件的关系，减少中间环节，使得间接参与的部件变为直接参与，直接参与的部件增加参与的深度和广度，从而加强各部件参与与外部环境数据信息交换的程度。

2）扩大交换率

扩大交换率有两个途径，一个是消除边界或扩大界门，增加交换的内容和数量。对于工程系统和产品类的集成，边界是比较容易打破的。但经济社会领域的集成，特别是涉及核心利益的情况，边界则是不易被打破，但可以将界门扩大，从而增加交换的内容和数量。另一个途径是采用新技术提高物质、能量、信息和数据的交流速度，从而提高交换率。

3）边界结构优化

边界既是系统的一部分，又是单独的一个系统体系，由符合边界定义的要素及其结构组成。扩大系统各部件与外部环境的关联程度和扩大交换率都间接要求减少边界约束，有效的手段之一就是进行边界的结构优化，提高边界工作效能，以最少的系统约束达成最优的边界功效。

1.4.4 系统集成方式

系统集成的方式从理论和应用两个层次分析。

1. 系统集成方式的理论研究

从理论层面上看，本书将系统集成的方式分为两类：一是硬集成，二是软集成。

硬集成是指将不同系统的边界连接重新构成新系统的边界，系统要素按照某种协议重新排列进行集成过程。

软集成指按照系统集成的目的将新系统进行综合分析，确定其边界和架构，并使用方法论对其进行结构优化以形成新系统的过程。

可以看出这两种集成方式有着根本的区别。

硬集成过程相对简单，主要过程包括：边界的连接和系统要素的重新组合排列。集成后的系统较之于集成前的系统主要差别在于系统体量的改变及系统效率的提高。社会经济活动领域的企业并购重组大多体现为这种系统集成方式。

软集成过程其实是一个在约束条件下的系统生成过程。虽然这种方式在宏观上也符合系统集成的两个过程，即系统架构的重构和系统边界的融合，但在集成的本质上却有着天壤之别。

软集成首先要明确系统集成后新系统的基本要求，如体量、系统架构、功能、生存环境等，这些就是可看作是系统集成的约束条件，然后根据约束条件对所有系统要素进行重新分类，明确其归属于边界要素范畴还是系统要素范畴，最后对系统结构重新构建并对边界重新定义，这个过程包括了边界要素的结构重构和系统要素的结构重构。但不论是边界要素的结构重构还是系统要素的结构重构，其重构方法和要点均在于系统工程方法论的应用，如基于模型的系统工程方法论（MBSE）、霍尔三维空间结构方法论等。

软集成过程的难点在于系统边界的融合，包括边界要素的确定和系统边界的重构。

根据界壳理论的基本概念，系统的周界具有：①卫护系统的生存与发展；②在环境与系统间起交换作用，则把这样的周界称为界壳。那么可据此定义确定边界要素。

同时，界壳理论的一个核心观点是，任何进出系统的物质、能量和信息都要受到系统周界的控制，系统要稳定，必须有其周界的卫护；系统要发展，必须存在通过界门的交换。界壳既是系统的特殊部分，又要受控于环境。依据界壳熵平衡方程（式1-10）和界门上下界方程（式1-12~式1-14）可知，系统要发展需要足够的开放度，但界门和开放度又不能过大。

因此，系统边界的选择和重构应遵循以下几个原则。

（1）边界要素由护卫和交换两种功能的要素组成。

（2）边界要素需要组成一个具有一定结构的连续、匀质的边界系统。

（3）边界系统需要具有有限个界门以实现交换功能。

（4）界门由边界要素组成，是系统集成的关注点之一。

2. 系统集成方式的应用层面研究

从应用层面上讲，欧洲的科研战略计划 ESPRIT/CIM-OSA 课题组把集成过程分成物理系统集成、应用集成、经营集成 3 个阶段。

物理系统集成可分为器件、设备和系统 3 个层次。器件级集成是最低层，它将各种最基本的元件集成在一起，形成了集成电路，并且集成的规模越来越大，所完成的功能越来越多。设备级集成是在计算机网络支撑下实现计算机及企业低层执行设备的集成。系统级（硬件）的集成是将各分系统进行集成，这里所谓的分系统不仅包括生产分系统，还包含设计、管理等技术支撑分系统。这样通过不同层次的硬件集成，为从管理决策到生产运行中各个层次及同一层次之间架起了信息沟通的桥梁。

应用集成关心的是整个系统内各部分的应用软件及其用户，包括人和机器之间的控制和信息集成。软件集成就是要在硬件集成所架起的桥梁上建立上桥和通行规则，解决异构软件的相互接口问题。如果没有软件集成，则设备级以上的硬件集成就没有什么意义。因此在一定程度上，软件集成比硬件集成更为重要。软件集成要求所使用的各类软件应符合国际统一标准和开放的要求。信息集成是指对系统中各种类型的数据进行统一处理，避免不必要的冗余，为用户提供统一和透明的界面，实现信息的共享。

经营集成是要在上面两个层次集成的基础上，充分发挥效益。经营集成中更重要的问题是人的集成。经营思想能否正确贯彻，最根本的是要通过人来实现的；上述技术工具也只是一种辅助手段，能否用好这些工具，真正改善经营，取得经济效益，归根结底也取决于人。"人的集成"实际上是技术改造和社会改革相结合的问题，是工程技术和社会科学相结合的问题。集成对人的工作责任心、协作精神、知识水平、生产技能等各方面的素质都提出了更高的要求，能否改造人、改造组织去适应集成的要求是一个很困难但又极重要的问题。互联、互通、互操作是集成的基础，集成是以集成度作为指标来衡量的，集成度是指相互集成的要素之间关联的程度，集成度越大，表示要素之间的关联越密切，反之集成度越小。然而无论哪种集成，要素之间的关联都要受到周界的约束，物理系统的关联要受到器件、设备、硬件系统的周界的约束，应用集成要受到软件、信息周界的约束，经营集成要受到管理、组织、文化等周界的约束。

就工程项目来说，物理系统集成、应用集成、经营集成可对应称为物理系统集成、软件集成和人机集成，同时这3个集成不是阶段式而是并行进行的，通过系统工程的开展完成系统集成。

1.5 系统集成思想的工程价值

就一般意义说，系统集成有技术型和社会型两种类型。

系统集成为：①基于设定的目标需求；②采用一定的技术方法或手段（含产品）；③将若干分离的系统构成要素或子系统；④集合连接成一个能有效协同工作的系统整体。

尽管对象不同，集成的性质与系统的大小会有很大区别，但如何实施②、③和④所构成的集成的技术过程，来达到①的目标，则是系统集成的基本属性。

系统集成概念最初由通信系统集成开发商提出，关注点在于以网络为中心的应用的集成，并不包括系统中所要用到的数据库系统和应用程序，更不涉及广义的集成领域，如组织管理集成。随着系统集成思想和技术手段不断发展，系统集成概念已延伸至现代经济社会的方方面面，且集成领域和方式不断得到提升优化，本书对此不作过多讨论。

就航空领域来说，系统集成起源于机载电子设备及系统的发展，具体地说，系统集成是航电系统的发展，但随着系统集成理论的完善和技术手段进步，系统集成思想已不仅限于飞机各个机载系统的集成应用，而成为现代飞机研制的一种手段，影响设计流程、试验规划、制造方法、后勤保障及管理变革等，这种变革是系统工程思想的集中体现。

　　以飞机研发过程的试验规划为例。飞机研制中需要开展各系统/结构功能、性能试验，为设计选型或设计计算提供依据，或验证设计是否达到设计目标。此类试验一般由各专业分别开展试验，只有很少的大部件试验科目进行综合试验，一方面造成试验资源、资金的浪费，另一方面也可能会有协调考虑不周导致的重复、无效试验。那么从飞机全机试验的数量、交叉度、试验架次、周期、成本等方面考虑，集成试验是飞机研发、验证阶段值得重点研究的内容，这也是试验设计的重要方面。集成试验即通过不同系统/结构、不同科目试验的分解、组合、优化，以最少试验架次/数量得到所需的所有试验结果或数据，从而提高试验效率，在飞机研制中可以大幅缩短周期并降低成本。

第 2 章

航空系统集成概述

　　航空系统集成思想起源于航空电子系统的集成，随着航空模块化设计、柔性制造等技术的提出和实施，在系统集成理论和方法的指导下，系统集成理念延伸扩展至整个飞机机载系统，并形成了独特的研制及管理体系，继而航空系统集成行业随之出现。国外航空系统集成业已经成为专门的行业领域，不论从产业链体系还是集成技术等均较为成熟，出现了一批知名的系统集成商，如霍尼韦尔、古德里奇、利勃海尔等，其业务涉及航空电子系统、起落架系统、飞行控制系统等，几乎垄断了国际商用航空各型飞机的集成系统供应。但航空系统集成在我国尚属于新兴技术领域和产业概念，不论是技术体系还是产业模式尚处于探索阶段。

　　本章介绍了航空系统集成产生的背景，通过对理论的辨析和方法论的研究，探讨了航空系统集成的基本概念、内涵、要素及关键，展望了航空系统集成技术的发展趋势，并基于客观规律和现实分析提出了我国航空系统集成业的应对策略与发展模式。

2.1　航空系统集成的背景介绍

　　本节从技术和行业发展角度说明了航空系统集成业出现的背景，基于此背景概述性地介绍了航空电子集成系统的基本功能、系统架构及验证技术的基本概况。

2.1.1　航空系统集成实施背景

航空系统集成的起源可从技术和行业两方面分别给予考虑。从技术上来说，航空系统集成技术来源于航空电子系统技术的进步；从行业方面来讲，航空系统集成则是航空电子系统功能复杂化和高度交联化而产生的现实需要。

随着航空武器装备的发展，航电系统的综合化程度日益提高，其主要驱动力可归结为用最少的空勤机组人员完成飞行任务的需求，一方面机组人员的减少，另一方面工作负荷也大大降低。其次还有着其他因素的考虑，包括安全性、空中交通管制需求、全天候飞机、降低油耗、提高飞机性能、控制与操纵性和降低维护成本等。对军用飞机来说，潜在敌机攻防能力的不断提升带来的威胁也促使航电系统不断发展，综合化、集成化程度不断提升。

综合化程度的提高导致系统结构和功能日趋复杂，技术密集程度达到了一个新高度，航电系统已不是火控、导航、雷达、电子对抗、通信、光电和显示控制管理等技术和设备的简单罗列，而是这些技术和设备之间乃至与飞机大系统之间的大综合，任何一个单项设备都无法单独装机使用，每个设备的功能依赖于与其他设备接口的交联、信息的传输，因此从设计开始就需考虑其关联关系，进行系统集成设计，标准化软、硬件，优化设备、接口等，故出现了大系统设计部门，应用现代系统工程思想和方法论，如 MBSE、V 型设计方法等，统一协调各相关功能专业进行大系统集成设计。

从行业角度看，随着大系统进行集成设计制造理念的落实，在将子系统其向更高一级系统交付时，也必然需要以系统为单位进行集成验收、调试和交付，故原有的生产关系和流程必须要随之进行调整。原因在于集成系统在系统集成以前，成品分散交付，对于系统技术状态疏于控制和管理，系统缩合性难以保证；同时售后服务保障缺乏统一组织，集成系统成品厂各自为政，造成成品技术状态不一致，售后服务不完善，飞机完好率低，从而影响飞机出勤率和作战效率。因此开展系统集成工作，把系统作为一个完整的产品，实行集成生产和交付，统一管理，全寿命周期保障，可以说航空系统集成业的出现是技术发展的必然结果。

国外三代机及以后机型在生产过程中一直贯彻系统集成思想，在试验室配置时就兼顾了设计阶段的系统试验和生产阶段的系统集成。在生产阶段参考研制阶段的工作流程，开展系统集成交付，统一售后服务保障，是全寿命期内对集成系统进行高质量快速保障的有效手段。F-16、F-18、F22 等机型的研制和生产程序都是这种思想的体现，以航电系统为例，其生产程序如图 2-1 所示。

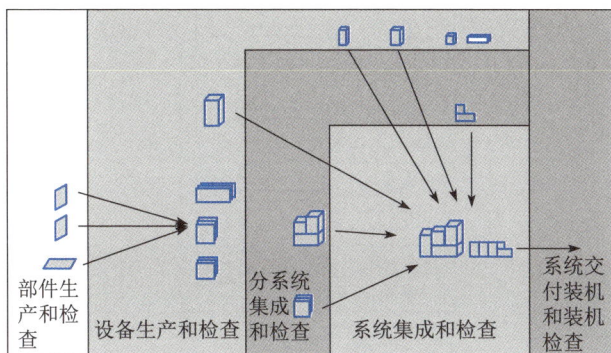

图 2-1　典型航电系统生产程序

2.1.2　航空电子系统介绍

1. 航空电子系统的基本组成

从技术上来说航空系统集成目前主要是指"航空电子系统"的集成综合，有时也称为"航空电子子系统"。航空电子系统指飞机上所有依赖电子技术工作的系统，包括一些含有机电元件的系统。

飞机航电系统按照执行飞行任务中的作用，可以表示为由特定任务层和航电系统功能层组成的如图 2-2 所示的结构层次图，显示了航电系统的核心功能。

大型飞机通用航空电子系统（图 2-3）通常包括：①以电传或光传操纵系统为核心的飞行控制系统；②以全权限数字式电子控制系统为核心的发动机控制系统；③以飞行管理计算机为核心，综合诸多传感器输入，输出控制飞控和发动机的飞行管理系统。

从安全性等多种因素考虑，目前这 3 个系统仍然独立，但相互之间有所交链，大型客机随着自动化程度的提高，三者的关系变得更加紧密，飞行管理系统已成为其他两个系统的前端。过去我们所说的民用客机航空电子系统，差不多都是指以飞行管理计算机为核心的飞行管理系统。

2. 航空电子系统架构

航空电子架构这个术语其实对一个复杂的涉及多方面要素设计思想和手段的简单描述。从本质上看所谓的航空电子架构均取决于设计如何选择并协调组成一个合理的整体以满足飞机对系统的要求。以通常意义上的划分概念来看，

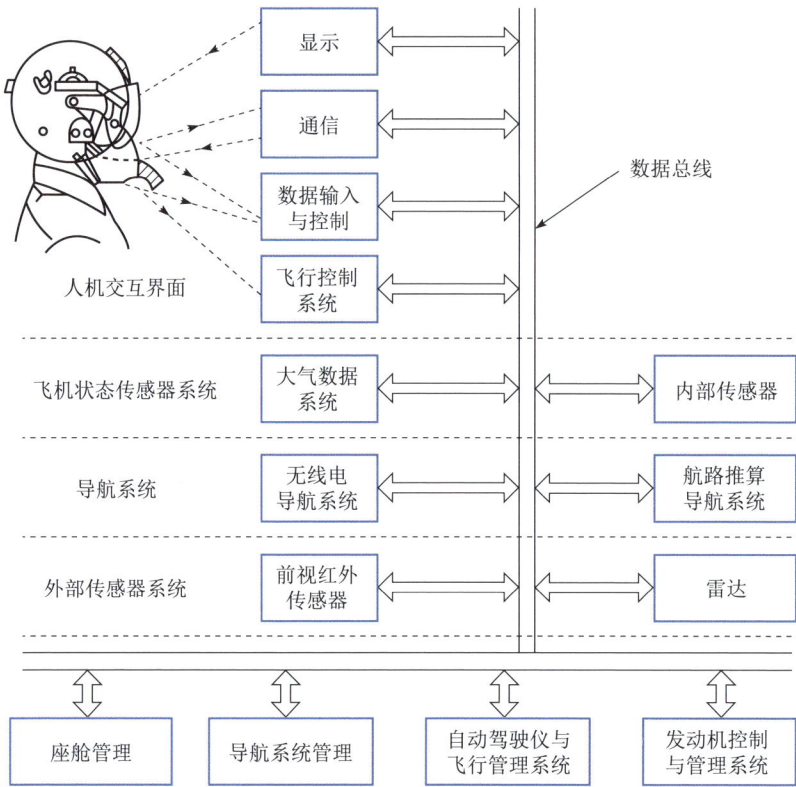

图 2-2　基本航空电子系统层次结构

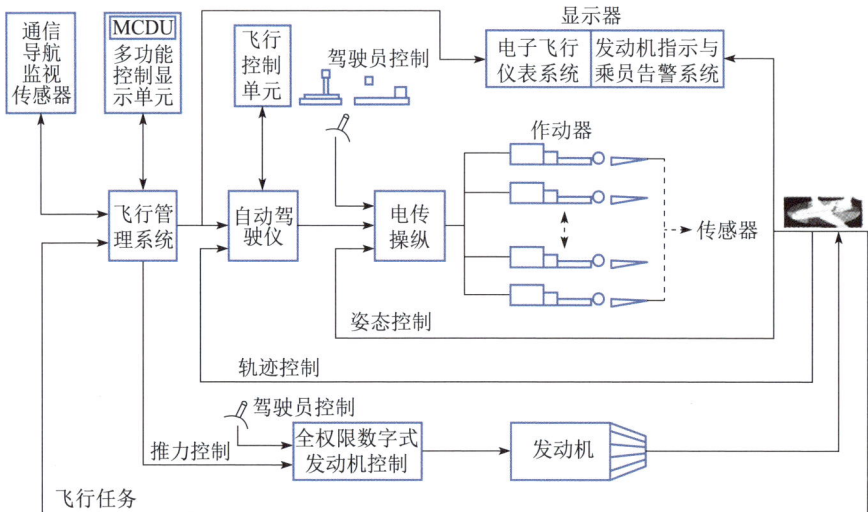

图 2-3　大型飞机通用航空电子系统组成

航空电子系统从架构上来说经历了 4 个阶段的发展，分别为 20 世纪 40—50 年代的独立式航电系统、20 世纪 60—70 年代的联合式航电系统、20 世纪 80—90 年代的综合航电系统和 20 世纪 90 年代中后期的先进综合航电系统，架构简图如图 2-4 所示。

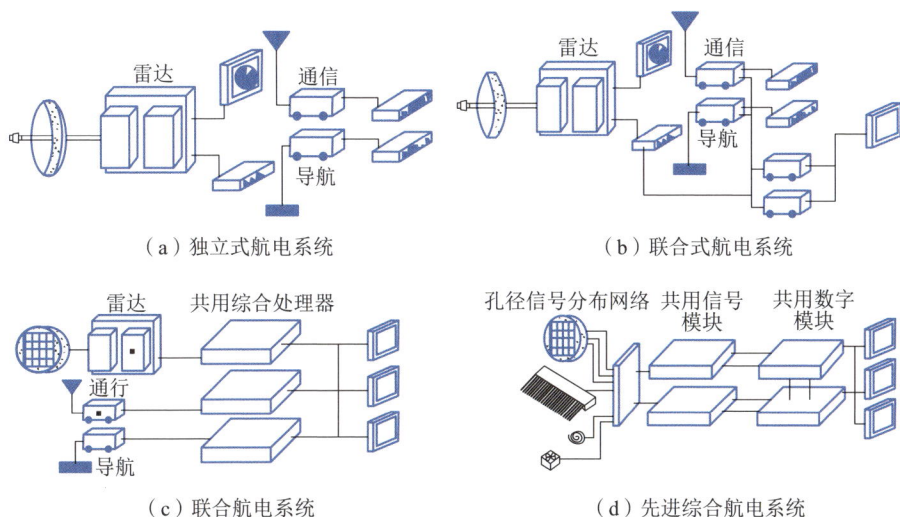

（a）独立式航电系统　　　　　　　　　　　（b）联合式航电系统

（c）联合航电系统　　　　　　　　　　　（d）先进综合航电系统

图 2-4　航空电子结构简图

当前我国飞机航空电子系统结构主要有以下两种形式。

一是外场可更换单元（LRU）为基本系统单元的联合式系统结构，也称为邦联式系统结构。外场可更换单元具有实现某种功能的能力，是完成这种特定功能的软硬件综合独立体。它拥有标准的形式、功能、外观尺寸和安装接口。从 20 世纪 60 年代的模拟式航空电子系统到 20 世纪 90 年代的先进数字航空电子系统均采用这种系统结构。

联合式系统结构由相互连接但功能独立的子系统构成，并使用中央处理器控制整个系统的运行，虽然数字电子的进步促进了一些复杂子系统的发展，但这种结构仍然注重功能的独立性，并通过 1553B 数据总线实现信息共享，其缺点在于单个子系统之间不可避免地出现重复功能，使得整个系统质量重、成本高，同时由于资源共享的困难度限制了系统容错性设计；从维护成本和灵活性方面考虑，这种结构受其零部件功能设计的限制，维护需要将零部件拆除在二、三线维护设备上进行检修，部署这类复杂的支持设备费用也较高，所以其应用灵活性受到严重阻碍。

由于联合式系统架构的天然缺点，因此出现了 20 世纪 90 年代发展起来的模块化航空电子系统（IMA）。综合模块化与联合式航电系统的基本原理对比如图 2-5 所示。

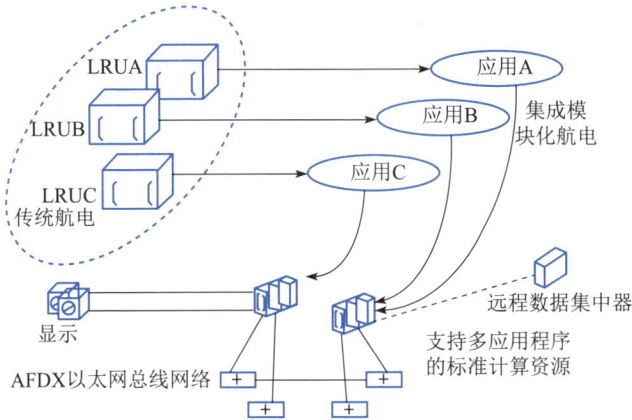

图 2-5　综合模块化与联合式航电系统的基本原理对比

这种架构从提出至今经历了 3 个阶段，其特点分别是：第一阶段，物理的综合，即采用模块化综合航空电子系统设计技术，将传统的外场可更换单元（LRU）通过模块化设计使其成为新型外场可更换模块（LRM），实现了系统模块的物理综合。第二阶段是物理综合和部分功能综合，其特点为采用模块化综合电子系统结构，将多家模块供应商、机架集成商和功能软件进行部分功能综合，采用串行底板总线与部分开放式机架结构。第三阶段实现系统高度的物理综合和功能综合，特点是采用开放式体系架构、统一的机载数据网络交换技术、输入/输出统一布局和综合信息管理，系统资源高度共享。

这种模块化航空电子系统架构还包含有更宽的范畴，除了前述传统的航空电子系统以外，还包含有共用系统（又称飞机系统、功能系统、机电系统）在内的全飞机系统综合。

总体来说，综合模块化航空电子系统是：①以可进行各种处理的外场可更换模块（LRM）及应用软件模块为基础；②以进行高速通信的总线/网络（A629、ASCB、A664（AFDX）等）为纽带；③利用各种传感器信息和相应的执行机构，完成各种功能综合为目的的航空电子系统。

其最大特点是资源共享，即能够共享的一组可变、可重用、可互操作的硬件和软件资源。最先进的大型客机 A380、B787、A320、B737NG 采用综合模块化航空电子系统结构。

目前我国的飞机航空电子系统架构正经历由联合式（邦联式）系统结构向综合航空电子系统的快速转变。

3. 航空电子系统综合试验介绍

随着航空电子系统能力的提升，系统的综合化程度和复杂度越来越高，因此航空电子系统综合和设计成为一项典型的复杂系统工程，既然是系统工程，那么其基本原理和方法论自然适用，因此结合航空电子系统工程的实例特点，V 型设计方法被普遍接受和应用，图 2-6 为航空电子系统综合和测试活动 V 型图。

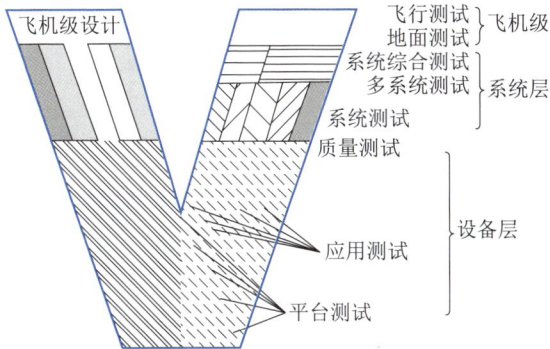

图 2-6 航空电子系统综合和测试活动 V 型图

V 型图是现代飞机设计系统工程的一般方法论在系统设计上的应用，左边描述系统的开发过程，右边描述系统综合和测试过程。

按照航空电子系统综合体系流程，在整个研制周期内需要建立统一的航空电子系统仿真与综合环境，如全数字仿真综合、半物理仿真综合、全物理仿真综合试验环境，以保证在系统不同需求阶段能够进行不同层面的系统综合测试。航空电子系统综合测试体系流程如图 2-7 所示。

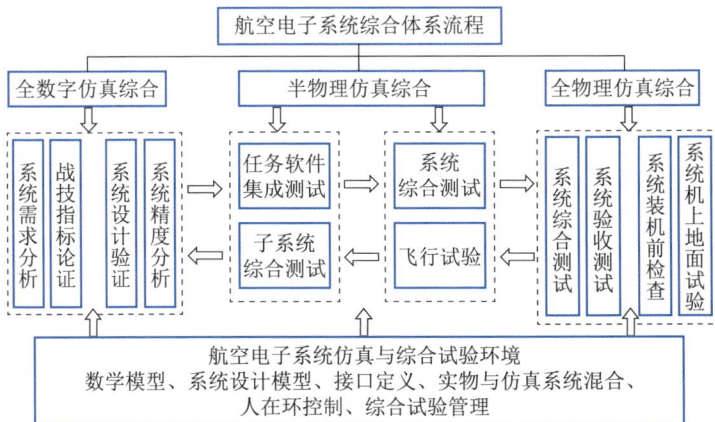

图 2-7 航空电子系统综合测试体系流程

航空电子系统综合试验程序为：试验人员依据测试规范完成综合测试程序，然后使用各种监控、激励、测试、记录和分析工具，按照测试程序的操作步骤完成测试、检查与分析，并依据系统设计做出测试结果的判断或故障定位，如图 2-8 所示。

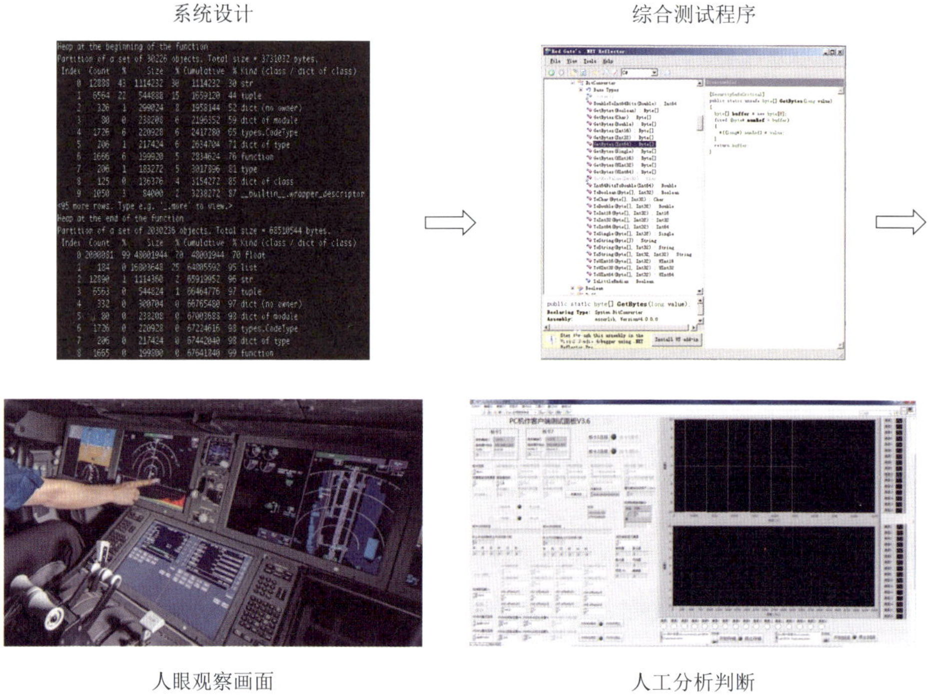

系统设计　　　　　　　　　　　　　　　　　综合测试程序

人眼观察画面　　　　　　　　　　　　　人工分析判断

图 2-8　航空电子系统综合试验

一般来说，综合试验测试内容包括检查系统硬件连接、测试并分析系统的总线数据、测试并分析系统的功能逻辑、测试并分析系统的人机交互、测试并分析系统对外部激励的响应、测试并分析任务系统的执行过程，以及分析试验数据、判定试验结果并完成报告。

航空电子系统综合试验测试工具包括通用设备和专用试验设备，常用的专用试验设备有总线监控器、射频检查仪、信号激励器、数字信号模拟器等。

上述是航空电子系统的一般测试程序和内容，但测试策略则根据不同的测试阶段选择不同测试环境进行。以模块化航空电子系统综合核心处理验证为例，虽然可以采用多种不同的策略来进行系统的综合和相关测试，但主要的策略分为如下两种。

1）非增量的综合策略

直接将所有组件和系统综合到一起。

2）增量的综合策略

每步只综合一小部分系统组件。在增量综合中，又可以采用数种方法，如自下而上的方法：从最小的组件开始综合，如在设备级开始综合。自上而下的方法：从顶层开始综合，如在飞机级进行综合。可用组件优先方法：首先综合可以获得的组件。然后逐步综合其他可以获得的组件。困难优先的方法：首先综合具有最高安全等级的组件，然后逐步综合较低安全等级的组件等。

当采用增量的综合策略时，测试中需要对尚未进行综合的组件进行仿真，这是一个很繁杂的过程；当采用非增量的综合策略时则不需要这一过程。但是，非增量的综合策略存在很多弊端：在进行非增量的综合时，所有的组件都必须是已获得的，也就是说只要有某一组件的开发尚未完成系统就无法进行综合。另外，由于非增量综合的特点，很难对故障进行分析、定位和隔离。因此，尽管增量综合的测试过程很繁杂，但是在综合模块化航空电子系统的综合和测试过程中主要还是要采用增量综合的方法，同时这也是 RTCA DO-297 标准中推荐的方法。

2.2　航空系统集成内容研究

本节从航空系统集成的概念辨析谈起，总结归纳了航空系统集成业的概念及内涵，并从航空系统集成设计和航空系统集成制造两个方面，基于技术发展、工程实践和理论方法 3 个方面，就航空系统集成实施内容和要点进行了介绍。

2.2.1　航空系统集成的概念及内涵辨析

传统上航空系统集成主要是指航空电子系统的综合集成，20 世纪 50 年代中期随着航空"武器系统"概念的建立，航电系统集成首次得到了重要发展，随之被应用于 20 世纪 60 年代的飞机上，这个概念的基本要求为综合系统能够以高成功率有效地完成任务，因此要求飞机、武器、航电系统必须进行集成以便协同工作。故综合考虑国内行业现状和技术特征，现阶段的航空系统集成概念可定义为：航空系统集成是指将飞行器的机载产品依据系统设计的划分和集成度，以真实再现系统设计功能和性能需求为主要目的，将系统所有部分（模型或实物）按照系统设计的逻辑架构和物理架构集成于仿真与综合测试平台，使系统在各种外部环境下动态运行，通过模拟、激励、信号传输、数据处理和采集、结果判定等一系列动作完成系统的集成测试，最终判断集成的系统产品是否合格的整个过程。

从上述定义可以看出现阶段航空系统集成技术主要指的是航空系统集成的制造技术，包括系统集成产品的软件灌装技术、集成产品的测试和检验技术、集成测试平台和环境的软硬件设计技术等。

从现实情况来看，现阶段的航空系统集成实质只是将原先的系统集成产品从设计转移出来，成为一个单独的制造部门专门从事批量产品的制造和维护保障，虽然在这个转移过程也发展出了新的航空系统集成制造的概念、新的技术需求和行业雏形，但距离真正的航空系统集成还差得很远。

那到底什么才是真正的航空系统集成呢？回答这个问题要从航空系统集成的专业属性和从属的制造领域进行分析。

首先，航空系统集成作为现代航空业的一个专业门类是毋庸置疑的，航空系统集成专业的兴起代表着飞行器设计思想和方法的变革而引起飞行器设计专业组织的重构，这点我们后面再进行详述，就单从专业确立的角度考虑航空系统集成的内涵。

对于工程设计行业，划分专业构成的充分条件是：以特定的科学技术理论为基础，发展出相应的设计、试验和管理方法与手段，具有满足型号工程需求的研发制造能力，具备型号谱系体系化发展的预测技术与验证能力。据此条件，航空系统集成专业是以航空电子、导航、通信、自动化控制、计算机网络等科学技术为基础发展出的一门工程技术，其专业范畴在于将传统的飞行器系统，包括航电系统、飞控系统、机电管理系统、任务系统等融为一体形成综合性的大系统集成设计和验证专业。

航空系统集成专业以航空系统集成技术发展及技术体系的研究为基础，通过专业技术理论、方法、工具等，及技术管理思想和方法的研究，形成专业设计准则、设计方法、应用技术、研制流程等，具备型号预先研究和开发设计的能力及工具手段。具体来说，包括3个方面：一是专业科学技术、技术管理能力方面的研究；二是针对原创、前沿理论和技术在飞行器上应用的可能性，从方法论和技术策略上开展初步的研究验证；三是面向型号工程研发需求开展通用技术、方法、手段等的研究与实施。

其次，设计理念和方法的变革必然带来制造领域的变化，航空系统集成业也不例外。航空系统集成专业在飞行器设计方法和流程中带来的革新必然要求航空制造理念变革和制造方法进行相应的改造，航空系统集成制造作为一个新型制造形态的兴起及航空系统集成产品的全寿命周期维护要求就是这种变革的直接后果。

从行业技术的范畴考虑，航空系统集成业可概括如下。

基于飞行器技术要求和航空系统集成发展趋势，依据系统集成设计规范，通过系统集成技术的实施，将飞行器航电系统、飞控系统、机电管理系统、任务系统、武器系统等的功能集成以便协同工作，通过航空系统集成制造技术的实施使各个系统的设备、线缆、计算机、软件等集成为一套完整的合格产品，并在产品全寿命周期内对其提供维护保障技术和服务。

对此定义的内涵可从 7 个方面进行理解。

（1）航空系统集成是一个顶层的、综合性的、跨学科的系统工程专业，也是一个包含系统集成研究与设计、系统集成制造和系统集成产品全寿命周期维护的新兴行业。其行业特点主要体现在设计思想、方法上的变革和制造形态的独特性。

（2）系统集成部门作为航空系统集成技术与产品的策划与实施机构，除了负责现役飞机集成系统及产品的研发与制造外，更要负责航空系统集成技术发展趋势的研究与验证，从基础理论提出到原型模型开发，对集成技术通过不同成熟度阶段的验证最终完全掌握其技术理念及技术诀窍，并通过对产品的系列化开发，保证航空系统集成业的可持续发展和具备较强的市场竞争力。

（3）系统集成部门的职责由设计延伸到批生产和维护保障，负责集成系统产品技术状态管理和控制。这样可以防止由于技术状态问题影响飞机的完好率，也可以避免主机所对于飞机技术状态不可控的情况出现。

（4）系统集成制造是一种特殊的制造形态，对制造概念进行了拓展和丰富，即出现了一种不改变原有物质的形态而使之成为具备适用性产品的加工方法，这种加工方法以软硬件集成和系统性测试为基本特征。

（5）系统集成制造方法与产品技术状态、供应链和质量管理体系的科学性与规范性相关，对供应商和半成品的质量管理与控制决定了系统集成产品的制造复杂性，表明了技术与管理的相关性。

（6）系统集成部门负责机载设备或子系统供应商的选择和产品采购，然后将集成系统作为一个产品，按照集成系统的制造工艺和流程进行生产，合格后实行集成交付、统一管理、全寿命周期保障。一方面控制了集成系统产品的技术状态，另一方面保证了集成系统产品的质量。

（7）维护保障技术成为系统集成技术的重要组成部分，对于全寿命周期内不同阶段、不同状态、不同形态的产品进行故障快速诊断与维护保障，以提升飞机的完好率与服役效率。

2.2.2　航空系统集成的实施方法与要点

航空系统集成作为一个工程技术行业，从行业功能组成来说与传统工业行业并无区别，主要包括系统集成设计、系统集成制造和系统集成产品的维护保障 3 个阶段，其中设计方法和制造方式对于一个行业的确立来说是具有标志性和决定性的，因此在搞清楚了什么是航空系统集成后，下面需要研究的问题就是航空系统集成是如何实施开展的，其方法核心和要点又是怎样的。

1. 航空系统集成设计

航空系统集成能够进行集成的子系统包括航电系统、飞控系统、机电管理系统、功能系统等除机体结构系统外的所有系统。这些可集成的子系统都具备一般系统的基本结构，包含系统要素（如计算机、软件、控制器、作动器等）、要素关系（如系统架构、总线协议等）、系统边界（如管道、线缆等）及界门（如传感器、光电设备、人机交互界面等）。

SAR 系统理论、界壳理论和耗散结构理论指出：系统区域边界对系统的生存、调控和演化起着关键作用，是系统演化的结构根源，也是研究系统问题的一个重要的切入点；系统要进行最优演化形成自组织结构，系统架构和边界的集成是重要条件；同时边界界门的合理设计对于系统的稳定性、可发展性等都具有重要作用。因此从系统研究的理论层面看，航空系统集成研究需要从系统边界问题入手，对系统架构和系统集成边界进行研究。

同时按照集成论对集成模式的分类，航空系统集成从集成的组织方式来看，包括单元集成、过程集成、系统集成等几种集成模式，从集成行为方式来看，主要是重组型集成方式，因此根据各种模式/方式的所体现的行为特征和表征的内涵，本书将航空系统集成分别定义为硬集成和软集成两类。

硬集成主要是物理层面上面的集成，将不同子系统的边界连接重新构成新系统的边界，系统要素按照某种协议重新排列进行集成过程。具体地说，这种集成方式的主要特征是将系统基本结构四大部分进行分别融合，如内/外部传感器的集成、人机交互界面的集成、计算机处理模块的集成、线缆接口的集成等。

以航空电子系统之间交联方式的变迁为例可以说明这种硬集成的基本方式和实现途径，这种集成方式属于典型的硬集成，主要特征在于通过技术手段将连接元件及线缆进行了集成以达到减重、提高效率和可靠性的目的。

20 世纪 70 年代早期，同步机和分压器的输入/输出接口仍然是点对点的线连接，连接元件进行必要的 A/D、D/A 转换，以实现子系统间的相互交联，这种方式连接元件体积很大，甚至超过了数字计算机。典型机载系统连接图如图 2-9 所示，可以看出除了质量较重外，数目众多的多路插头和连接器也增加了出错率，降低了整个系统的可靠性。

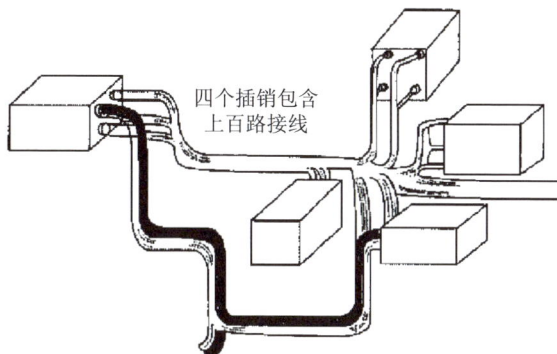

四个插销包含
上百路接线

与其他子系统连接的电缆

图 2-9　使用点对点的连接方式

到了 20 世纪 70 年代中期，一种称为时分多路复用（TDM）技术的出现，同时开始利用任务型处理器和微型处理器实现航空控制子系统的数字化，通过数字式数据总线连接各个子系统，这样系统间相互交换信号，使用时分多路复用技术传输数据和采用适当协议系统控制单个子系统的数据传输，大大减少了连接线数量。如图 2-10 所示，使用的是 MIL-STD-1553 数据总线系统实现系统间的连接情况，可以看出较之于图 2-9 所示的子系统连接图，系统内部单元间的连接线数量明显减少。

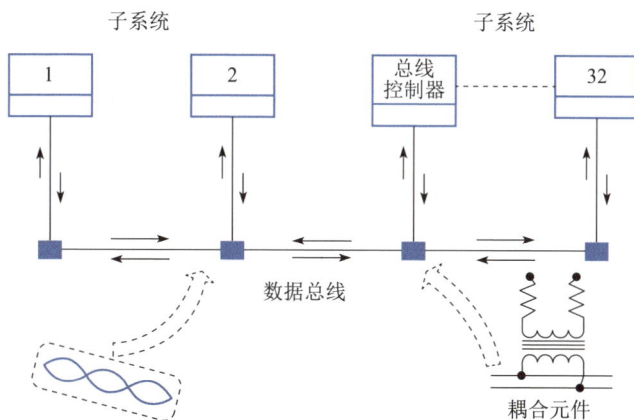

子系统　　　　　　　　　　　　子系统

1　　　2　　　总线控制器　　　32

数据总线

耦合元件

图 2-10　使用时分多路复用技术的连接方式

软集成综合了物理层和功能层上的集成，指按照系统集成的目的将新系统进行综合分析，确定其边界和架构，并使用方法论对其进行结构优化以形成新系统的过程。这种集成方式的主要特征是以总线为技术基础的系统架构设计和应用，系统架构概念的出现表明了这种集成方式打破了传统的子系统边界，系统集成以提升效率、发挥效能、高度协同和智能交互为目标进行整体研发，按照集成基本概念和理论相当于系统重构。

从航空工程项目的角度来看，软集成的实施过程和要点在于，系统集成设计方根据用户的系统规划所提出的目标要求，在对总体目标的理解与剖析的基础上进行系统的设计、开发、集成与构建，为用户提供全面解决方案，包括整体架构、功能定位与组成。系统平台符合国际系统组件与通信协议的优化选择，标准体系的建立、要点开发、界面处理、关键集成及项目管理等工作。把目标与集成的技术过程对接起来，并付诸工程实施并达到如期效果。

下面以航电系统架构设计的发展为例。

航电系统的架构概念是在20世纪70年代中期建立起来的，至今仍然沿用，并成为现代飞机的标准结构，即常说的联邦架构（federated architectures），也称为联合式系统结构，由相互连接但功能独立的子系统构成，并使用中央处理器一定程度控制整个系统的运行，虽然数字电子的进步促进了一些复杂子系统的发展，但这种结构仍然注重功能的独立性，并通过1553B数据总线实现信息共享。

从系统集成的角度来看，联邦架构源于单个独立子系统设计，系统边界定义明确，责任界限清晰，有着广泛可靠的产品供应基础，从商业、技术等角度来说，是目前公认的风险最小的航电系统设计方法。但从系统容错性、维护性、经济性方面考虑，其弊端还是比较明显的。

首先，联邦架构中单个子系统之间不可避免地出现功能重复，使得整个系统质量更重，成本更高。同时每个LRU被单独设计和优化致使相同功能具有许多不同实现方式。各子系统的部件如处理器、存储器、软件和电力分配都是本子系统最优的，设计维护这些部件都增加了整个系统维护和开发的费用。由于各个独立子系统不容易共享资源，且每个子系统冗余设计的费用将高到无法接受，所以这种设计方法限制了系统的容错性设计。

其次，联邦架构集成系统的维护在体系结构上受到零部件功能设计的限制，需要将子系统的零部件从飞机上拆卸并在二配、三配维护设备上进行检修。由于需要部署二配或中间商的复杂支持设备，故联邦式集成系统的灵活性受到严重阻碍。

再次，考虑到现代飞行器的研发成本较高且批产架次减少的同时服役时间成倍增加，中期飞机航电系统的升级可行性和经济性就必须得到考量，由于联邦架构的特点，一旦系统升级就需要整个系统全部更换，成本高昂，即使只是功能的小改进，费用也不菲。

因此 20 世纪 80 年代后美欧出现了模块化航电系统架构，较之于联邦式架构最直观的优势就是减重、节能、节省空间和成本。但真正要充分挖掘模块化系统的潜力以便利用子系统间共享的多余资源从而提高系统使用性能，从系统集成基本理论和方法的角度，其首要技术难点在于解决传统航电系统子系统之间的边界问题。

这个问题在综合模块化航电系统（IMA）架构技术上得到了较好的解决。综合模块化航电系统通过系统重构增强了系统的容错能力和应用的灵活性。这种架构从提出至今经历了以下 3 个阶段。

第一阶段，物理的综合，即采用模块化综合航空电子系统设计技术，将传统的外场可更换单元（LRU）通过模块化设计使其成为新型外场可更换模块（LRM），实现了系统模块的物理综合。

第二阶段，物理综合和部分功能综合，其特点为采用模块化综合电子系统结构，将多家模块供应商、机架集成商和功能软件进行部分功能综合，采用串行底板总线及部分开放式机架结构。

第三阶段，实现系统高度的物理综合和功能综合，特点是采用开放式体系架构、统一的机载数据网络交换技术、输入/输出统一布局和综合信息管理，系统资源高度共享。

这种模块化航空电子系统架构还包含有更宽的范畴，除了前述传统的航空电子系统以外，还包含有共用系统（又称为飞控系统、功能系统、机电系统）在内的全飞机系统综合。

综上所述，航电系统的发展历程表明，从最初的接口硬集成到综合模块化航电系统（IMA）架构技术的软集成，除了系统架构的不断集成发展外，解决的主要技术难点也在于系统之间的边界融合与集成问题。因此不论是硬集成还是软集成，系统集成难点和要点均涉及系统架构选择和设计问题及集成系统的边界研究问题。

从专业技术发展的趋势来看，航空系统集成业的出现使得传统的飞行器设计专业高度集成化，将传统的总体、气动、结构、强度、航电、飞控、机电、动力系统等十几个专业划分为两个大专业，即机体平台结构设计和系统集成设计（系统架构设计与集成）。如何科学地界定这两大专业的边界就成为一个设计要点，如果界面不清则集成就无从谈起，原因在于对一个系统来说，系统要素、系统关系、边界和界门是相互联系、互相影响的四大部分，系统集成的核心包括系统要素、系统边界和界门的集成，边界不清直接导致边界和界门的集成无从谈起，间接影响系统要素的集成和系统架构的设计。

因此，航空系统集成设计的技术关键点在于集成系统边界的确定、边界终端（界门）的设置与集成及集成系统架构的选择与设计。设计过程应关注的要点以集成论基本原理为指导：质参量兼容原理揭示了通用模块、商用货架产品广泛选用的必要性；界面协同原理指出了通用规范、标准选择的必须性；功能倍增原理体现为架构重构方式的设计方法；适应进化原理对于航空系统集成设计的启示则在于集成系统与体系的融合发展思想。

2. 航空系统集成制造

谈到航空系统集成制造，应该首先辨析什么是制造，制造的内涵是什么，航空系统集成又属于什么样的制造。搞清了这些我们才能对航空系统集成制造进行精确的定义，并对其制造内涵进行辨析，分析其制造所涉及的内容，并对其制造要素进行分析及预判。

1）航空系统集成制造概念及内涵

按照传统的制造业概念，制造是使原材料、原器件通过特定的工艺手段使之成为半成品或产品的过程。从这个概念理解，"制造"至少同时包含了 3 个层面的意思，一是物质基础层面，制造前后的物质形态或形状应发生了改变；二是方法论的应用层面，制造的过程必须是某种工艺手段或方法作用的过程，强调了工艺在制造概念中的重要性和不可分割性；三是价值层面，制造是一个价值增值的过程，使不具有价值或价值较低的物质通过制造过程变成具备某种价值或更高价值的物质。这 3 个层面是相互联系、相互制约的关系，对于制造这个概念来说必须同时满足，否则就不能称为制造，对应的行业也不能称为制造业。

那么梳理航空系统集成制造的目的和一般程序，这种集成制造可表述为：

将飞行器的机载产品依据系统设计的划分和集成度，以真实再现系统设计功能和性能需求为主要目的。首先将专用应用软件灌装于集成系统产品的特定设备或子系统，然后将集成系统产品所有部分按照系统设计的逻辑架构和物理架构集成于仿真与综合测试平台，使之在各种外部（激励）环境下动态运行，依据专用的测试程序及测试实施方法，通过模拟、激励、信号传输、数据处理和采集、结果判定等一系列动作完成集成系统的测试，最后检验并判断系统集成产品是否合格。

对照上述对制造概念内涵 3 个层面的剖析，航空系统集成制造的过程直观上只能满足两个层面的要求。一是方法论的应用层面，集成制造过程具备特定工艺手段和方法的作用这个特征，表现在两个点，应用软件灌装和集成测试的程序及实施方法，程序及方法是工艺技术的核心研究要素，因此这两个过程具备工艺作用的条件。二是从价值层面，系统集成制造很明显是一个价值增值的过程，使价值较低或不具有独立使用价值的子系统和设备，通过集成制造赋予各组件工程意义，明确了其职责并开始了其使用寿命，使其变成具有特定功能、性能，能够带来效益的高价值产品。但航空系统集成制造不满足第一条物质基础层面的要求，即制造前后的物质形态或形状应发生了改变，下面我们就这条的本质进行辨析。

我们现在所说的制造这个概念大多来源机械加工行业，主要是对金属材料使用车、铣、刨、磨等改变物质形状的加工方式将原材料变为零件，也涉及表面处理、热处理等改变物质表面或内部组织形态的加工方式。其他制造业，如化工、纺织、航空、航天、交通运输等其制造形态都满足这个基本的概念内涵，但系统集成业是否属于制造业一度引起争论，原因在于从表面上看，系统集成只是把软件、设备、计算机、线缆、传感器等集合并装配在一起，从产品出现前和出现后来看，不论是单独还是整体的物质形态或者形状都没有发生变化。但事实是否如此呢？

显然不是，从哲学角度来看，这就是一种典型的形而上学，应正确使用唯物论辩证法，以发展、运动的眼光看待事物。虽然表面上看系统集成前后各个组成部分的物质形状或形态都未发生改变，计算机还是计算机、软件还是软件，其硬件、代码、内部结构等未曾改变，但组成的整体具有了某种形态上变化，这种变化可以类比金属材料的热处理工艺过程，虽然材料外观、宏观形态未改变，但其材料微观形态，也就是组织结构发生了根本性变化，如不锈钢的马氏体化、铝合金的人工时效等，大大提高了材料的强度使其具备工程应用价值。集成系统也一样，其制造前后形态的变化在于微观意义形态的变化，如软件与硬件的结合，是将软件灌装与计算机使其存储于存储器，这个写入的过程是数据占用一定物理空间并改变了这个空间的存储器微观结构的过程。同理，硬件与硬件的连接也存在微观形态的变化，硬件的连接意味着数据的传输过程，这种数据传输微观上表现为光电信号在硬件环境的导通、显示。这个微观形态的变化过程赋予了系统集成产品使用意义，是其使用价值产生的过程。

因此，通过上述对物质形态变化的哲学辨析，可以明确地说，航空系统集成制造符合传统制造的概念，航空系统集成制造应该纳入制造业的范畴。这个辨析的过程和结果丰富和延伸了制造概念的内涵，一种新型制造领域出现了，这个制造领域较之于传统制造两个典型的特征：

（1）软硬件结合过程为基本特征。其制造过程表现为使用特定方法和工具将软件代码写入预定的硬件或存储设备，同时使用专门的测试方法和测试流程确保其软件功能的完整性和在硬件设备上运行的良好性。

（2）硬件相互连接并进行导通测试为基本特征。其制造过程表现为使用特定工艺方法和程序，将不同硬件成品连接并开展性能和功能测试。

2）航空系统集成制造的特点

就航空系统集成制造来说，需要特别指出的是对供应商和半成品的质量管理与控制决定了系统集成产品的制造复杂性，制造技术的发展路径和技术形态与管理理念与水平息息相关，准确地说，是与供应商选择与评价机制、半成品产品成熟度与评价技术、技术状态控制管理等有密切关系，从工程系统角度来看，体现了工程技术与项目管理的关联性。

通过质量管理体系的建立，对供应商进行科学的选择、评价和管理，形成供应商评价与管理细则；对半成品进行成熟度和质量稳定性评估，形成可量化的评价指标；对技术状态进行全寿命周期的管控，通过技术状态管理对产品状态和关键技术指标进行控制，保证产品技术状态的可追溯性与质量稳定性。上述管理手段的综合使用直接决定制造技术的可选择性，即对于特定产品使用何种制造手段，及使用何种工艺方法。这种理念的实质在于，目前系统集成制造的手段和技术理念基本沿用了传统航空电子、机电系统等分系统的综合验证试验方法，其测试环境的构建、测试用例的选择等都是基于集成系统功能的符合性为目的，而这种测试目的与制造概念的内涵和理念格格不入。

要打破这种沿袭科研思维和方法的路径依赖，建立真正的制造业，需要从对制造概念及其内涵的分析结果出发，结合特定制造业的基本要素、过程和方法，从而建立起具有区别与其他行业特点的制造业分支，即航空系统集成制造业。

制造的内涵在于工艺手段的使用和产品价值的生成，具体地说，就是通过制造过程的体现和工艺方法的应用，从而保证产品的完好性、质量的稳定性和寿命的可预期性，所以就航空系统集成制造概念来讲，其制造过程和目的应该是依照系统集成产品的设计要求，通过管理体系和制造要素的作用，最终得到具有特定价值的、质量合格的、功能稳定的产品，这个制造过程和制造要素参与的目的在于能够保证集成系统产品软硬件的完好性、稳定性和技术状态的正确性。

因此，从制造体系所展示的形态角度来看，航空系统集成制造体系是个动态发展的体系，根据动态系统组体系（见第4章）的建立思路和方法，是一个各个子系统相互协同作用的结果，包括质量控制、技术状态管理、供应商管理、标准体系、工艺技术等子系统。一般而言，对于具有成熟度较低、质量控制较差的供应商和半成品，技术状态控制不完整的产品，应采用接近综合集成测试的全工况集成测试方法；而随着供应链的成熟、质量可靠性的提高、技术状态管控水平的高效、标准规范体系的完善成熟，制造过程可趋向于工艺过程和方法的简化，如理想状态下只进行系统的导通测试。

但不论制造过程是保守还是简化，其工艺技术都应摆脱对研发综合集成测试技术的路径依赖，真正从航空系统集成制造的产品特点和制造需求出发，科学开展工艺技术的研究，特别是测试用例的设计，对不同阶段、不同状态、不同成熟度的产品进行有针对性的集成测试，使得制造名副其实，制造过程及工艺手段能够真正达到制造的目的。

3）航空系统集成制造内容

航空系统集成制造的是航空系统集成业出现的客观需求，而航空系统集成业的出现又是大系统进行集成设计制造理念和系统工程方法的普遍应用的结果，因此参考 NASA 系统工程方法在大型复杂工程项目领域的成功经验对于航空系统集成制造概念的建立和实施具有重要的指导和借鉴意义。

（1）NASA 系统工程引擎方法介绍。

美国国家航空宇航局（NASA）在航天系统项目上有着丰富的系统工程理论创新和实践经验，出版了系列系统工程手册用以指导 NASA 技术人员认识和理解 NASA 系统和环境的性质，使得系统工程的理念、基本概念、方法和技术等在 NASA 内部深入人心，成为各项工程实施的基本管理方法和技术路线。比较重要的出版物包括 NPR 7120.5《NASA 空间飞行工程和项目管理需求》、NPR 7123.1《NASA 系统工程流程和需求》和 SP-6105《NASA 系统工程手册》等，其中 SP-6105 在 2007 年进行了修订，使得系统工程方法能够更好的兼容自上而下的政策与自下而上的专业人员智慧，从而建立了系统工程过程之间的沟通融合渠道，形成了 NASA 独特的系统工程实现方法，即系统工程引擎的方法。

系统工程引擎方法基于 NPR 7123.1《NASA 系统工程流程和需求》中的三类流程：系统设计、产品实现和技术管理及相互关系而形成（图 2-11），用于目标产品的开发和实现。其中系统设计流程用于形成技术需求并确定基线，并将其转化为设计方案；产品实现流程用于形成产品设计方案，对产品进行验证和确认，最终将产品交付至上一层次产品结构，从而完成任一寿命周期阶段、任一层次的一项功能产品设计过程；技术管理流程用于进行技术规划、跨领域的协调沟通，并对产品和服务进行评估及风险控制。

系统工程引擎的应用方式为"迭代递归"，依据 NPR 7123.1 中的定义，迭代指系统工程引擎用于同一产品以纠正发现的差异或与需求的偏差的过程，递归则指系统工程引擎可反复应用于系统结构中相对较低的层次产品设计过程以实现上一层次产品的目标实现，也可用于不同生命周期阶段系统结构的同一流程。具体到引擎的三类流程而言：系统设计流程可反复迭代，将系统概念分解到最底层次，最终完成系统结构的工作分解结构模型构建工作。而产品实现流程则反复递归，将最小单元的产品集成到上一层次产品单元，直到完成系统产品的交付。

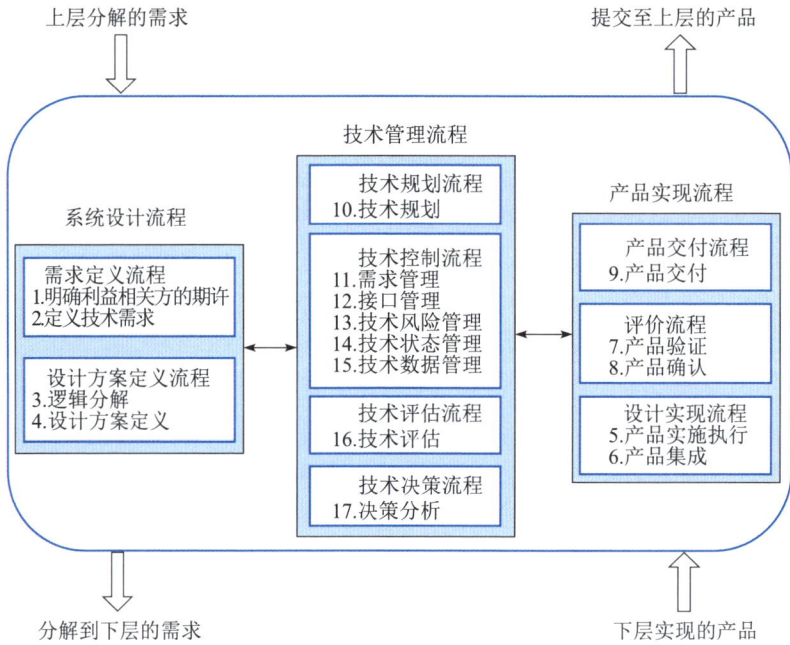

图 2-11　NASA 系统工程引擎

　　系统工程引擎模型右侧为产品实现流程（图 2-12），包括流程 5~流程 9。这也是一个"迭代递归"的流程：在技术管理流程的控制下，产品从系统设

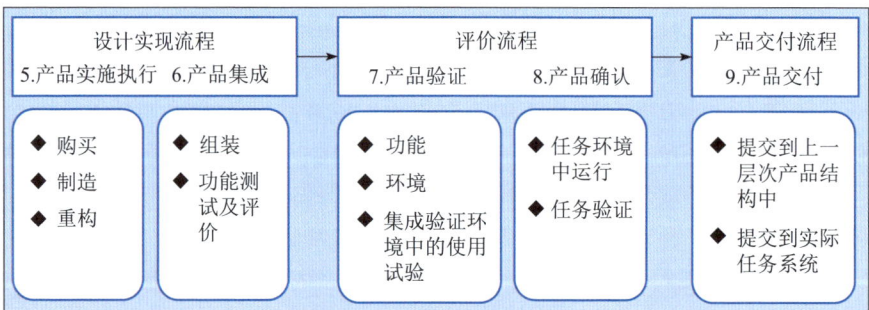

图 2-12　产品实现流程

计流程的输出开始生产、集成、重组子系统，子系统完成后依据系统接口规范需提交至高一层次系统结构中。随后根据相关约束条件验证其正确性，当得到正确的产品后则由利益相关方对产品进行确认，保证其是满足利益相关方期望的产品。完成这些流程后，产品提交至上一层次开始递归过程。

①产品集成。

产品集成制造完成系统结构搭建，是系统工程引擎中产品实现的关键的流程之一。此流程的典型过程和内容在于将较低层次产品单元组装成高一层次的集成产品，并对其进行检验以保证其功能正常，参见图2-13。显而易见，产品集成流程至少有三个目标：一是低层次的产品或子系统（包括：产品单元、组件、子系统和任务软件等）系统地组成成较高层级的产品；二是对其进行检验确保其功能完整；三是提交产品至上一层次。但无论对其过程和目标进行细分和归纳，此流程的最终目的其实只有一个，那就是确保系统单元形成整体功能。产品集成可以看作正式投产。

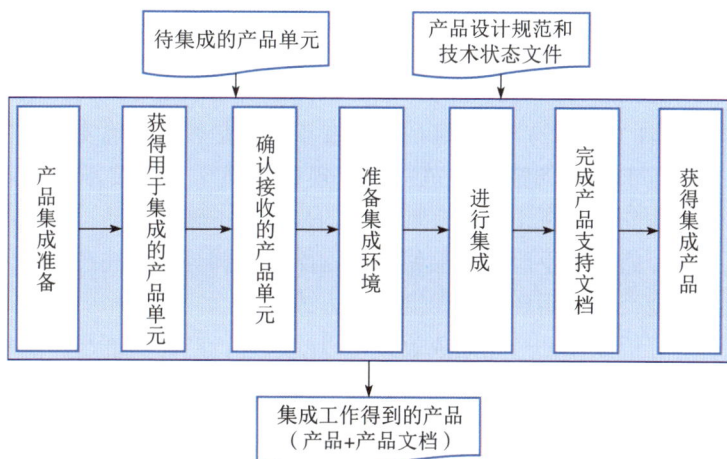

图2-13 产品集成流程

按照系统工程引擎的应用方式"迭代递归"可知，产品集成流程反复递归执行组装低层次产品、执行集成操作、检验评估、提交至较高层次以驱动实现高层次流程的开始，此流程贯穿于产品的整个寿命周期过程。就图2-13所示的典型产品集成流程的三个部分而言，分为流程输入、流程活动和流程输出。

流程输入需要开展的工作除了明确待集成的产品单元和准备产品设计规范及技术状态文件外，还需准备其他工作，包括辨识各类接口特征、准备待集成产品的完整技术图纸和清单、识别产品集成的辅助产品等。

流程活动由 7 个典型步骤组成。a. 集成准备。准备工作分为两个环节，首先要根据产品相关技术文档确认待集成产品的技术状态以及集成的阶段成功准则判定要求等；然后开展产品集成策略、集成计划以及集成顺序和集成技术规程。b. 获得用于集成的产品单元。c. 待集成产品确认，包括接口要求确认。d. 准备集成环境。包括用于进行产品组装和集成测试的环境。e. 进行集成。此步骤由两项工作组成，首先在集成需求要求、技术状态文件、接口需求、操作标准等的约束下，按照集成顺序和技术规程将低层次产品单元集成为所需的目标产品，随后开展功能测试，确保目标产品做好进入验证环节和集成到高一层次的准备。f. 准备支持文件。如产品确认信息文件、产品开展集成的依据，以及功能测试过程记录和结果判定结果文件。g. 获得集成产品及相关文档。

流程输出由三个项目组成。满足寿命阶段需求并经验证的集成产品；对集成产品进行说明的文档，包括集成产品的描述及操作和维护文档；工作产品，包括记录集成活动的报告、记录等，集成策略文档，集成组装图纸，集成顺序和依据，接口管理文件，人员说明，集成环境说明文件等。

②产品验证与产品确认。

从流程的过程看，产品验证与产品确认性质上相似度非常高，但其目的和手段却有着根本的不同。产品验证的目的在于产品是否被正确实现，视角在于对于经批准的需求集，如技术规范、技术规程等确立产品技术状态基线的控制；而产品确认的目的在于流程实现得到的是否是正确的产品，以客户的视角使用运行文档，如操作手册、产品使用典型操作用例等，关注产品对使用任务的匹配性，即能否在使用环境按照期望的方式工作。

如果通过分析能保证产品的成效，可以同时进行产品验证与产品确认联合试验，从而减少单独进行试验的花费。

a. 产品验证。

验收阶段开始于对单个组建或部件的验收，验收活动持续到系统验收评审。如某些验证不能在飞行或运行状态进行的时，验证活动需要在制造与集成过程中开展，这称之为"过程中"验证。此情况下，产品验证与产品集成同时开始，持续进行功能试验、环境试验、全系统兼容性试验，此过程中某型硬件如不可用，或者环境不能满足验证需求时，则需要使用模拟器验证接口搭建仿真环境。验证工作通过由工程师或技术人员在有利于进行失效分析的受控环境中完成。

产品验证需按照验证技术规程完成，验证技术规程提供步骤清晰地执行设定验证活动的指导，通常包含的信息有：

- 试验产品和材料的名称与标识；

- 试验技术状态辨识与运行技术状态的差异；
- 根据验证规范确定的试验目标与准则；
- 待检查与试验的特征和设计标准，包括接受或拒绝试验结果的阈值及容许偏差；
- 按顺序描述执行步骤和需要进行的具体操作；
- 需要用的计算机软件标识；
- 显示试验装置、试验产品及测量点的标识、位置、内部关联的布局图、设计图等；
- 具有危险情形或操作的标识；
- 检查或试验的约束；
- 关于不符合或异常情况和结果发生时处理的特殊说明。

全系统试验是整个系统验证与确认的重要部分，目的是演示验证接口的兼容性及系统内不同单元之间、分系统之间和系统整体预期应达到的所有功能。在地面集成及飞行系统上进行的全系统试验包括有效载荷的所有单元及其控制、启动、通信和数据处理，以演示验证整个系统能够在任务需求环境下以预期的目标方式运行。

b. 产品确认。

产品确认的目的是证明实现的是正确的系统，与客户或用户的利益相关，以确保产品能够在设定的环境中以预期的方式完成功能。

产品确认由用户或操作人员完成，可以使用不同的形式完成，包括分析、演示验证、检查和试验。

③产品交付。

产品交付是产品实现流程的最后一环，是将活动、子系统或单元连接到整个工程系统的关键。产品交付是将产品集成的目标产品，经验证、确认后交付到系统结构中较高层次的客户，或将最终产品交付给最终用户。

产品交付需要考虑的要素包括运输性需求、环境需求、维护性需求、安全性需求、保密性需求和工程性需求等。

（2）航空系统集成制造内容。

因此，参考 NASA 的产品实现流程及其内容，按照航空系统集成业的概念表述，航空系统集成制造是一个将"各个系统的设备、计算机、软件等集成为一套完整的合格产品"的过程；考虑其制造特点，航空系统集成制造是一个多因素且高关联度的制造体系。

那么从制造的物质基础来看，集成制造的原材料是组成系统的各种设备、计算机、软件等，按照集成度的不同还可能包括线缆、传感器、作动设备、辅助结构件、装饰件等。集成制造的最终产品为航空系统集成产品，这个产品包含的元器件、零件、部件等要素与原材料要素相同，但具有特定组织逻辑和连接方式。

从制造的过程来看，主要流程包括供应商评估与选择、半成品采购、半成品检验、集成生产前安装调试、集成系统通电检查、应用软件灌装、集成测试、集成产品检验、产品包装与交付等程序。

从制造涉及的要素来看，与传统的制造业一样，航空集成制造的基本要素至少包括工艺技术、检验技术、工艺装备、制造环境、质量保障与管理体系、供应商管理与评价体系等。

①系统集成制造环境。

系统集成最主要的任务之一是动态检查和测试系统的接口、功能是否满足系统设计规范的要求。这就需要按照系统实施方案规定的系统集成范围和工作内容，组建系统集成环境。

以航电系统为例，航电系统集成环境主要由综合仿真测试、激励器与模拟器，以及辅助支持设备三部分组成。其中，综合仿真测试部分包括集成管理系统、航电综合仿真系统、飞行仿真系统、综合测试系统和视频采集系统等；激励器与模拟器部分主要包含雷达目标模拟器、光电雷达目标模拟器、注入式目标模拟器、通用综合激励器、武器模拟器、CNI 分系统激励器与模拟器、数据链激励系统等；辅助支持设备包括实时网、以太网、模拟座舱、直流电源、中频电源、UPS 电源、通风设备以及通用的仪器设备等。

航电系统的交联关系复杂，每个分系统与其他分系统都有着密切的联系，其自身正常工作，需要其他分系统的信息支持，同时还需要按照系统工作逻辑，向其他分系统提供它的信息。因此针对航电系统集成的需求，集成环境一方面应能把航电系统成品按照实际的装机连接方式连接起来；另一方面，对航电系统接口、功能的检查和测试应该是动态的，所以必须使航电系统工作起来。

那么如何使航电系统正常工作起来，是系统集成环境搭建必须解决的关键问题。以雷达分系统为例，当飞机在空中飞行时，载机的雷达分系统先发射信号，再通过接收目标的散射信号来探测目标，向航电系统提供目标的相对速度、高度和距离等信息。而在系统集成环境中无法通过发射和接收信号的方式，使雷达分系统工作，为解决这个问题，集成环境就需要采用注入散射信号的方式，使雷达分系统工作，具体方式如下：首先，利用飞行仿真系统仿真载机和目标的飞行轨迹，实时地向雷达目标模拟器传送目标的方位、俯仰和距离数据；然后雷达目标模拟器按照飞行仿真系统发送的目标运动参数，在空间上生成目标的散射信号，再把散射信号不间断地注入给雷达分系统，使其动态工作起来。

同理，采用类似的方式，通过大量的模拟器或激励器，可以使整个航电系统在外部动态激励的作用下，按照正常使用条件工作起来，再对航电系统的接口、功能进行考核。

②数字化检验系统。

集成系统的接口适配性和系统功能完整性检查，实际上是在动态激励环境中对集成系统的接口和功能进行动态测试的过程。因此，为了提高系统集成测试工作的自动化程度和准确度，缩短集成测试和检验验收时间，在条件具备的情况下对一些系统和功能开发了数字化检验系统。

数字化检验系统由集成管理系统、总线测试系统、结果生成系统、座舱控制系统和飞行仿真系统等组成。一般来说，其至少具备如下功能。

a. 总线数据测试和视频画面的采集。

b. 为座舱内的操作人员提示操作内容和检查点。

c. 可进行测试数据和视频画面的记录。

d. 给出总线数据合格性的自动判断结果。

e. 提供标准的视频画面以对当前画面进行合格性评判。

f. 自动生成检查结果。

数字化检验系统的应用使得集成系统大部分的测试点可以自动检查，提高了集成测试的工作自动化程度。通过系统集成检查点的设置，标准视频画面的制定，总线数据合格性自动判断，以及检查结果自动生成，实现了系统集成测试和验收内容与流程的统一，合格性判定依据和结果的统一；对大部分检验结果合格性的自动判断，有效地减少了由于人为因素引起的合格性判断错误。

③质量保障体系和工艺体系。

如前文所述，航空系统集成是一种新的技术和产业模式，国内尚无成功的技术和经验可以借鉴。但值得庆幸的是，新版《质量管理体系要求》（GJB9001C—2017）增加了对航空集成系统这种非实物生产的新型产品生产模式的相关要求，因此以GJB9001C为指导，结合分析航空系统集成业的特点，建立了比较完善的系统集成工艺体系和质量保障体系，如下所述。

a. 质量管理体系。为了加强系统集成过程的质量控制，确保集成的质量，根据集成系统的特点，编制了质量控制和管理文件，形成了系统集成专用的质量管理体系，包括质量保证大纲、生产组织管理办法、质量管理办法、现场管理制度、供应商管理办法、成品入所验收实施细则、软件管理制度、售后服务工作程序等。

b. 系统集成流程。航电系统集成是一种新的生产模式，与以往的实物生产过程不同，系统集成是通过单项成品检查、接口适配性检查和系统功能完整性检查，确认整个系统的硬件技术状态和软件技术状态是否符合航电系统设计规范的要求，从而保证航电系统的正确性。

基于系统集成的这种特殊性，形成了航空集成系统的生产流程，包括成品出库、单项成品检查、接口适配性检查、应用（任务）软件灌装、集成系统功能测试、系统集成问题处理、检验验收、交付和售后服务。

c. 工艺体系。工艺作为制造业的核心，合理科学的体系建立对于产品质量的保证和不断提高具有积极意义。

在国内无相关产业工艺体系可借鉴的情况下，参考类似行业单位的成熟经验，结合本行业的现状建立了初步的航空系统集成工艺体系。

④供应商评价机制。

管理评价方法与机制，主要是对配套软硬件的工艺方法、工艺文件、工艺流程认可和管理，批产产品的工艺控制，质量一致性评价等。

依据相关文件规定，结合系统集成实际情况，制定航空系统集成供应商管理的评价办法，重点对成品质量、交付进度、售后服务水平进行考核评价。供应商评价机制主要指标包括成品验收综合评价、集成阶段综合评价、外场使用综合评价。

2.3　航空系统集成发展研究

航空系统集成的研究方向代表着航空系统集成的发展方向，反之也可以说，航空系统集成的发展方向也意味着航空系统集成的研究要点。因此开展航空系统集成的发展研究对于航空系统集成技术的研究具有指导和引领作用。

耗散结构理论对于社会实践和科学研究都具有哲学层面的指导意义，为系统演化提供了全新的视角，无论是自然系统还是社会系统，都存在着系统随着时间的推进不断演化的事实，并给出了系统演化的一般性过程：一个开放的系统在远离平衡态的情况下，通过系统内部要素的相互作用，自发从无序走向有序，从有序走向新的有序。

航空系统集成作为一个技术系统也存在演化，即系统不断发展的客观规律。既然耗散结构具有优越的演化方式，那么航空系统集成演化应选择这个最佳方式，也就意味着航空系统集成应成为耗散结构才能进行最优越的演化过程并得到最佳演化结果。但耗散结构理论又指出，耗散结构无法被创造，其出现是一种自组织行为，对于航空系统集成而言，其属于人工系统而非自然系统，从理论上说无法创造出一个航空系统集成耗散结构。这时就需要按照耗散结构理论的基本思想建立研究解决问题的思维模式，这也是耗散结构方法论的本质所在。

耗散结构理论虽然无法被创造，但耗散结构理论研究和解决问题的基本思路体现在其理论内容中，"耗散结构的形成不是在任意条件下都可以发生的，它需要具备下列 4 个重要的条件，这 4 个条件也解释了开放系统如何从无序走向有序的过程和机制"，因此从这个角度来说，耗散结构理论也是系统自组织条件的理论，耗散结构理论具有方法论的意义，也就是说研究创造耗散结构的 4 个必要条件的方法论是研究航空系统集成发展和演化的要点。

这里研究的航空系统集成有两层含义，一是飞行器航空集成系统，包括航电系统、飞控系统、机电系统等子系统所组成的综合性大系统，与飞行器结构相配合、协调，共同完成飞行器的各项设计性能和功能；二是航空系统集成业，也就是航空系统集成的研发制造系统。这两个系统是相互关联相互影响的，任一系统的演化发展都必然意味着另一个系统的协调发展，否则一个落后的研发体系不可能生产出先进的产品，而先进的产品也必须由组织科学、技术先进的研发体系支撑。

1. 系统必须是开放的

对于飞机集成系统，系统开放意味着与外部系统、环境的信息、数据、信号交流，这个条件是显然满足的，集成系统功能完成和性能的发挥必须需要外部信号的输入及足量信号的激励，触发系统功能机制，使得信号经过处理后输出结果，可见系统的开放和开放度对集成系统的存在来说都是必要条件；而对于系统集成研制系统，为了满足新型系统集成产品的研发和制造、维护需求，技术、工艺、装备及管理系统需要不断跟踪学习、创新开发新的技术理念、技术手段和管理方法等，这个学习、创新、试验等过程就是系统与外部交流的结果，表明了系统的开放性。

2. 系统必须是远离平衡态的

平衡态是个抽象的概念，此处平衡并非传统意义的等量、平等之意，而是热力学角度所指的平衡，即 $ds = dis + des = 0$，对于开放的平衡系统，$des < 0$、$dis = 0$，也就是指从外部吸收信息、能量等引进负熵从而维持系统稳定和保持一定活力的状态。平衡态并非封闭状态，而是孤立系统的一种状态。远离平衡态意味着吸收的外部信息、能量等要足够大、足够多，即 $des \ll 0$，才能保证 ds 为负且绝对值够大，从而系统能够产生自组织现象。

航空系统集成根据定义中包含物理集成和功能集成的两个分类可了解这是一个不可逆的过程。从热力学上看它是不平衡的，因为集成过程必然有物质、能量的吸收，否则就不是集成，只能称为组合了，集成的特点在于架构重组和设备、软件功能的综合化，这个过程包括新设备的引入，旧设备的淘汰，设备、信号、电能的再分配，设备和软件功能的高度集成化等，所以系统集成总是在非平衡条件下进行的。从集成前后的过程和结果来看，集成系统是从一种稳定结构变为另一种稳定结构，在这个转变过程中，开放的集成系统持续地受到架构重组、技术和设备选择、集成策略等外部因素影响，系统不断地受到较大的扰动，也就是系统集成的过程反复和优化过程，系统内出现反常涨落，即关键技术、软件、集成设备对整体方案和策略的决定性，最终形成以系统架构为框架、总线技术和集成设备为系统核心的组织结构，因此航空系统集成是远离平衡态的。

那么对航空系统集成来说平衡态是怎样的，远离平衡态对系统发展又有何启示？

航空系统集成产品的平衡态是指产品不进行软硬件更新，仅进行维护保养，维持其预定功能和性能的状态。因此远离平衡态意味着产品系统需要根据任务需求、外部环境的变化和技术进步而不断进行软、硬件更新换代以维持系统的先进性，这就要求系统不论是软件还是硬件都需要具有强大的可扩展能力，通用协议、标准接口、货架产品等的广泛应用成为必要；远离平衡态也意味着随着新型总线协议、软硬件技术的出现，对新型集成系统架构研发的必要性。

航空系统集成研制系统的平衡态与产品系统平衡态相适应，其远离平衡态状态则要求了研制系统组织架构的适应性和研制体系的创新性，其体系建立包括组织架构的设置，都应以自主创新、技术包容、体系研发、快速验证、高效低耗等为价值导向，保证新理念、新技术能够在体系框架内大量得到识别、验证及系列产品的快速开发和应用能力，简而言之就是远离平衡态意味着学习和创新能力的强大、技术手段的快速更迭、管理方法的因时制宜等，就航空系统集成研制系统来说，需要具有快速更新换代技术和产品的价值导向与能力支撑。

3. 在系统内必须存在非线性的相互作用

航空系统集成产品内存在非线性相互作用，就要求对设备、软件和子系统更高的集成度。综合集成度越高，各设备、子系统具有的相互制约性才会越高；反之如果各功能、各设备和子系统之间均为独立状态，如点对点的系统设计及邦联系统架构，其系统内的相干性就不存在或者较小；随着模块化系统架构的出现，使得总线、通用模块的普遍使用，增加了系统信号采集、传输和处理的共享度，加强了系统内各功能的非线性相关性，直到下一代航空集成系统开放式体系架构的出现，使用统一的机载数据网络交换技术，输入/输出统一布局及进行综合信息管理，系统资源高度共享，各种要素、信号、设备、子系统关系更是错综复杂、高度关联、相互制约，非线性关系凸显无疑。

航空系统集成研制系统的非线性作用体现在要素（研发流程、制造程序、管理规章、质量控制、维护保障子体系等）之间的关联性和协调性，体系导向、目标、规则、方法、程序的一致性，因为唯有如此，才需要体系建立过程中方法论的应用，科学地建立体系架构和进行要素提取，使整个体系成为一个层次结构合理、要素划分科学、因素编排协调的有机体，相关关联，互为支撑。

4. 要有涨落的触发

依据系统演化过程中对涨落内涵的分析和理解，涨落是引起系统从不稳定无序状态突变至稳定有序结构起到决定因素的参量，那么就航空系统集成产品和研制系统这两个开放的动态系统来说，决定因素的参量为能够提升系统/产品能力的关键技术。例如，综合模块化综合电子系统架构技术的出现引起了航空电子系统集成产品的变革性升级，这就属于产品系统中的涨落因素。再如，供应商评价准则与方法、制造成熟度评价与方法等系统工程成熟度理论在研制系统中的科学和广泛应用，会导致航空系统集成产品制造方式与流程的大幅度变化，这种成熟度理论和应用就属于研制系统中的涨落因素。

综上所述，可以归纳出航空集成系统的发展研究呈现两个趋势：第一个趋势是飞机系统本身的集成度不断扩张，包含两个方面，一个是系统集成度增加，从航电、机电子系统的集成到大系统的集成趋势，二是系统界门的集成度提高，综合化、智能化技术的应用，如智能蒙皮、多功能传感器、多功能智能化人机交互界面等。第二个趋势是飞机系统集成与整个关联系统的高度融合，如与作战系统的数据协议与接口的标准化、数据链的共享、实时数据的处理与判断、任务系统统一协调与规划等。

现实的航空系统集成工程技术发展现状和趋势对此结论给予了支持。即现代航空系统集成设计的终极目的已不是单纯提升飞行器效率和效益而完成系统架构的研发和设计，而是通过系统架构设计加强系统融合度，从而提升飞行器对外部环境的势态感知能力和生存能力。例如，新一代战机 F-35 做到了在系统集成领域取得了突破性进展，其在系统架构设计上第一次将飞控系统、航电系统和机电系统融为一体，打破了以前那种泾渭分明的系统界限。通过系统集成技术的实施，一方面大大提升了飞机系统对外部战场的态势感知能力，另一方面使其成为作战信息网络中的一部分，能够与其他系统平台及时准确地共享信息，快速完成飞机的任务计划分析并形成应对策略。

耗散结构理论为航空系统集成的构建演化提供了规律性和原则性的指导。

2.4　我国航空系统集成业的发展策略

基于现代航空任务和作战模式，从单机任务型到编队协作再到体系对抗的改变，飞行器在整个任务体系里的功能和作用也在不断变化，由独立单元到中继交换至协同处理和决策。需求带动现代电子技术的快速发展，由此引起产业结构和产品形态的变化，从传统的元器件生产、功能设备交付至整机装配和调试模式演化为系统集成设计、模块采购和系统集成测试与交付模式，由此航空系统集成业进而出现了。

不论是从集成技术方面，还是从集成管理方面来看，航空系统集成业都是典型的大型复杂工程，子系统多、交联关系复杂，系统集成难度大。如何采用合理的管理方法和技术路线集成各产品分系统、快速发展集成产品系列，避免集成系统研制拖期或质量性能指标降低是航空系统集成领域需要解决的一个难题。

2.4.1　我国航空系统集成业现状分析与应对方法

航空系统集成国外已经成为专门的行业领域，集成技术也较为成熟，出现了一批知名的系统集成商，如霍尼韦尔、古德里奇、利勃海尔等，其业务涉及航空电子、环控系统、起落架系统、飞行控制系统等，几乎垄断了国际商用航空各型飞机的集成系统供应。

国内情况比较复杂和特殊，复杂性体现在设计、制造、维护、配套厂商之间的关系上，特殊性则体现在行业愿景与现实发展情况之间的差异上。从产业概念和边界定义的角度规划产业发展目标和前景，航空系统集成部门的建立应是设计思想、设计手段、设计环节的延伸，产品研制与大系承包商的主体实体。但就现状来说，目前国内航空系统集成产业处于刚刚起步阶段，一方面受制于传统的航空产业技术和任务分工，产业归属基本上还是依附于总体设计单位的系统设计部门或系统集成部门，另一方面由于行业核心技术体系和制造技术体系尚未建立，主要任务还是以航空系统集成产品测试为主。

立足国内产业现状，可归纳我国现阶段航空系统集成业现状特点如下。

（1）航空系统集成设计与制造的一般理论、方法体系尚未成熟，集成设计理念、方法、技术及集成制造概念和体系尚未建立。

（2）以飞机系统集成仿真测试技术的软、硬件开发为主要技术特点。

（3）生产要素以软件为主、硬件为次，以软硬件结合、软件测试为主要生产性工艺特点，集成测试手段向着自动化、智能化方向发展。

（4）关注集成系统全寿命周期的保养维护，故障快速诊断和维护技术成为产业新领域。

（5）多种技术实现形态并存，不同产品集成水平差异化明显。

（6）与总体设计单位的系统设计部门交联关系较为密切，科研与制造职责界限模糊。

从上述特点归纳中可以得出3个方面的结论以概括我国航空系统集成制造业的现状与不足之处。一是体系建设滞后，不论是研发体系、工艺体系还是管理体系均未成形，核心技术要素尚未提取，专业技能缺失；二是产业链不成熟，从上游的集成设计至集成制造，再到下游的外场保障，再到二级配套厂家、三级配套厂家等，产业关系界面不清，权责不合理；三是路径依赖，对传统科研体系的路径依赖问题严重。

为了应对这3个问题，需要从两个方面进行重新研究和布局。一是对组织布局和关系的重新梳理，这样才能更科学地界定研制阶段、厘清研制流程，关系明晰才能更好地定义职责，系统地开展体系研究。二是对体系建设路径进行研究。体系建设是一个长期的、动态的过程，不同子系统的发展必要性、发展阶段、发展目标都不同，采用何种方法对这些子系统进行综合集成以构建体系，则是一个涉及产品技术水平和管理方法的重要议题。

上述是从行业发展的现状方面考虑，而从技术与行业的发展一般规律来看，航空系统集成业作为国内新兴的一门高技术行业，其行业发展基本规律与其他传统行业有所类似也有不同。

就行业发展成熟度曲线及与核心技术和产品的成熟度周期曲线关系来说，如图2-14所示，行业核心技术的发展更新是无限的，产品形态较之于核心技术的发展周期来说是快速革新的，行业形成与发展理论上是有周期规律的，也就意味着行业必然存在探索期、成熟度期、发展期和消亡期。

从另一个层面来看，航空系统集成业发展规律与其他已存在的行业也有不同，如前述对航空系统集成概念的辨析结果所揭示的，我们现在所研究和探讨的仅局限于狭义的航空系统集成，其实从行业发展的宏观远景来看，广义的航空系统集成概念及其实现可能成为行业发展到一定阶段后战略转型的一个绝佳契机，这样理论上只要航空业存在，航空系统集成业就永远伴生存在，在不同

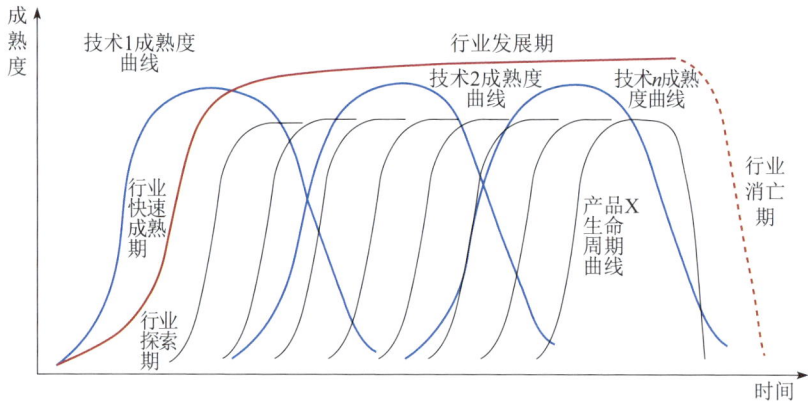

图 2-14   航空系统集成业发展与技术和产品的成熟度关系

技术和产品阶段发挥着自身独特的作用。当然从历史唯物史观来看，这种观点纯属唯心主义，但如何最大限度地延长行业发展期，推后行业消亡期拐点的到来，这是一个非常有意义的研究课题。

因此，通过上述对航空系统集成业现实的分析和对行业发展一般规律的理解，可知我国航空系统集成业发展面临的问题在于：如何在航空系统集成产品已经得到广泛应用的前提下科学定义和布局这个全新的行业，以及如何应对航空系统集成这种新兴行业持续高质量发展的美好愿景。

正如伟大的思想家和哲学家马克思指出的："只有哲学才是批判现实世界的'思想武器'"。由辩证唯物主义自然观和辩证唯物主义历史观组成的哲学，为自然科学提供了逻辑范畴，同时辩证唯物主义自然观为科学理论的建构提供某种契机，能够作为科学问题产生的起点。再者辩证唯物主义自然观为科学理论的构建提供总的蓝图和哲学背景，这种蓝图或核心思想为科学理论的形成提供重要思路，具有关键性的启示作用。总体来说，哲学对科学的发展具有重要的世界观和方法论意义，优越的哲学思想会引起自然科学的重大突破，自然科学的发展也伴随着哲学思想的升华。

为了应对我国航空系统集成业发展面临的紧迫问题，本书给出的解决之道在于，以哲学研究为根本，以系统论为工具，遵从科学技术发展的一般规律，从系统哲学层面提出本质性的、预见性的、系统性的研究方法。

具体的解决方案在于体系工程的实施，以基于价值的系统工程方法为指导，以动态系统组体系的构建方法为基本思路，开展航空系统集成工程体系，这是本书后续章节的研究内容。

2.4.2　组织架构研究

就体系构建与发展的基本方法来说，总原则为：体系谋划、系统构建、以点带面。

体系谋划指以行业要素的全面覆盖和可持续发展为目标，以产业价值、企业愿景和现实情况为依据，协同进行航空系统集成产业的体系化发展规划。

系统构建是以产业体系化发展规划为依据，分步骤分阶段，以能力要素为系统支撑，形成具有不同能力发展阶段和组合的航空系统集成工程。

以点带面的内涵为针对不同能力要素，抓住核心技术和管理理念，深入研究，做实做强技术要素点，通过这种技术发展和管理模式的总结与推广，带动体系不同能力的提高，由此为新系统的形成创造条件并推动体系的不断发展。

通过上述三原则的贯彻，最终能够以行业基本概念的形式说明航空系统集成业的基本概况与发展思路，形成这种新型产业和制造形态的概念模型，基本模型要素包括集成系统架构设计、机载设备设计、系统集成制造、配套产品供应链管理、系统集成产品维护链管理、产品研制管理系统、工艺及标准化系统等。

就发展目标和前景来说，航空系统集成行业的建立应是航空设计思想、设计手段、设计环节的延伸、产品研制的主体实体与大系统承包商；以系统集成平台和设备为基础，向原始/原创设计部门发展，成为航空新技术开发初步验证的基地，支持创新思想和技术开发；同时成为系统集成承包商，创立自己的品牌并发展及推广优势能力，参与非自研型号项目的竞标和承包，向专业的大系统级承包商发展，打造多品种、系列化产品的可持续发展模式。

就行业具体业务与发展模式而言，应围绕航空系统集成类产品的全寿命周期专业化供给，从产品策划、技术实现、工艺制造、服务保障等业务维度的全周期策划实施研究院的新产品研制工作；加强成本管控和质量管控，实现预期经济效益；不断探索成熟产品、成熟成果延伸转移、转化机制，通过延伸产业链，增强盈利能力，反哺企业能力提升和产业升级，构建知识转化的良性循环，不断增强企业的经营能力。

从专业技术发展的角度来看，航空系统集成业需要以产品为核心，大力开展技术创新、引领、融合。为了实现长远发展则必须建立、完善系统航空集成专业树。要成为国际先进、国内领先的专业化系统集成商，核心技术的提出和发展是生存之路，技术体系的建立则必不可少，因此需要建立飞机级系统集成的技术体系，明确技术方向和核心技术领域，在型号发展过程中技术体系的嵌入式作用就成为行业定位和专业作用的体现和发展动力。

因此，综合考虑上述 3 个方面，分析目前的行业现状与特点，认为虽然航电、飞控和机电三大系统专业的系统集成设计及其产品发展已初具雏形，但从航空系统集成发展大趋势来看，还缺少一个飞机级总体设计单位来统一规范飞机系统设计，定义各系统之间的交联关系，以及专业和专业之间的技术统筹协调。故从组织机构上应考虑重构和建立系统总体设计部门，以统一规划大系统级的系统集成设计和产品设计、大系统集成产品测试试验及批产技术。改造的组织框架结构如图 2-15 所示。

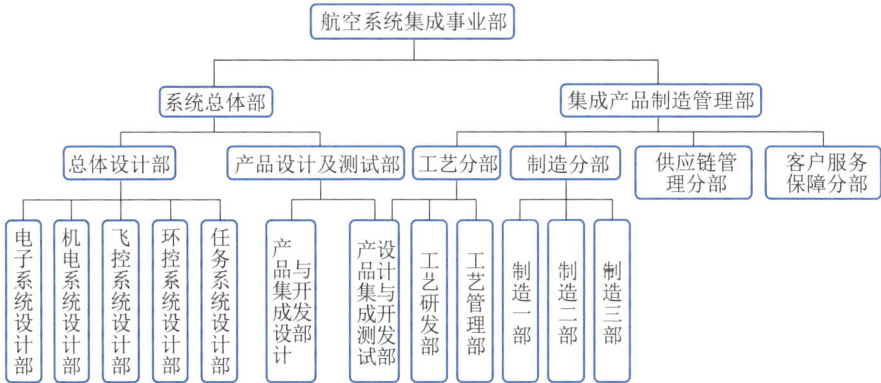

图 2-15　航空系统集成业组织框架结构

2.4.3　产业发展策略研究

系统集成是系统工程研究的重要内容，是现代大型系统研发最具挑战性、花费最多的一项工作，直接关系工程的成败。

航空系统集成工程规模一般都比较庞大，集成涉及时间、费用、风险等内容，与时间相关的集成相对比较重要，也比较困难，系统集成模型和策略较为复杂。原因在于此类大型工程系统研发一般需要分解为若干分系统，首先进行各分系统的研发和内部集成，然后进行系统集成，把各分系统集成为系统。系统集成过程中很难预测各分系统的完成时间和分系统之间的集成时间，通常的情况是有些分系统/分系统对/分系统组已具备集成条件，另外一些分系统/分系统对/分系统组则不然，这种情况导致了系统集成决策的困难。

因此，系统集成模型的建立和优化、集成策略的设计和应用需要不断研究。另外，模型、策略的复杂性决定了相关计算的复杂性，探讨、简化模型的计算方法也需要不断研究。

1. "实现形态"概念的提出

从航空系统集成技术发展策略上来看，通常采用增量式的集成发展策略，一般从设备/部件集成开始，然后是分系统级、系统级，最终是飞机级。这种分阶段集成的策略使得每次集成的关注点从设备级的需求逐步转移到最终的整体性功能需求，降低了整体系统集成的复杂度，但在目前航空系统集成技术高速蓬勃发展时期这种方式趋于保守，不利于行业快速发展和核心技术的探索与研究，因此以本书提出的动态系统组体系构建方法为依据（见第4章），提出技术"实现形态"的概念。

实现形态，而非发展阶段，意义在于模糊了各阶段清晰的界面划分，从技术发展理念和能力实现对某一周期进行定义，意味着不同子系统并行发展的可能，而非循序渐进地逐步发展。

航空系统集成从技术的实现难度和对概念的扩延角度可分为5种实现形态，这5种形态不存在优先或者顺序发展的限制，不同技术难度和成熟度的集成系统可并行存在。

（1）设备/部件的集成。

（2）分系统的集成与调试。

（3）大系统集成测试平台建立，可进行机载系统集成试验和空地系统应用验证试验。

（4）大系统集成测试实体平台的搭建，包含相应机械系统的测试。测试性设计方法的实现，成为系统级集成供应商，针对不同类型飞行器提供包含软、硬件及物理机构整套完整系统的解决方案与配套设备。

（5）技术原型研发试验室。创新技术在飞机上应用的可行性验证平台，包括原创思想、理念，核心技术的验证和关键工艺的实现可行性研究。依托大系统级飞机环境模拟平台对创新技术进行真实环境条件下的模拟和验证。

2. 系统集成模型与策略

这种"实现形态"概念的提出为航空系统集成业不同形态产品、技术和配套系统的并行发展提供了思想理论依据，但如何实施不同阶段或形态的系统较之于大系统的集成则是需要研究的一个问题，也就是航空系统集成业各类子系统的集成问题，包括技术系统、产品系统、制造系统、管理系统等的集成路线和模型问题。

GAN模型和Info-Gap模型是系统集成的两种典型模型，独立集成和递增集成是系统集成的两种典型策略。航空系统集成工程可采用这两种模型和集成策略，研究航空系统集成工程的最佳集成路径。

1）系统集成模型

（1）GAN 模型。GAN 模型基于以下假设：系统集成结果是唯一的，分系统准备时间和系统集成时间是随机的。

GAN 模型包括两部分：分系统内部研发和集成及分系统之间集成（系统级集成）。建立 GAN 模型需要关于所研究集成问题的先验知识（集成事件的概率）。大型工程系统集成时，由于系统结构复杂、时间跨度大，准确计算和确定集成事件的概率通常比较困难，这是 GAN 模型的一个缺点。另外，在 GAN 模型中，系统集成的关键路径（系统集成持续时间不再缩短的路径）是隐含的，需要通过计算得到。

（2）Info-Gap 模型。Info-Gap 模型应用于系统集成事件持续时间具有不确定性的工程系统的健壮性设计。模型基于的假设是系统存在一个关键时间参数 T_c，系统集成持续时间 t 必须满足 $t \leq T_c$。若定义不确定性系数 α 为各个集成事件持续时间距其标称持续时间的最大偏差（配以适当的权重），则健壮性指满足指定时间需求情况下 α 的最大不确定性。建立 Info-Gap 模型不需要关于每个集成事件所需时间的先验知识。该模型基于系统最恶劣条件，适合于集成过程相对复杂的系统。Info-Gap 模型中明确指出了系统的关键路径。

2）系统集成策略

系统集成一般按步骤实施（图 2-16），可分为分系统内部集成、关联分系统集成、分系统对集成、分系统组集成和系统集成。对系统而言，分系统内部集成指分系统内部进行准备，形成具备与其他分系统进行集成的分系统；分系统内部集成完成后，进行关联分系统集成，即对关系密切的两两分系统进行集成，形成"分系统对"，然后对"分系统对"进行集成，形成"分系统组"；再对分系统组进行集成（系统集成），形成完整的系统。

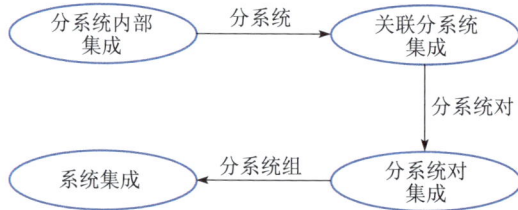

图 2-16　系统集成步骤

系统集成有两种策略：独立集成和递增集成。

（1）独立集成：假设各分系统的完成或多或少是同步的。由于各个分系统的集成是独立的，待所有分系统集成完成后再进行系统集成，因而集成时无须分析分系统之间的联系而确定集成的优先次序。

（2）递增集成：假设系统各个部分的完成是独立的（不同步）。当研究的系统比较复杂，独立集成策略的假设难于满足，则需要应用递增集成。递增集成策略实施时，需要区分分系统的"依赖度"（关系密切程度）。先集成关系密切的分系统，关系不密切的分系统的集成在系统的后续集成事件执行过程中进行。

两种集成策略的性能可依据系统集成时间（SIT）进行比较，用 SIT_s 表示应用独立集成策略进行系统集成所需的时间，用 SIT_i 表示应用递增集成策略进行系统集成所需的时间。则有：

$SIT_s > SIT_i$ 时，应用递增集成策略；

$SIT_s < SIT_i$ 时，应用独立集成策略。

系统开始集成之前，有必要基于先验知识和过程分析，对 SIT_s 和 SIT_i 进行估计。但理论分析和实际经验都表明，难于集成的大型复杂系统需要应用递增集成策略（$SIT_s > SIT_i$），容易集成的小型简单系统需要应用独立集成策略（$SIT_s < SIT_i$）。

3. 集成工程策略研究

航空系统集成工程是典型的大型系统工程，分系统多、关系复杂，系统集成难度大。如何采用合理的集成路径集成各分系统、避免系统计划延误或性能指标降低是航空系统集成领域需要解决的一个难题。

本节以系统集成设计分系统（SID）、系统集成制造分系统（SIM）、供应链评估与管理分系统（SCEM）、系统集成标准化分系统（SIS）4 个航空系统集成业分系统的集成为例，研究航空系统集成工程系统集成模型的建立和策略的设计方法，为后续更为深入和广泛的航空系统集成业发展策略设计提供了思路和方法。

研究基于以下几个事实与假设：SID 和 SIS（分系统对用 P_1 表示）关系密切，SIM 与 SCEM（分系统对用 P_2 表示）关系密切，而分系统对 P_1 和 P_2 关系不密切。

基于独立集成和递增集成策略建立航空系统集成工程的 GAN 模型和 Info-Gap 模型，如图 2-17 和图 2-18 所示。

图 2-14 中，$d = SIT_s / SIT_i$，Int 表示集成时间。

图 2-15 中，p 表示先集成分系统对 SID-SIS 的概率，q 表示先集成分系统对 SIM-SCEM 的概率。

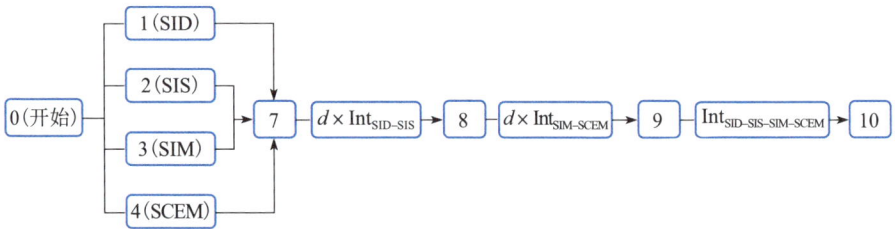

图 2-17　独立集成策略系统集成

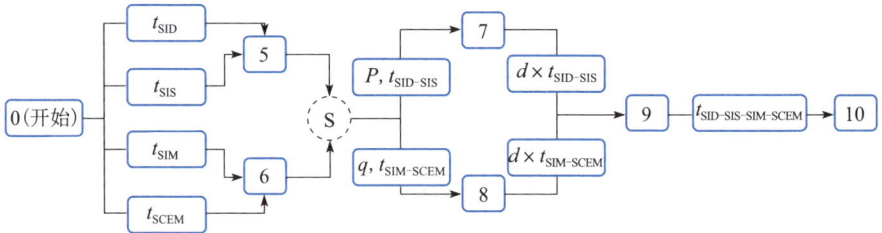

图 2-18　递增集成策略集成系统

1）GAN 模型

（1）独立集成策略 GAN 模型。在图 2-14 中，集成事件 7 的最早开始时间为

$$t = \max\{t_1, t_2, t_3, t_4\},$$

所以集成时间 t 为

$$t = \max\{t_1, t_2, t_3, t_4\} + d \times t_{1,2} + d \times t_{3,4} + t_{1,2,3,4}$$

式中，t_1 为 SID 分系统内部集成时间，t_2 为 SIS 分系统内部集成时间，t_3 为 SIM 分系统内部集成时间，t_4 为 SCEM 分系统内部集成时间。$t_{1,2}$ 为分系统"分系统对 P_1"的集成时间，$t_{3,4}$ 为分系统"分系统对 P_2"的集成时间，$t_{1,2,3,4}$ 为集成 P_1 和 P_2 的时间。在本案例模型中，"分系统对"之间的集成为系统最高级集成。

（2）递增集成策略 GAN 模型。

在图 2-15 中，两个分系统对 P_1 和 P_2 完成集成的最晚时间，即下一阶段集成最早开始时间为

$$t_s = \min\{\max(t_1, t_2), \max(t_3, t_4)\}$$

所以系统集成时间为

$$t = \max\{\max(t_1, t_2), \min\{\max(t_1, t_2), \max(t_3, t_4)\} + t_3, t_4\} + d \times t_{1,2} + t_{1,2,3,4}, I = q.$$

或

$$t=\max\left\{\max(t_3,t_4),\min\left\{\max(t_1,t_2),\max(t_3,t_4)\right\}+t_1,t_2\right\}+$$
$$d\times t_{3,4}+t_{1,2,3,4},P=p.$$

其中，P 表示系统实施集成事件的概率。

当 $\max(t_1,t_2)>\max(t_3,t_4)$ 时，假定 $\min\left\{\max(t_1,t_2),\max(t_3,t_4)\right\}+t_{3,4}\geqslant\max(t_1,t_2)$ 或者当 $\max(t_1,t_2)\leqslant\max(t_3,t_4)$ 时，假定 $\min\left\{\max(t_1,t_2),\max(t_3,t_4)\right\}+t_{1,2}\geqslant\max(t_3,t_4)$，则系统集成时间为

$$t=\min\left\{\max(t_1,t_2),\max(t_3,t_4)\right\}+t_{1,2}+d\times t_{3,4}+t_{1,2,3,4},P=p.$$

或

$$t=\min\left\{\max(t_1,t_2),\max(t_3,t_4)\right\}+t_{3,4}+d\times t_{1,2}+t_{1,2,3,4},P=q.$$

2）Info-Gap 模型

定义集成事件时间矢量为

$$t=\left[\,t_0t_1t_2t_3t_4t_5t_6t_7t_8t_9t_{10}\,\right]^{\mathrm{T}}$$

式中，t_0 为集成开始时间。

$t_i(i=1,2,3,4)$ 分别为 SID、SIS、SIM、SCEM 分系统内部集成时间。

t_5 为集成 SID、SIS 的时间，SID 与 SIS 关系密切，SID 分系统与其他分系统集成前先与 SIS 进行集成。

t_6 为集成 SIM、SCEM 的时间，SIM 与 SCEM 关系密切，SIM 分系统与其他分系统集成前先与 SCEM 进行集成。

t_7 为集成把 SIM 和 SCEM 的集成作为系统集成的一部分集成时间（先集成 SID 和 SIS 两个分系统），$t_7=t_6\times d$。

t_8 为集成把 SID 和 SIS 的集成作为系统集成的一部分集成时间（先集成 SIM 和 SCEM 两个分系统），$t_8=t_5\times d$。

t_9 为集成 P_1 和 P_2 两个分系统对的时间。

t_{10} 为集成结束时间。

假定集成事件 i 的标称时间为 $\tilde{t}_i$，则系统集成标称时间矢量 $\tilde{t}$ 为

$$\tilde{t}=\left[\,\tilde{t}_0\,\tilde{t}_1\,\tilde{t}_2\,\tilde{t}_3\,\tilde{t}_4\,\tilde{t}_5\,\tilde{t}_6\,\tilde{t}_7\,\tilde{t}_8\,\tilde{t}_9\,\tilde{t}_{10}\,\right]$$

集成事件实际时间 $t_i=\tilde{t}_i\pm\tilde{t}_iw_i\alpha$，这里，$w_i$ 为事件 i 的权重，α 为不确定系数。不确定模型为给定 $\tilde{t}$ 和 α 条件下所有可能的非负值的集合为

$$U(\alpha,\tilde{t})=\left\{t:\max\left[\,0,\tilde{t}_n(1-w_n\alpha)\,\right]\leqslant t_n\leqslant(1+w_n\alpha)\right\}$$

其中，$\alpha>0$，$w_n>0$，$n=0,1,2,3,\cdots10$。

（1）独立集成 Info-Gap 模型。系统集成可能的路径有四条：Path_0（0，1，7，8，9，10），Path_1（0，2，7，8，9，10），Path_2（0，3，7，8，9，10），Path_0（0，4，7，8，9，10）。定义集成事件矩阵 $\boldsymbol{F}$，

$$F = \begin{bmatrix} 1 & 0 & 0 & 0 & 0 & 0 & 1 & 1 & 1 & 1 \\ 0 & 1 & 0 & 0 & 0 & 0 & 1 & 1 & 1 & 1 \\ 0 & 0 & 1 & 0 & 0 & 0 & 1 & 1 & 1 & 1 \\ 0 & 0 & 0 & 1 & 0 & 0 & 1 & 1 & 1 & 1 \end{bmatrix}$$

其中，行代表路径，列表示系统集成事件，$F(i, j) = 1$ 表示事件 j 的实施是路径 i 的一部分。

定义路径矩阵为 $C = F \times t$，对于任意路径 $m(m = 0, 1, 2, 3)$，则有

$$C_m = \sum_{n=0}^{N} F_{mn} t, \quad N = 10$$

因此，α 给定条件下，任意路径 m 的最长持续时间为 $\hat{C}_m = \max_{t \in U(\alpha, \tilde{t})} C_m$，系统的关键路径（持续时间最长的路径）为 $T(\alpha) = \max_{0 \leq m \leq 3} \tilde{C}_m$。

设 T_c 为实际工程系统事先确定的、系统集成必须满足的关键路径时间，若 $T(\alpha) > T_c$，则工程项目计划将延误，所以对于每个 T_c，α 存在一个最大值 $\alpha_{\max}$，

$$\alpha_{\max} = \hat{\alpha} = \max \{ \alpha : T(\alpha) < T_c \},$$

式中，$\hat{\alpha}$ 称为系统的健壮性参数，可用下述方法计算。

①任意路径 m 的最长持续时间为

$$\max_{t \in U(\alpha, \tilde{t})} C_m = \max_{t \in U(\alpha, \tilde{t})} \sum_{n=0}^{N} F_{mn} t_n = \sum_{n=0}^{N} F_{mn} (\tilde{t}_n + w_n \tilde{t}_n \alpha)$$

$$= \sum_{n=0}^{N} F_{mn} \tilde{t}_n + \alpha \sum_{n=0}^{N} F_{mn} w_n \tilde{t}_n = \tilde{C}_m + \alpha F_m$$

②关键路径为

$$T_c = \max_{0 \leq m \leq M} (\tilde{C}_m + \alpha F_m)$$

③健壮性参数为任意路径 m 上的 $\hat{\alpha}_m = \dfrac{T_c - \tilde{C}_m}{F_m}$，$\hat{\alpha}$ 为最大的 $\hat{\alpha}_m$，

$$\hat{\alpha}_m = \max_{0 \leq m \leq M} \hat{\alpha}_m = \max_{0 \leq m \leq M} \frac{T_c - \sum_{n=0}^{N} F_{mn} \tilde{t}_n}{\sum_{n=0}^{N} F_{mn} w_n \tilde{t}_n}$$

（2）递增集成 Info-Gap 模型。

在图 2-15 中系统集成可能的路线有两条，而每条路线有 4 条路径。

路线 A：$Path_0$（0，1，5，7，9，10），$Path_1$（0，2，5，7，9，10），$Path_2$（0，3，7，9，10），$Path_3$（0，4，7，9，10）；

路线 B：$Path_4$ (0, 1, 8, 9, 10)，$Path_5$ (0, 2, 8, 9, 10)，$Path_6$ (0, 3, 6, 8, 9, 10)，$Path_7$ (0, 4, 6, 8, 9, 10)。

定义集成事件矩阵 F 和路径矩阵 C，

$$F_1 = \begin{bmatrix} 1 & 0 & 0 & 0 & 1 & 01 & 0 & 1 & 1 \\ 0 & 1 & 0 & 0 & 1 & 01 & 0 & 1 & 1 \\ 0 & 0 & 0 & 1 & 0 & 01 & 0 & 1 & 1 \\ 0 & 0 & 0 & 1 & 0 & 01 & 0 & 1 & 1 \end{bmatrix},$$

$$F_2 = \begin{bmatrix} 1 & 0 & 0 & 0 & 0 & 00 & 1 & 1 & 1 \\ 0 & 1 & 0 & 0 & 0 & 00 & 1 & 1 & 1 \\ 0 & 0 & 1 & 0 & 0 & 10 & 1 & 1 & 1 \\ 0 & 0 & 0 & 1 & 0 & 10 & 1 & 1 & 1 \end{bmatrix},$$

$$F = \begin{bmatrix} F_1 \\ F_2 \end{bmatrix},$$

$C = F \times t = \begin{bmatrix} C^1 C^2 \end{bmatrix}^T$，$C^1 = F_1 \times t$，$C^2 = F_2 \times t$. 对于路线 A 中的任意路径 m_1 和路线 B 中的任意路径 m_2，其路径矩阵为

$$C_{m_1}^1 = \sum_{n=0}^{10} F_{1m_1} t, \quad m_1 = 0, 1, 2, 3$$

$$C_{m_2}^2 = \sum_{n=0}^{10} F_{2m_2} t, \quad m_2 = 4, 5, 6, 7$$

在图 2-15 中，有一个假设的事件 S，系统集成时，实际不执行此事件。设置 S 的目的主要用于简化集成计算。系统关键路径的计算方法与独立集成 Info-Gap 模型中的计算方法一致，此时健壮性参数为

$$\hat{\alpha}(T_c) = \max_{0 \leqslant m \leqslant 7} \alpha_m(T_c) = \max_{0 \leqslant m \leqslant 7} \frac{T_c - \sum_{n=0}^{N} F_{mn} \tilde{t}}{\sum_{n=0}^{N} F_{mn} w_n \tilde{t}_n}.$$

航空系统集成工程的集成要素较多、过程环节多、关系复杂，集成时主要应用 Info-Gap 模型和递增集成策略，其主要优点是考虑了系统内部相关分系统之间客观存在的相关性和系统集成不同阶段的相关性，使系统集成更加合理，可缩短系统集成时间，缺点是计算量较大。但在工程系统集成初期时，可适当采用 GAN 模型和独立集成策略。

应用递增集成策略时，需注意和解决以下问题。

①如何确定两个或多个分系统之间的依赖度 R。对于航空系统集成工程来说，可采用 Fuzzy Set 方法把依赖度 R 定义为一个值域，如 $R \in (0, 1, 2, 3, \cdots, n)$，

不同值表示不同的依赖强度。已有的研究表明，n 取值不宜太大（一般不大于6），否则集成模型和策略的计算量过大，实际上也没有必要取太大值，因为当 n 超过一定范围时，越大则对系统集成的贡献越小。

②如何确定路径的权重。关于权重确定，有若干成熟的系统工程方法可用，这里不再赘述。

③如何确定健壮性参数。健壮性参数直接与 T_c 有关，对于航空系统集成工程可给定一个时间 $T_c \in (30，35)$。这样，健壮性参数就有上界和下界之分。工程系统集成时应争取满足 $\hat{\alpha}(T_c)$ 的下界但不超过 $\hat{\alpha}(T_c)$ 的上界。

第 3 章
航空系统集成工艺体系系统工程

系统工程自 20 世纪 60 年代提出以来已成为处理现代复杂工程项目的最佳方法和手段，同时随着社会和工程新问题的出现，系统工程的理论和方法论也在不断地发展和更新。尽管已在各种领域和项目上取得了成功的经验，但实际上运用好系统工程处理现实问题仍然不易。其原因在于系统工程有着一整套的理念、方法和工具，面对新的问题时传统的系统工程方法很可能已经过时，这时就需要发展出新的方法论和工具，特别是面对当代新的技术领域和行业快速出现和发展的情况，系统工程已推进发展至体系工程阶段，因此新理念和方法的提出显得颇为紧迫。

本章从系统、系统工程、体系工程的基础和研究现状出发，提出航空系统集成工艺体系系统工程的基本理论。

3.1 系统的组成及特性

3.1.1 系统的组成

从宏观上说，现实世界就是一个巨大的系统，普遍认为其组成是由相互依赖、相互制约的物质、能量和信息三大要素组成的。物质由联系关系构成系统，而联系关系则是由能量和信息的作用达成的。

任何系统都是三大要素相互作用的产物。其中物质以运动的方式存在，能量是其物质运动的度量，所以一切物质都有能量。在守恒系统中，质能可以互换且服从守恒定律，这就是物质和能量的关系。

要理解信息与物质、信息与能量的关系，首先要理解信息是什么。狭义的信息是指消息、数据、信号等有关环境的知识；广义的信息是指物质存在的方式和状态，以及这种方式、状态的描述。在系统工程领域中，一般使用广义的概念。信息的产生、表达、传输和存储离不开物质，要以物质作为载体，也就是说，信息的产生离不开物质客体，这种物质客体的存在方式和状态是现实世界物质客体之间互相联系的一种基本形式。同时信息的获取和传递离不开能量，能量的转换和控制又离不开信息。物质的变化、运动和交换也以信息为先导，并受信息的控制。例如，标准体系就是一套规范信息，标准化活动就是在这套信息的规定下活动的。

因此，"物质–能量–信息"是组成系统的三基元，这也是理解本书所述的系统集成及系统工程相关理论和方法的基本原则。

3.1.2　系统的特性

系统的特征包括两类：一类是各种系统都具有的共同特征，称为系统的共性；另一类是某些类别和层次的系统所特有的共性，称为系统的特性。

系统的共性包括整体性、有序性、相关性，特性有目的性、环境适应性和资源冗余性等。下面详细介绍如何理解这些特性，这对于较好的理解、研究和发展系统工程及方法具有积极意义。

1. 整体性

整体性可以从两个方面来看：一方面是系统目标、规律和功能的整体性；另一方面是系统整体联系的有机性。

系统是由相互作用、相互联系的要素有机地组合起来的具有一定结构、层次和功能的整体，其本质特征就是有机的整体性。首先体现在各要素活动的结果保证了系统目标的实现，并且这些活动是优化过的；其次体现在系统的规律是整体的规律，系统的要素与整体和环境之间存在着有机联系，系统的规律只有通过整体才能体现出来，各要素的联系都不能脱离整体的优化和协调去考虑；最后体现在系统功能的整体性上，各要素的功能必然服从整体的功能，且整体功能不等于各要素功能的简单相加。总体来说，系统整体性就是系统各要素整体目标、规律、功能等方面的统一，这是系统方法的一个基本原则。

系统整体性是由系统的本质特征决定的，即有机性，系统整体性的表现是由各要素通过有机联系形成一定结构所决定的。这种有机性通过两个方面去理解：首先，系统的部分只有处于整体中时才能体现其所具有的部分的意义，离开整体谈部分的意义是盲目的；其次，也是更为重要的一点在于，系统在运动中按照一定的规律在各种要素、层次之间进行着物质、能量、信息的交换，且保持一定的序时，系统才能体现为一定的质和功能。除了内部要素的相互联系，整体性还表现为系统与外部环境的联系、过程连续性的联系。也就是说，系统整体性通过环境、整体和要素之间的关系体现，即任何系统都可看作是更大系统的子系统，因而具有更大系统的整体性特征。因此，一切系统整体性都体现为环境、整体和要素件的有机联系的辩证统一，这就是系统能够规律地运动且体现出部分所不具有的性质和功能的原因。

2. 有序性

有序性体现在两个方面：层次性和动态性。

凡是系统就有结构，有结构就是有序的，而结构则通过层次性表现出来。正是由于层次性的存在，使得各个子系统、要素在系统中的位置不同、任务不同，才形成系统的结构。同时有序性表现为物质、能量和信息的流通是按照特定渠道有秩序地进行，系统间的交流也体现出某种顺序或规律。简而言之，系统之所以能够发挥较高的效率就在于它的结构有序性，即层次性。

此外，一切系统都是处于不断变化发展中的，但这种变化发展不是随意的，而是受内外部各种因素影响和限制，依据一定客观规律变化发展的，这就是系统发展的有序性，即表现为动态性。

系统出现来自客观世界的发展，当出现了适宜系统产生、发展的环境时，相应的系统就会应运而生，然后经历萌芽、壮大、成熟、消亡的过程，宇宙间一切系统和事物皆遵循此规律，这也说明系统发展变化具有顺序性。例如，贝塔朗菲所指出的那样：系统的动态性必然具有方向性。一般而言，系统的发展成长导致系统结构的优化，功能日趋完善，分工日益精细，调节作用也趋向强大，也就是向着复杂化发展，所以动态性展现出系统发展的方向性。

系统结构的层次性和发展动态性之间是相互呼应、互相配合的。系统的结构必然随着系统的发展而改变，而这种改变又和系统与环境之间进行的物质、能量、信息交换的存在状态密切相关，所以系统的开放性是系统发展有序性的条件，而发展的有序性是开放性系统的必然结果。系统结构有序性体现了空间有序性，系统发展有序性体现了时间有序性，两者共同组成了系统在时空上的有序结构，这是保证系统的整体性的基本条件。

3. 相关性

系统内的子系统、要素之间是相互依存、相互制约的，这种依存制约关系是通过系统这个整体建立起来的，系统的存在和发展是要素存在和发展的前提。同时系统中任何一个参数变化率都是所有参数数值的函数，要素的变化发展本身又受到系统和其他要素的制约。

对于人工系统而言，这种依存制约关系不仅取决于系统为了实现其功能、达到其目标而给与要素的约束，还取决于每个要素由于其自身的自然和社会属性特征而受到外部环境的约束。因此，作为系统整体也必然受到外部环境的约束，这是系统与环境之间的相关性。

相关性是保证系统整体性的必要条件。

4. 目的性

一般来说，生物系统、社会系统、工程系统等都有各自的特定目的，统称为目的系统，系统中各要素是为了完成系统的特定目标而协调工作的。但要看到系统和要素或子系统各自的目的均存在，这也是目的系统的重要特征，处理好这两者之间的关系系统才能正常发展。

5. 环境适应性

环境也称为外部环境，是指与系统发生作用（产生物质、能量、信息的交流）而又不包含在系统内的各种事物组成的整体或场所。环境是个相对概念，一个系统内相对于某个子系统，其他子系统就是它的环境。由于系统具有整体性、层次性、相关性和目的性，任何子系统都必须适应环境的变化才能达到系统的目的和子系统的分目的。

环境适应性的产生是因为系统具有控制、反馈和调节能力，某些系统如果不具备这种能力，就认为其没有环境适应性，系统表现为不具有活力。

6. 资源冗余性

对于人造系统来说，如果各种要素（包括物质、能力、信息）总能挖掘出可利用的潜力，那么可以认为此系统具有资源冗余性。资源冗余性随着科学技术的发展是不断变化的，否则优化就成为空谈。对于工程系统来说，资源冗余性往往是设计指标之一，对系统的安全性、可靠性、可维护性和发展性具有重要意义。

3.2　系统工程概述

系统工程是一门工程技术，在钱学森提出的现代科学技术体系中，属于系统科学的应用技术。其技术科学层次包含运筹学、控制论和信息论，其基础理论为系统学。

系统工程是一类包含许多门类工程技术的大工程技术门类，是需要实践的专业，不能离开具体的环境和条件，因此不存在"系统工程学"的概念。钱学森指出，系统工程的重点在于应用，在不同的领域中还需要相应专业基础。系统工程是一个总类名称，因体系性质不同，还可以再分，如工程体系的系统工程称为工程系统工程，企业体系的系统工程称为经济系统系统工程等。当时共提出 14 个专业系统工程（表3-1），并表示还可以继续扩充。

表 3-1　系统工程专业与学科基础

序号	系统工程专业	学科基础	序号	系统工程专业	学科基础
1	工程系统工程	工程设计	8	教育系统工程	教育学
2	科研系统工程	科学学	9	社会系统工程	社会学、未来学
3	企业系统工程	生产力经济学	10	计量系统工程	计量学
4	信息系统工程	信息学、情报学	11	标准系统工程	标准学
5	军事系统工程	军事科学	12	农业系统工程	农事学
6	经济系统工程	政治经济学	13	行政系统工程	行政学
7	环境系统工程	环境科学	14	法制系统工程	法学

美国20世纪50~70年代实施的北极星导弹核潜艇计划和阿波罗登月计划，为现代系统工程思想和方法的发展奠定了基础。随着更大军事工程实践活动的开展，其具有的综合性、动态性与复杂性等特点使得还原论方法已不能有效地解决复杂的现实问题。随后，美国 NASA、欧洲航天局等在系统工程方法论及具体方法的研究、系统工程标准规范及手册指南的编制等方面取得了重大进展，如 NASA 在 1995 年出版的 SP6105《系统工程手册》，并在 2007 年再版至 SP2007—6105，以及 NPR 7123.1《系统工程流程和需求》，这为系统工程技术的深入发展及其系统工程能力的提升起到了巨大的促进作用。

1978 年，钱学森在总结航天事业的成功经验基础上，同许国志、王寿云等知名学者联名在《文汇报》发表了题为《组织管理的技术——系统工程》的文章，提出了要发展组织管理科学方法的论点，对系统工程的概念、内涵和应用前景等进行了阐述。文章指出，"系统工程（system engineering）是组织管理'系统'的规划、研究、设计、制造、试验和使用的科学方法，是一种对所有'系统'都具有普遍意义的科学方法"。这被认为是我国系统工程发展过程中具有里程碑意义的文章。

3.2.1 系统工程的内涵及特点

系统工程是一种跨学科的方法和工具，应用领域十分广泛，因此不同专业领域的专家学者对它的理解不尽相同，也从不同角度给出了系统工程的定义。本书在对国内外学术和工程界较为典型的系统工程定义进行介绍和分析的基础上概括系统工程的内涵。

（1）国际系统工程协会（INCOSE）的定义。系统工程是成功建设系统的一种跨学科的方法和手段。它关注在开发周期的早期定义客户需求和需要的功能，记录需求，然后进行设计综合与系统验证，同时考虑完整性问题：运行、成本和进度、性能、培训和支持、测试、制造、废弃处置。系统工程考虑所有客户的业务和技术需要，目的是提供一种高质量的产品，满足用户的需要。

（2）美国电子工业协会标准 EIA/IS632 的定义。系统工程是一个综合全部技术工作的跨学科方法，经这个方法的演化和验证，得到了关于系统中人和产品及过程的、集成的系列解决方案，它们在系统工程全寿命周期内协调发展，并能满足用户需求。具体包含：①与系统产品的开发、制造、验证、部署、运行、处置和用户培训相关的技术工作；②系统技术状态的定义和管理；③系统定义向工作分解结构的转化；④管理决策所需信息的开发。

（3）美国学者 Martin 的定义。系统工程由以下 3 个要素组成：系统工程管理（计划、组织、控制及指导系统及其产品的开发）；系统技术要求定义及系统方案确定（包含系统技术要求定义、系统结构确定、系统技术要求向部件级的分配）；系统集成与验证（系统在各层次的集成及各层次产品的验证）。

（4）美国著名学者切斯纳（H. Chestnut）在其所著的《系统工程学的方法》中指出："系统工程学是为了研究由多个子系统构成的整体系统所具有的多种不同目标的相互协调，以期达到系统功能的最优化，最大限度地发挥系统组成部分的能力而发展起来的一门科学。"

（5）美国联邦航空局（FAA）的定义。系统工程是一门关注整个系统设计和应用的学科，它将系统作为一个整体来看待，考虑系统的所有方面和所有变量，并将系统的社会方面与技术方面相联系。

（6）美国国家航空宇航局（NASA）系统工程手册认为系统工程是用于系统设计、实现、技术管理、运行使用和退役的专业学科方法论。是技术决策时查看系统"全貌"的途径，是在确定的使用环境下和规划的系统寿命周期中达到利益相关者性能需求的途径。系统工程是一种逻辑思维的方法。

（7）美国国防部系统管理学院的《系统工程原理》指出："系统工程由两个要素部分组成，即系统工程运行的技术知识领域和系统工程管理。"

（8）日本东京工业大学寺野寿郎教授在其所著的《系统工程学》一书中定义："系统工程学是为了合理地开发、设计和运用系统而采用的思想、程序、组织和手法等的总称。"

（9）日本学者三浦武雄的定义。系统工程与其他学科的不同之处在于，它是跨越许多学科的科学，而且是填补这些学科边界空白的一种边缘学科。因为系统工程的目的是研制一个系统，而系统不仅涉及工程学的领域，还涉及社会、经济和政治等领域，所以为了适当解决这些领域的问题，除了需要某些纵向技术，还要有一种技术从横的方向把它们组织起来，这种横向技术就是系统工程。

（10）日本工业标准（JIS）规定："系统工程是为了更好地达到系统目标，而对系统的构成要素、组织结构、信息流动和控制机构进行分析和设计的技术。"

（11）我国著名学者钱学森等在《组织管理的技术——系统工程》一文中指出："把极其复杂的研制对象称为系统，即由相互作用和相互依赖的若干组成部分结合成具有特定功能的有机整体，而且这个系统本身又是它所从属的一个更大系统的组成部分——系统工程学则是组织管理这种系统的规划、研究、设计、制造、试验和使用的科学方法，是一种对所有系统都具有普遍意义的科学方法。"

（12）我国著名管理学家汪应洛在其所著的《系统工程理论、方法与应用》中指出："系统工程是以研究大规模复杂系统为对象的一门交叉学科。它是把自然科学和社会科学的某些思想、理论、方法、策略和手段等根据总体协调的需要有机地联系起来，把人们的生产、科研或经济活动有效地组织起来，应用定量分析和定性分析相结合的方法和计算机等技术工具，对系统的构成要素、组织结构、信息交换和反馈控制等功能进行分析、设计、制造和服务，从而达到最优设计、最优控制和最优管理的目的，以便最充分地发挥人力、物力的潜力，通过各种组织管理技术，使局部和整体之间的关系协调配合，以实现系统的综合最优化。"

综合以上系统工程的定义可以看出，对于系统工程的理解可以分为几类：建设系统的思想、方法和工具；组织各种专业技术以实现系统目标活优化系统的工程技术；定义系统工程的构成要素；定义系统工程的过程；阐述系统工程的整体性、综合性的特点等；阐述系统工程的系统开发和流程，并强调方法。

系统工程是一类包含许多门类工程技术的大工程技术门类，它们有着共同的观点、原则和方法论，因此也具有一些共同特征，如整体性、综合性、择优性和社会性、客观性。

1）多学科交叉，专业综合性强

系统工程是一门跨学科的交叉学科，要用到自然科学、系统科学、工程学、经济科学等多个科学技术门类的知识，需要综合工程设计、人机工程、标准化技术、成熟度评估、模拟仿真等多个工程专业的工程技术，需要不同专业的专家共同参与，并且紧密配合、协同一致地开展工作。

2）强调系统总体优化和可持续发展

系统工程把整个系统作为研究对象，突出系统总体层面的研究，包含系统与外部环境、系统内部要素之间的宏观趋势和方法的研究；强调系统的总体优化而不是单一指标或分系统的优化，包括总体实施方法和途径的优化，也就是强调方法论的作用。同时，关注系统总体的可持续发展，从系统的要素技术层面进行分类、分级和重组，按照发展阶段进行整体和分阶段的实施规划，以技术创新保证系统的可持续发展性。

3）包含系统工程技术与系统工程管理两大过程

系统工程包含技术与管理两大并行优化的过程。系统工程技术是制定系统工程流程，综合多种专业技术，运用系统工程方法和工具开展系统工程活动，最终获得系统的过程。系统工程管理是运用技术数据管理、技术状态管理、技术接口管理、技术风险管理、技术评估管理等手段，对系统工程技术过程、活动及要素进行管理和控制，确保系统工程目标实现的过程。

4）系统工程人员成为重要因素

尽管系统工程的开展有着理论指导、方法论依据、过程管理方法等客观要素作用，但系统工程人员在系统工程，特别是在系统设计和决策中发挥的主观能动作用是系统工程的一个重要特点。系统工程人员负责新系统开发、概念阶段的价值判断、能力分析、结构搭建等，同时在决策阶段需要系统工程人员的经验与第六感的涉及。虽然这些工作有相应传统工程学科的定量知识支持，但最终常常是基于定性的判断，这也是钱学森系统工程思想和现代软系统工程一个显著特点。

因此从航空系统集成业的视角，可以把系统工程内涵概述为：系统工程既是统筹全局、综合协调、研究系统的科学技术，也是建设系统的工程应用技术，是一门用于系统开发、设计、实施、控制及管理的组织管理技术，提供了将意识、价值、概念、需求等非物质要素转化为系统体系及其产品的逻辑思维方法和各种具体工具方法。系统工程的目标是通过系统工程技术及系统工程管理两大并行的优化过程，开发出满足全寿命周期使用要求、可持续发展的总体优化的系统。

对此内涵的说明：首先要强调哲学的指导作用，因为系统工程处理的对象一般较为庞大复杂，甚至有些方面变幻莫测，对未来的预判就显得比较重要，所以没有逻辑推理方法和辩证法的指导就很难做出正确决策。其次系统工程的开展和实施着眼于系统全寿命周期综合效果，以系统科学理论和方法依据，但不能抛弃传统工程科学和技术，应以其为基础，这是系统工程技术的特点决定的。

3.2.2　系统工程的理论基础

系统工程的基础是系统科学，简称系统学，虽然尚未完全形成，但已经取得了一些科学理论。国内外对于系统学的理解颇有不同，本书以钱学森对科学技术体系结构的划分为依据而提出的系统科学定义为准则。按照此观点，系统学划分为 4 个层次，在工程技术层次上的是各门系统工程、通信技术、自动化技术和人工智能技术；在技术科学层次上的是运筹学、控制论和信息论；基础科学层次上的是系统学；最高层次的是系统哲学，也称为系统论，是关于系统一般哲学、方法论的观点。

系统学主要研究系统的普遍属性和运动规律，研究系统演化、转化、协同和控制的一般规律、系统间复杂关系的形成法则、结构和功能的关系、有序、无序状态的形成规律及系统仿真的基本原理。系统工程虽然来源于实践，但需要基础理论的指导，因此系统学必须吸收现代科学的最新研究成果，为系统学的形成和发展提供基本材料，包括一般系统论、耗散结构理论、混沌系统理论、协同学、运筹学、控制论、信息论、突变论等，这些都为系统学的形成和系统工程的开展提供了科学理论基础。

1. 一般系统论

一般系统论是系统工程的重要理论基础，由美籍奥地利裔生物学家贝塔朗菲（Bertalanffy）创立。1937 年，他在芝加哥大学哲学研究班上提出了一般系统论的概念。1945 年，他发表了《关于普通系统论》一文，提出了"机体系统论"的概念，明确地把系统作为研究对象，一般系统论作为一门崭新的学科正式问世。

贝塔朗菲反对生物学中的机械决定论思想，他指出机械论的错误有 3 点：一是简单相加的观点；二是机器的观点；三是被动反馈观点。他认为，生命有机体具有以下一般特征：①开放性，生物体是一种开放系统，不仅生物体各组成部分之间存在相互作用，而且更重要的是与环境发生相互作用；②整体性，生命体是一个有机的整体，各部分离开整体是不能存在的；③动态性，生物体结构是一种动态结构，每时每刻都在进行新陈代谢，并经历生长、衰老、死亡等阶段；④能动性，生物体是一个能动系统，具有应激性，如心跳、呼吸等生理机能，这不是对外界刺激的反应，而是维持生存的内在要求的体现；⑤等级性，生物组织具有群体、个体、器官、多细胞组织、细胞、基因、物理、化学层次。贝塔朗菲的思想构筑了一般系统论的基本内核，后来为了解释更一般的现象，他把"机体"这个术语改为"有组织的实体"，并逐步形成了系统论的纲领。

1954 年，贝塔朗菲组织成立了"一般系统学会"，宣传推广一般系统论。1968 年，贝塔朗菲对自己数十年来形成的思想做了系统归纳，出版了《普通系统论的基础及应用》一书，进一步完善了一般系统论在概念、原理、范式、原则和体系等。1972 年，他临终前的最后一部著作《一般系统论的历史和现状》发表。该著作试图突破人们对一般系统论在"技术"上和"数字"上的理解，对它重新做出定义。他指出一般系统论包括 3 个内容：关于系统的科学和数学系统论；系统技术涉及系统工程的内容，着重研究系统思想、系统方法在现代科学技术和社会多种系统中的应用；系统哲学，研究系统论的科学或哲学方面的性质，使系统论取得哲学方法的地位。

2. 信息论

一般系统论诞生后与之紧密相联的信息理论应运而生。1948 年，美国应用数学家申农（C. E. Shannon）发表了《通讯的数学理论》，奠定了现代信息系统理论基础。1949 年，他发表了《在噪声中的通信》。这两篇论文的发表标志着信息论的诞生。

信息论是用数学方法研究信息的计量、传递、变换和储存的一门学科。作为信息论的基础，申农的信息论主要从随机变量出发来研究信息特性和信息传递的一般规律，着重研究信源、信道、信宿及编码问题。例如，信源包含多少信息？怎样定量地描述它？信宿能否有效地获得发信端发出的信息？信道容量有多大？信道最多能传送多少信息？怎样编码才能使信源的信息充分表达、信道容量充分利用？这些编码、译码的方法是否存在？等等。

近半个多世纪是信息理论快速发展的时期，不仅信源、信道、编码等方面的基础性研究不断深化，而且促进了语言学、社会学、物理学、心理学、生物学、计算机科学、控制论、系统科学等学科的发展。并且，这些学科与信息理论相互渗透，不仅丰富了信息理论的内容，还推进了许多新兴学科的产生与发展。

信息论为系统工程对系统的研究提供了新的有效方法，信息已成为系统控制及与外界相互作用、交换的重要资源。可通过对信息的获取、传递、加工、处理，对系统的运动进行研究。利用信息方法，将对信息的运动分析作为处理系统有关问题的基础。

在 20 世纪 60 年代里，人们把信息论分成 3 类：①主要研究消息的信息量、信道容量及消息编码问题的狭义信息论；②主要研究通信、噪声、信号过滤与预测、调制与信息处理问题的一般信息论；③研究包括上述两项在内和所有与信息有关领域问题的广义信息论。

3. 控制论

1948 年，美国数学家维纳发表了《控制论》，1949 年又发表了《平稳时间序列的外推、内插和平滑化》，创立了控制论。控制论是 20 世纪 40 年代产生的对人类社会影响最广、最深远的科学新分支，被视为人类社会的最大成就之一。

控制论是研究生命系统和非生命系统及与两者均有关的社会经济系统内部通信、控制、调节、组织、平衡、稳定、计算及其周围环境相互作用或反馈的各种自然科学和社会科学的统一的科学方法论。作为一门具有普遍性的边缘性学科，控制论使人们第一次有可能把物质世界和非物质世界、有生命和无生命过程的动态并联作为整体加以研究。控制论自从产生以来，以其强大的生命力活跃于自然科学和社会科学的各个领域，在工程技术、生物、经济、社会等需要和可能进行控制的领域得到了广泛的应用。从 20 世纪 60 年代开始，控制论开始被经济学家大量引入经济领域，并在微观经济和宏观经济的管理与控制方面发挥着重要作用，在此基础上发展起来的经济控制论成为经济系统分析与控制的新工具。

控制论的基本和核心概念是反馈，控制系统分为闭环控制系统和开环控制系统两大类。控制论研究的重点是具有反馈回路的闭环控制系统，反馈分为正反馈和负反馈。正反馈的作用是用来放大某种作用或效应，使有直接关联的系统相互促进，快速发展；负反馈的作用是保持系统行为的稳定，使系统的行为方向趋向一个目标。系统稳定机制中的基本机制是负反馈。因此，一切有目的的行为都可以看作是需要反馈的行为。

1954 年，中国科学家钱学森运用控制系统理论和方法，首创了工程控制论，把控制论推广到工程技术领域。以后控制论迅速发展，相继产生了神经控制论、生物控制论、经济控制论和社会控制论。

4. 运筹学

运筹学及系统工程的运用起源于第二次世界大战期间的英国，为了研究新的反空袭雷达控制系统，1940 年由诺贝尔物理学奖获得者布莱克特（P. M. S. Blackett）发起成立了研究小组，他们成功地研究了飞机出击的时间和队形、商船护舰的规模、水雷的布置、对深水潜艇的袭击及战略轰炸等大量实战问题，并取得了异常显著的效果。

1946 年，美国的莫尔斯和舍博尔在总结第二次世界大战期间的实践经验和研究成果的基础上，形成了《运筹学方法》，于 1950 年公开发表。1957 年，古德和迈克尔出版了《系统工程学》。这两部著作的发表标志着运筹学和系统工程的诞生。

运筹学一般通过模型化的方法，将一个已确定研究范围的现实问题，按提出的预期目标，将现实问题中的主要因素及各种限制条件之间的因果关系、逻辑关系建立数学模型，通过模型求解来寻求最优方案，为决策提供依据。运筹学为系统工程解决复杂问题提供了一系列的优化技术与实现手段。迄今为止，运筹学中的许多内容仍然是系统工程工作者所关注的重要方面。运筹学的主要分支有线性规划、非线性规划、整数规划、动态规划、排队论、存储论、网络与图论、对策论（博弈）等。

1955 年，我国开始运筹学研究活动。1962 年，钱学森倡导以系统工程思想为指导来从事国防工业的研制和生产。

5. 耗散结构理论

耗散结构理论是一门研究耗散结构的性质、稳定和演变规律的科学，由比利时物理学家普利高津（Prigogine）于 1969 年在《结构耗散和生命》中正式提出。1974 年，他又发表了《时间·不可逆性和结构》。他认为，一个远离平衡态的开放系统，通过不断地与外界环境交换物质和能量，在外界条件的变化达到一定的阈值时，由于非线性的复杂因素而出现涨落（系统的非稳定状态），系统会突然出现以新的方式组织起来的现象，产生新的质变，从原来混沌无序的状态转变为在时空上或功能上的有序状态。普利高津把这种关于在远离平衡态情况下所形成的新的、稳定的有序结构的理论命名为"耗散结构理论"。

普利高津还进一步证明了耗散结构形成的 3 个条件：一是系统必须是远离平衡状态的开放系统，不断与外界大量交换能量与物质，来维持系统形成新的有序结构；二是系统的不同要素之间存在着非线性机制；三是外界条件变化达到某一阈值。系统由线性近平衡区逐步发展，经过分支点进入一种远离平衡的不稳定的无序定态，然后通过涨落发生突变，达到一个新的稳定有序结构，这种结构才是耗散结构。

耗散结构理论不仅发展了经典热力学与统计物理学，还推进了理论生物学，为系统有序结构稳定性提供了严密的理论根据。

如果说经典热力学在本质上是一种"结构破坏"的理论，那么耗散结构理论本质上就是一种"结构产生"的理论，即研究宏观系统如何从无序变为新的有序的理论，它找到了由无序变为新有序的途径。

6. 超循环理论和突变论

1971年，德国艾根创立了超循环理论。该理论认为，在生命起源和发展的化学阶段及生物学进化阶段之间，有一个分子自组织阶段，在这个阶段中，形成了具有统一遗传密码的细胞结构。遗传密码的形成并不在于它是进化过程中唯一可以进行的选择，而是因为在这一阶段中形成了一种超循环式的组织。这种组织具有"一旦建立就永存下去"的选择机制。所谓超循环，即由循环组成的循环，在这里指通过循环联系，把自催化循环联系起来的循环。这种循环系列中的每个元素既能自我复制，又能对下一个元素的产生提供催化作用。

1972年，法国数学家勒内·托姆（R. Thom）出版了《结构稳定性与形态发生学》，创立了突变论。突变论既是系统学的一个分支，也是数学的一个分支，突变论是对系统生成演化中的突变现象进行研究的新兴数学学科。

突变论认为，突变现象的本质是系统从一种稳定状态到另一种稳定状态的跃迁。因此，系统的结构稳定性是突变理论的研究重点。突变论以稳定性理论为基础，通过对系统稳定性的研究，给出稳定态与非稳定态、渐变与突变的特征及相互关系，找出突变现象的特点和规律。在航天系统工程的型号研制生产中大量存在着结构件的突然崩裂，元器件的突然失效或试验的偶然失效。通过这些事件的研究，可以探寻其关联关系，找出控制其正常运行的规律。

7. 非线性科学

非线性科学是研究非线性现象共性的一门新兴交叉学科，它主要由混沌、分形和孤立子三大理论构成。1963年，美国气象学家洛伦兹发表了《确定论的非周期流》一文，揭示确定性非线性方程存在混沌，标志着非线性科学的产生。

综上所述可见，到20世纪60—70年代，由一般系统论、信息论、控制论、运筹学和系统工程、耗散结构理论、超循环理论和突变论、非线性科学等学科群所构成的系统科学已经形成。系统科学是从系统的角度，运用系统的方法去考察认识整个世界，具有横断学科性质的新科学，它"不仅是对西方近代科学传统的超越，而且从世界观、方法论的深层次上试图将以往相互割裂的自然科学、社会科学、技术科学与艺术科学内在统一起来，开辟了人类理性的新天地"。

从 20 世纪 80 年代以来，系统科学在社会生产与管理等方面发挥了重大作用，受到世界各国的普遍重视，其研究工作更加深入，得到了进一步完善和发展。

8. 协同学的创立

20 世纪 60 年代，德国物理学家哈肯（H·Haken）在研究激光理论的基础上，于 1969 年提出了协同学的微观理论，1977 年发表了专著《协同学导论》，1983 年发表了《高级协同学》，创立了协同学。

协同学研究的对象是开放系统，它把系统按其与周围环境的相互关系分为封闭系统和开放系统两大类。从原则上讲，一切系统都是开放系统，但在某种情况下，当外界对系统的影响小到实际上可以忽略不计时，所抽象出来的系统就是一个封闭系统。现实的各种物质系统都可以分为两类：一类是无序状态；另一类是有序结构。具有一定结构的系统既可以处于平衡态，也可以处于非平衡态。非平衡态的状态总是受到两类变量的影响，即快变参量和慢变参量。快变参量对系统从稳定到非稳定的过渡影响不大，慢变参量临界无阻尼，在系统从稳定态向非稳定态过渡过程中起了支配作用，即慢变量支配着快变参量，这个结论称为支配原理，是协同学的基本原理。

慢变参量表示系统有序程度的序参量。如果系统处于完全无序的混沌状态时，其序参量为零；在接近临界区时，序参量迅速增大；进入临界区，序参量达到最大值。这时由于子系统间的相互作用和协作，整个系统便会形成有一定新功能的自组织结构。在宏观上边产生了新的时间结构、空间结构或时空结构，也就是达到了新的有序状态，这就是非平衡系统中的自组织现象。

协同学不仅研究开放系统从无序到有序的演化规律，而且研究其从有序到混乱的演化规律，第一次真正将无序与有序统一了起来。协同学指出，有序结构的出现并不是非远离平衡不可，也不在乎热力学平衡还是不平衡，而是在乎系统的协同性。系统性与有序性是一对因果关系，协同性是有序性的原因，而有序性则是协同性的结果。一个开放系统，由于系统性而导致的有序性是一种活的有序性，或者称为动的有序性，这是这种动态性才使系统得以发展。系统的层次性、结构性、稳定性也都与协同性有关。系统的协同性是系统整体性的理论依据。

协同学自产生以来，在物理学、化学、生物学、经济学、管理学和社会学等学科领域，得到了广泛应用，并推动着系统工程的发展。

9. 混沌系统理论

混沌（chaos）是一种确定性系统内在的随机性。混沌现象广泛存在于自然界和社会经济系统中，人们很早就注意到混沌现象，如在激光系统中，当输入功率增大到使脉冲光失稳后，会出现混沌运动的紊光。在贝纳德流系统中，当上下温差增大到使滚筒式运动体制失稳后，就会出现混沌运动体制。尽管许多领域的专家学者从不同的角度研究过混沌现象，但直到 20 世纪 70 年代中期，混沌理论才初步建立。在科学史上，决定论与非决定论进行着长期的争论，混沌则把决定性系统内在随机性表象联系在一起，使人们从以前那些令人迷惑的甚至望而生畏的混沌现象中，发现了许多出乎意料的规律性，为系统科学特别是系统演化提供了新的思想和方法，有着重要的理论意义和实用价值。

混沌是由确定性的发展过程中产生出来的一种随机运动。它不是简单的无序状态。在"杂乱无章"的运动中包含普适常数，以及自相似性。在应用科学领域中，最早从确定性方程中发现混沌现象的是美国麻省理工学院的气象学家洛伦兹（E. N. Lorenz）。他在 1963 年偶然发现，在一特定的方程组中，极小的误差可能导致灾难性的后果，其原因在于"蝴蝶效应"，即有些系统极端依赖于初始条件的敏感性。通过对混沌现象的研究，深化了人们对系统及其演化方式的认识。有序与无序不是绝对的，是可以互补的，混沌也是一种"正常"状态。任何系统，当外界的控制不断改变时，大多会经历从无序到有序，再从有序到混沌的过程，即出现无序（混沌）到有序再到无序的循环。

1989 年，胡柏勒发表了控制混沌的文章。1990 年，奥特、格锐柏基和约克提出控制混沌的思想，佩考拉和卡罗尔提出混沌同步思想，迪托和罗意等完成了控制混沌的实验。以后混沌控制与混沌同步研究蓬勃发展。混沌控制是指混沌的控制与诱导，它是智能控制的重要组成部分。现在混沌控制的目标是人为地影响混沌系统，使之演化到需要的状态。1999 年，VISA 国际创始人迪伊·哈克出版了《浑序时代的诞生》，提出了"浑序组织"新思想。他从山猫逮地鼠的一幕受到启发，认为浑序是混沌边缘的有序状态，研究创立浑序组织管理新模式。

2002 年，中国社会科学院研究员林夏水发表《非线性科学与决定论自然观的变革》一文，提出建立确定性混沌自然观。同年，南京大学教授李曙华出版了《从系统论到混沌学》，进一步阐释了混沌学的科学定义和丰富内涵，丰富和发展了混沌理论。2004 年，她又发表了论文《系统科学——从构成论走向生成论》，从生成论的角度指出，系统科学经历从系统论到混沌学的发展，无疑是 20 世纪最大的一次科学革命，从新的自然观出发，提出了创建探索世界生成演化的"生成科学"。

10. 钱学森的系统科学体系

1981 年，对系统科学的建立发挥重要作用的中国科学家钱学森发表了《再谈系统科学体系》，进一步发展了系统科学。他把系统科学看成与自然科学、数学科学和社会科学具有同等地位的一门学科，它还应包括系统学，即把运筹学和控制论、信息论结合起来的理论。此后，他把系统科学体系做了新的归纳，明确系统科学体系包括哲学、基础科学、技术科学、工程技术 4 个台阶的内容。系统学是关于系统的一般哲学、方法论观点，运筹学、信息论、控制论是系统科学的技术科学。各门系统工程、通信技术、自动化技术则是系统科学的工程技术。

自 1986 年开始，钱学森进行社会系统、地理系统、人体系统、军事系统的探索。他运用先进方法重点研究了社会体系，指出社会形态是由互相联系、互相影响、互相作用的经济社会形态、政治社会形态和意识社会形态所构成的有机整体、社会系统结构，提出了关于社会系统工程、决策科学化、民主化和组织管理现代化的新思路，把系统科学发展推向了新阶段。

3.2.3　系统工程的发展历程

从 1937 年 Bertalanffy 提出一般系统论原理开始，拉开了东西方系统运动研究的序幕，历经了一系列标志性的发展事件。具体事件如下。

1940 年，美国贝尔实验室第一次提出并应用系统工程这个名词。

1946 年、1948 年，Morse 和 Kimball、Wiener、Shannon 等的出版物标志着运筹学、控制论和信息论的诞生，在一定程度上使系统思想从哲学思辨向以数学为基础的定量科学推进，为系统工程的产生和发展奠定了基础。

1957 年，Goode 和 Maehol 的专著 *System Engineering*（《系统工程》），宣告了系统工程的诞生。

1958 年，钱学森的《工程控制论》中文版出版，奠定了中国系统工程的理论基础。

20 世纪 60 年代，计算机的推广使系统工程进入以计算机为主要工具、以现代控制论为基础的多变量最优控制阶段。

1962 年，Hall 提出了系统工程方法论，并于 1969 年系统地提出了著名的硬系统方法论 Hall 三维结构（three dimensional morphology）。

20 世纪 70~80 年代，自组织理论建立。Prigogine（普利高津）的耗散结构理论、Haken（哈肯）的协同学、Thom（托姆）的突变论、Eigen 的超循环理论等，这些理论不同程度上揭示了系统的性质和内在规律，系统工程应用领域也拓展到社会经济领域，系统工程方法论也由硬变软，出现了数个典型软系统方法论，如 Cheekland 的软系统方法论、Bennet 的超对策等。

1978 年，钱学森、许国志、王寿云发表的《组织管理的技术——系统工程》一文，标志着我国的系统工程事业正式步入一个新的开创阶段。

20 世纪 70 年代末至 80 年代，最优化方法、图论、对策论、工程经济、预测技术等一批系统工程理论方法被应用于社会实践。系统工程的应用范围由工程系统向经济、地理、能源、交通等复杂的社会系统拓展，非线性科学和复杂性研究成为系统科学和系统工程的研究重点。

1984 年，圣塔菲研究所（SFI）提出"适应性造就复杂性"的观点，并就复杂系统统一了诸如涌现、非均匀、自适应、网络型等特点。而面向复杂系统问题分析和处理的整合类系统方法论开始出现，如 Linstone 的 TOP 方法、Sawaragi 的 Shinayakana 系统方法论等。

自 20 世纪 90 年代以来，系统工程通过与现代信息技术、思维科学相结合，在国防、经济建设和社会发展等方面取得了丰硕的成果，推动了系统工程理论方法的不断深入，发展了一批具有东方文化和管理特色的方法（论）。中国的钱学森学派与欧洲的普利高津学派、美国的圣塔菲学派共同成为世界复杂性研究的三大学派。

2000 年以后，随着系统工程应付的工程项目规模变得更大、更复杂，以复杂自适应系统理论为指导的体系（system of systems，SoS）工程成为系统工程学科的研究新领域和研究方向。

3.3　系统工程方法论

对于系统科学来说，一个是要认识系统，另一个是在认识系统的基础上去设计、改造和运用系统，这就要有科学方法论的指导和科学方法的运用。但方法论和方法又是两个不同层次的问题。方法论是关于研究问题所应遵循的途径和研究路线，在方法论指导下是具体方法问题，如果方法论不对，再好的方法也解决不了根本性问题。

系统工程是建设系统的一种跨学科的方法和工具。系统工程属于方法学，重点在于研究系统问题的方法，而不是探讨基本原理，其主要研究方法是模型方法，用数学模型即数学方法来描述过程的特性。从系统工程的应用来讲，其应用方式大体可分为两类：一类是如何理解、设计和管理各种组织，即以组织行为为导向；另一类是着眼于管理的过程、步骤和工具，即以结果问题为导向，但不论哪种应用方式，方法论都是其应用过程中科学、可靠的理论依据和技术手段。

3.3.1　方法论概述

系统工程方法论的建立是在系统思想的指导下进行的，其发展过程与系统思想发展过程在规律性上是一致的。也就意味着，系统工程最本质的特征在于思维方式的变革，由传统"唯物论"转变为"系统的观点"和"唯方法论"，这两者结合便形成了系统工程方法论，即以系统工程思考问题和处理问题的思想方法、理论基础、基本程序、基本模型和方法步骤。

系统工程方法是系统工程思考和解决问题的一般方法，目的在于提高和改善解决问题过程的效率和有效性，为处理复杂系统提供基本思路，经过数十年的发展，现代系统思想逐步将实践中用到的方法提升到方法论的高度。系统工程方法论是一种将分析对象作为整体系统来考虑，在此基础上进行分析、设计、制造和使用的基本思想方法。其主要的研究对象有：各种系统工程方法的形成和发展、基本特征、应用范围、方法间的相互关系，以及如何构建、选择和应用系统方法。

系统工程观念阐明了系统工程活动的背景、任务和过程，也阐明了解决问题的总原则。这是一个典型的辩证过程，一般包括环境定义、目标体系确立、价值定义、系统综合、系统分析及决策等过程，故系统工程方法论又可称为系统工程辩证法。

但系统工程辩证法不是系统工程过程，系统工程过程可能由很多工作阶段或子阶段组成，方法论只是解决问题的方法上的辩证过程，系统工程过程中每个阶段或子阶段都可能需要运用这一辩证法去处理问题，甚至某些阶段的个别问题也需要用这一辩证法来解决。对于系统工程人员来说，最重要的工作之一就是运用系统工程方法论分析系统并阐明系统问题，即提出问题和给出问题的环境设定。

研究和认识系统需要从结构和过程两个方面来看，上面所说的是系统工程方法论的基本结构，系统方法论的过程则可以由图 3-1 说明。

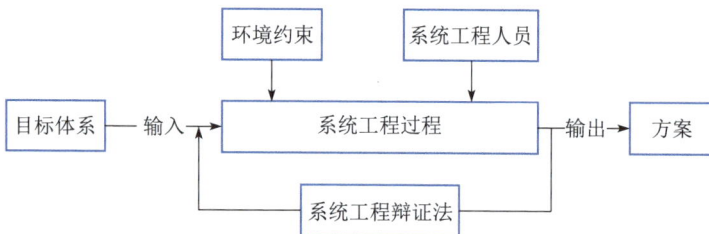

图 3-1　系统工程方法论的过程

图 3-1 表明系统工程过程需要在环境约束下，系统工程人员运用系统工程辩证法，也就是方法论完成系统工程过程并提供最终的方案，如新的理论、概

念、方法、策略等。这是一个创造性活动的过程，也是系统工程价值体现的过程。

3.3.2 方法论的发展及特点

不同领域和行业提出了不同的方法，但根据顾基发教授的观点，系统工程方法论的发展分为 3 个阶段：硬系统工程方法论、软系统方法论和东方系统方法论。有代表性方法论如图 3-2 所示。

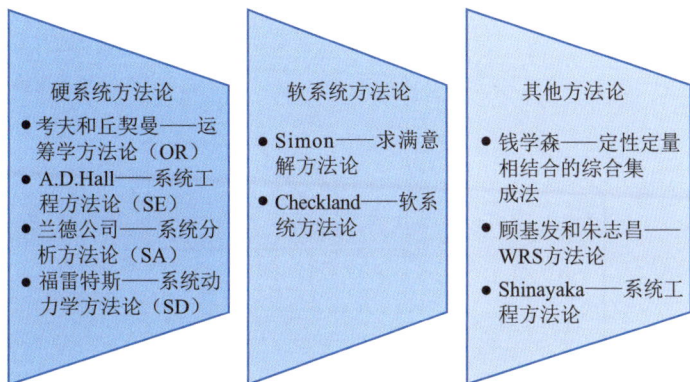

硬系统方法论
- 考夫和丘契曼——运筹学方法论（OR）
- A.D.Hall——系统工程方法论（SE）
- 兰德公司——系统分析方法论（SA）
- 福雷特斯——系统动力学方法论（SD）

软系统方法论
- Simon——求满意解方法论
- Checkland——软系统方法论

其他方法论
- 钱学森——定性定量相结合的综合集成法
- 顾基发和朱志昌——WRS方法论
- Shinayaka——系统工程方法论

图 3-2　典型的系统工程方法论

就工程领域而言，公认比较通用的一般系统工程方法是霍尔（A. D. Hall）于 1969 年提出的三维空间结构，如图 3-3 所示。我国学者沈泰昌在《系统工

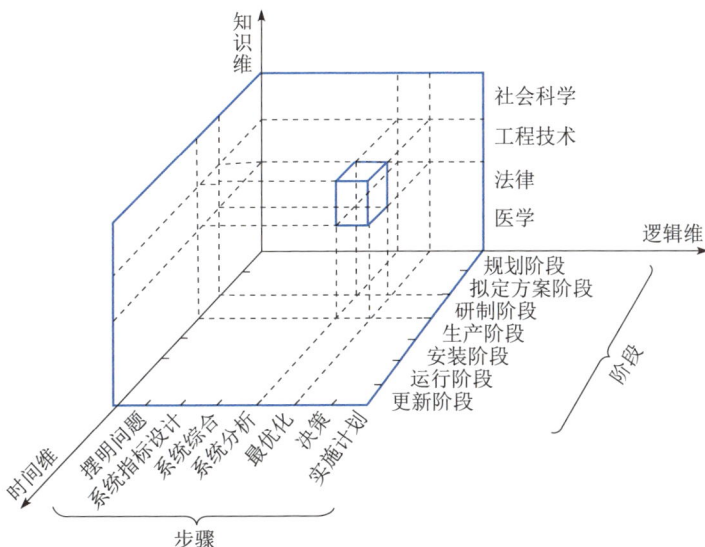

知识维
社会科学
工程技术
法律
医学
逻辑维
规划阶段
拟定方案阶段
研制阶段
生产阶段
安装阶段
运行阶段
更新阶段
阶段
时间维
摆明问题
系统指标设计
系统综合
系统分析
最优化
决策
实施计划
步骤

图 3-3　A. D. Hall 三维空间结构

程》中对其做了发展，将知识维改为条件维，建立了综合计划三维空间结构（图 3-4），使之更符合我国工程领域的应用。三维结构模型直观反映了工程系统的一般要素结构，体现了系统工程方法的系统化、程序化和标准化等特点，是系统工程方法论的基础。

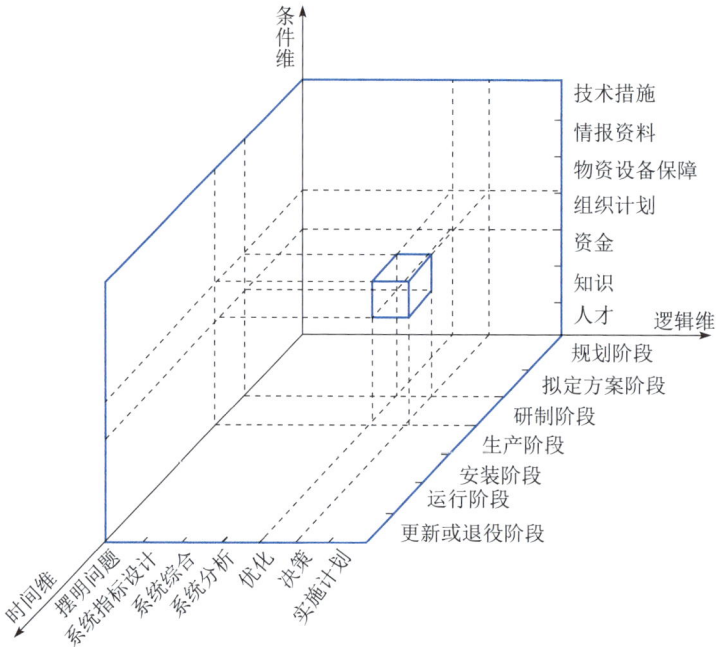

图 3-4　综合计划三维空间结构

1. 系统工程方法论的发展过程

1）从硬到软的系统方法论

第二次世界大战期间及以后，西方盛行把管理对象和过程视为一个系统，用工程原则来组织过程和步骤，运用工程的和数学的方法，力求寻求和运用最优技术实最优目标，这种系统工程方法论使解决问题的能力有很大的提高，一般称为硬系统工程方法论。其中影响最大的是 1968 年美国贝尔电话公司工程师霍尔（A. D. Hall）提出的三维空间结构，由时间维、逻辑维、知识维 3 个维度组成。

霍尔三维空间结构的系统思想体现在将工程系统看作一个过程系统，将时间维划分为前后衔接的 7 个阶段，体现工程项目固有的过程结构，再将每个阶段作为一个子过程，按逻辑过程划分为有序衔接的工作步骤。按照此方法，任何难以凭经验处理的复杂工程任都可以看作具有相同过程结构的系统。

其他有代表性的硬系统工程方法论还包括：兰德公司 20 世纪 50 年代提出的系统分析方法论和福雷特斯于 20 世纪 60 年代提出的系统动力学方法论。

但近几十年的实践证明，将这种系统方法用到社会经济系统，它的局限性就暴露出来了，因此，我们不能用工程的方法解决社会经济问题，而应在方法论上有突破。在 20 世纪 70 年代软系统工程方法随之应运而生，比较有代表性的是 1981 年英国学者切克兰德的软系统方法论，还包括 Churchman 的社会系统设计、Ackloff 的主动计划等。这些方法论与霍尔的三维空间结构不同，其核心不是最优化而是比较或学习，即从模型和现状的比较中来学习改善现状的途径。同时，着重研究社会成员之间的认知体系、价值体系、动机体系和利益体系的复杂性和系统性，以人为本，协调管理者和被管理者的想法和行为，注重学习过程和相互理解，以达到可行的目标。由于人们的认知体系和各种学科之间，以及管理中的许多问题都是相互联系、相互制约和相互促进的，因此部分学者提出了整合系统方法论，把这些认知问题及利益关系等进行整合以便更贴近实际。

切克兰德（Checkland）把系统分为良结构系统和不良结构系统两类。所谓良结构系统，主要是指易于用数学模型描述出系统的结构和最佳结果的系统，如工程系统类、机理较清楚的物理型的硬系统。霍尔的硬系统方法论适用于这类良结构系统。所谓不良结构系统，主要是指较难用数学模型进行描述的社会经济系统类、机理尚不清楚的生物型的软系统。切克兰德的软系统方法论适用于这类不良结构系统。这种"软"方法主要标志是它吸取了人的判断和直觉，因此解决问题时更多地考虑了环境因素与人的因素，并通过内部各成员间开展自由、开放的讨论和辩论，使各种观念得到表现，在此基础上达成对系统进行改进的方案。

切克兰德方法论的基本流程如下。

（1）不良结构问题的提出。

（2）问题的表示。

（3）有关系统的基本定义（CATWOE）。

（4）提出概念模型。

（5）将模型与问题的表示作比较。

（6）找出可行、满意解。

（7）采取行动改善实际问题。

这 7 个阶段之间的关系如图 3-5 所示。

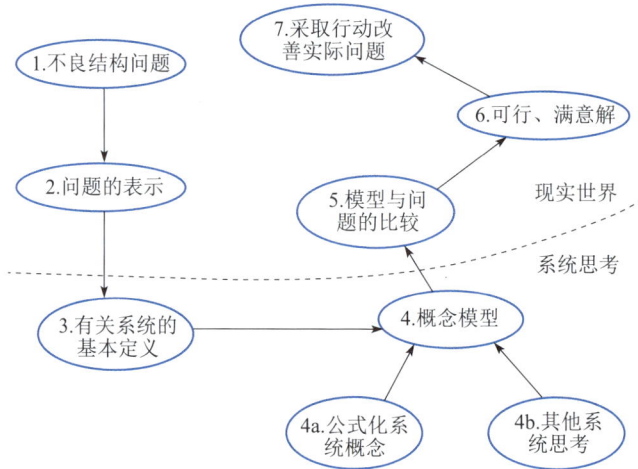

图 3-5   7 个阶段之间的关系

2）东方系统方法论

（1）钱学森的从综合集成方法论。

钱学森是我国系统科学事业的开拓者和奠基者，20 世纪 70 年代末，钱学森就提出了系统科学的体系结构，这个体系既包括基础理论层次上的系统学，也包括技术科学层次上的运筹学、控制论、信息论等，还包括应用技术或工程技术层次上的系统工程。

1987 年，钱学森在提出了定性和定量相结合的系统研究方法，并把处理复杂巨系统的方法命名为从定性到定量综合集成方法，把它表述为从定性到定量的综合集成技术。1992 年，他又提出从定性到定量综合集成研讨厅体系，进而把处理开放复杂巨系统的方法与使用这种方法的组织形式有机结合起来，将其提升到了方法论的高度，由此开创了复杂巨系统的科学与技术这一新领域，从而使系统科学发展到一个新的阶段。

综合集成方法论的实质是把专家体系、信息与知识体系及计算机体系有机结合起来，构成一个高度智能化的人-机结合与融合体系，这个体系具有综合优势、整体优势和智能优势。它能把人的思维、思维的成果、人的经验、知识、智慧，以及各种情报、资料和信息统统集成起来，从多方面的定性认识上升到定量认识。具体地说，是通过 3 个步骤来实现的：定性的综合集成、定性定量相结合的综合集成、从定性到定量综合集成。这个过程是各循环往复、逐次逼近的过程。

图 3-6 说明了综合集成方法论的一般模型，其处理复杂问题的步骤，可归纳如下。

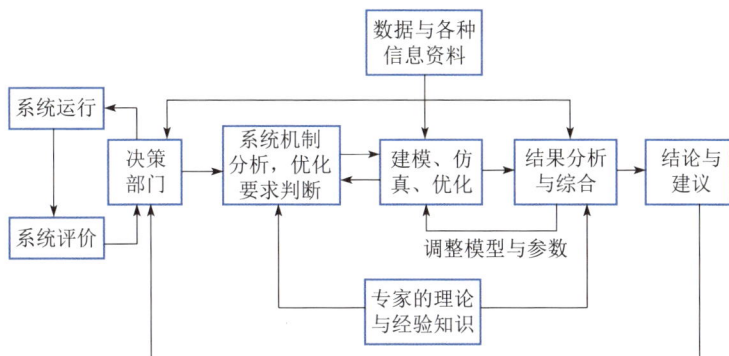

图 3-6　综合集成方法论

①明确任务、目的是什么。

②尽可能多地请有关专家提建议和意见，专家的意见是一种定性的认识，肯定不完全一样。此外，还要搜集大量的有关文献资料，认真地了解情况。

③在通过上述两个步骤，有了定性的认识，在此基础上由知识工程师参与，建立一个系统模型。

④在系统工程师的协助下，提出问题求解的约束条件与期望目标，选择合适的求解方法，根据求解结果判断是否达到期望的目标。

从定性到定量的综合集成方法主要是由定性描述、定量描述、定性推理、定量推理，以及在此基础之上的由多次迭代、逐步逼近、融合、求解过程所构成的多模式自适应动态优化的综合集成方法，如图3-6所示。

（2）物理–事理–人理（WSR）系统方法论。

物理–事理–人理（WSR）系统方法论是1994年由顾基发和朱志昌在钱学森的综合集成研讨厅体系基础上提出的方法论，其主要特点如下。

①它是自然科学、工程技术与社会科学的综合集成。

②它以计算机为核心工具，利用计算机建立数据模型库、知识库、方法库，不断吸收新的数据模型、方法充实系统本身，并随着时间环境等条件变化分析整体模型。

③它是专家群体的合作工作，充分发挥专家群体综合研究的优势，产生局部之和大于整体的效果。

④它是包含许多方法的总体方法。它所采用的模型方法不是单个模型方法，而是方法群、模型库，包含所有"软""硬"方法和模型。

⑤它是在现代科学技术条件下，从实践到认识，再实践，最后认识，如此

循环，螺旋上升的实践论观点的具体化。

⑥它处理系统所涉及的人们之间的关系及其变化，通过沟通、协调了解决策者及系统内人员相互之间的关系、背景价值取向等。它将对实践活动主体的认识提高到与客体并列的高度，并运用行为科学、社会学、人际关系学、心理学等管理社会科学知识，将其尽最大可能地反映在模型方法的选取分析上。

图 3-7 说明了物理-事理-人理（WSR）系统方法论的步骤，具体地说可归纳为以下 6 个步骤。

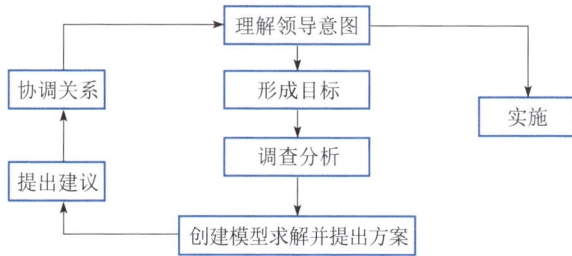

图 3-7　WSR 系统方法论步骤示意图

①理解愿望、调查了解情况（包括面对的客观情况、已有的知识体系、系统有关人员的背景情况和相互关系、决策者的价值取向、意图等）。

②明确目标。

③调查分析。

④模型选择。

⑤推荐方案。

⑥协调关系。

3）其他系统方法论

20 世纪 90 年代出现的其他系统工程方法论普遍具有这样一些特点：①强调东方哲学思想的应用；②强调人的智慧；③强调理论方法与应用一体化；④强调定性与定量结合；⑤强调软方法与硬设备结合；⑥强调情、理结合；⑦强调人间、人机间的和谐；⑧强调各学科和方法的综合，东西方文化的结合，等等。比较典型的是 Shinayaka 系统工程方法论。

Shinayaka 系统工程方法论是为了处理不良结构的问题，一方面借鉴过去处理不良结构问题的许多技术和方法；另一方面利用对话和智能化的方法将人工智能和人的直接判断综合进去，强调人和计算机的结合，但还以人为中心，既吸收西方的思想又采用东方的思想。

2. 系统工程方法论的主要特点及观点

系统工程方法论历经数十年的发展，为了应对不同领域的问题、适应不同文化和制度产生了宏观上的"硬""软"和东方系统方法论，比较有代表性的方法论就有至少十种以上，如运筹学方法、霍尔三维结构、美国兰德公司系统分析方法论、麻省理工学院福雷斯特教授的系统动力学、英国的切克兰德的软系统方法论等。虽然其处理问题的方法和过程不尽相同，但究其本质内涵和思想则有着相同的特点和观点。其特点主要表现在3个方面。

（1）强调研究方法上的整体性。包含两个方面的意思：一是把研究对象看作一个有机整体；二是把研究过程看作一个整体。

在系统研究中，要把系统作为若干子系统有机结合成的整体来设计，对每个子系统的技术要求应首先从实现系统整体技术协调的观点来考虑，要以整体协调原则来协调子系统之间、子系统与系统整体之间、系统与其所属更大系统之间的矛盾。将研制过程作为整体，要求整个分析过程按着逻辑关系分解成各个工作环节，并分析各个工作环节之间的信息、信息传递路线、反馈关系等，把整个研制过程连接成一个整体。

（2）强调技术方法应用的综合性。从系统的总目标出发，合理恰当地综合运用自然科学、工程技术、社会科学的有关思想、理论和技术方法解决系统问题，并使系统达到整体协调和优化。

（3）强调管理工作的科学性。复杂的大系统的研制有两个并行的过程：一个是工程技术过程；另一个是管理控制过程。在管理控制过程中，包括对系统的规划、组织、控制、决策等一系列过程，系统工程的整体化和综合化的特点要求管理工作科学化与现代化。

同时，虽然现实问题复杂多样，系统方法论技术方法也各有特点，但运用系统工程方法处理具体问题时的基本观点也是相通的，主要表现在以下几方面。

①整体性观点。以整体为出发点，以整体为归宿的研究方法。

②综合性的观点。要求在处理系统问题时把研究对象的各因素联系起来加以考查，从关联中找出事物规律性和共同性的研究方法，以避免主观性和片面性。

③科学性的观点。就是要准确严密、有充足科学依据地去论证一个系统的发展和变化规律，不仅要定性，而且尽可能地定量描述。

④实践性的观点。就是要在实践中勇于探索，在实践中丰富、完善和发展系统工程理论。系统工程是来源于实践并指导实践的理论和方法，只有在实践

中才会大有作为，并得到迅速的发展。

3.4　体系工程概述

信息化战争是体系与体系的对抗，获取战争优势的关键是实现各种要素、单元、系统的有效集成。由于体系具有规模庞大、技术复杂、使命需求不确定等特点，使得体系的设计非常复杂和困难，对体系问题的解决需要采用体系工程方法。因此，为了应对这种体系问题，如全新技术、产业领域的出现和体系科学发展的需求，本节从系统哲学、系统科学及系统技术与系统工程之间关系和发展角度出发，提出基于价值的系统工程方法以应对体系工程、复杂体系工程面临的新问题。

3.4.1　体系工程的背景

体系工程源于体系现象与问题的发现，其发展过程经历了 3 个阶段：第一阶段是 20 世纪 90 年代中期，体系的现象与问题的产生，技术迅猛发展使得复杂的技术集成与管理问题越来越突出，在各个领域都出现了大规模系统集成与更新换代的需求，如国防系统、城市交通、航空管制及航天技术集成等；第二阶段始于 20 世纪末期，广大学者开始探索解决体系问题的思路与方法，首先认识到传统系统工程在解决体系问题上的不足，然后开始新的途径与方法的探索；第三阶段是 21 世纪初，体系工程的概念被普遍接受，进行了系列的理论研究与工程实践活动，成立了体系工程研究机构（如 IEEE SOSE、international council on system engineering），举行体系工程的年度专题会议，并创办了《体系工程》杂志，这些工程实践活动包括美军未来作战系统（future combat systems）的全新设计与实现、美海岸警卫队深海作战系统的一体化改进、战区导弹防御体系的构建等。

经过半个多世纪的发展，系统工程目前已经推进发展至体系工程、复杂体系工程和复杂巨体系工程（以下均简称体系工程）的阶段，在当代社会、经济、工程技术项目中也得到了广泛应用，面对和处理的系统也日益复杂、难度增加。为了应对这种现状，系统工程与快速发展的信息、网络、计算机技术结合出现了新的方法及工具以应对系统工程向体系、复杂体系系统工程转变的需要，比较典型的方法如基于模型的系统工程方法（MBSE）、基于能力的系统工程方法等。尽管如此，到目前为止，还没有成熟的理论、方法和技术来支撑体系的研究以及体系问题的解决。对这一问题的研究，Eisner 提出在体系层次上实施系统工程的框架，但这一思想没有得到普遍的认可，在 Eisner 工作的基础上，RONALD 提出了体系工程的构想，在其构想中强调体系问题的定量分析，在该方法中体系被看作一个整体，对体系的优化是基于费用代价和技术约束，其研究方法包括运筹分析、效用建模、非线性最优化和随机建模与模拟。应该说 RONALD 的工作是体系工程研究上迈出的第一步。

3.4.2　体系及体系工程

1. 体系的含义及特点

体系的一般内涵为："若干有关事物或某些意识互相联系而构成的一个整体"。在系统科学和系统工程领域中，"体系"的英文为 system of system（SoS），用来与一般的系统（system）区别。

体系的开发和应用从多方面带来了巨大效益，并引起相关领域活动方式的深刻变化，许多领域出现了通过体系开发推动发展以满足需求的趋向。但由于体系开发的重要性和复杂性，体系特性及开发规律的研究日益成为当代多学科汇聚的一个热点和难点。但对于体系（SoS）至今没有一个普遍接受的明确定义。

早期对体系（SoS）术语给予的一种说明是 Eisner 等从采办过程角度给出的定义，Shenhar 给出了体系的简明定义：体系是大范围分布系统的集合或系统的网络，这些系统一起工作达到共同目的。一个系统能称为体系需要符合几个条件，包括：成员系统具有自我组织管理和行为目的，即便离开了整体系统也能发挥自身功能和能力；成员系统整合为一个大系统，使之成为超越各成员系统能力、功能更强大的集成系统。

因此，Maier 给出的定义是：体系是组件的集合物，这些组件单个可作为系统并具有以下特性。

（1）组件的运行独立性，若体系拆回成它的组件系统，组件系统必须能有用地独立工作。

（2）组件的管理独立性，组件系统不仅可以独立运行，而且实际上是独立运行的。另外，他还指出体系的渐进开发与整体涌现行为特性。根据此定义，Maier 认为体系判据是无论成员系统多么复杂，成员系统必须独立运行和管理。例如，立体空战体系是一个体系，其成员至少包括地（海）雷达系统、防空导弹系统、飞机系统、空中预警指挥系统等，各系统都能够独立运行和管理，但是任意系统则不是体系。以飞机系统为例，其组成部件传感器、雷达、导弹等都不能独立运行和管理，需要相互配合才能完成作战功能。

对体系而言，一般有两个以上的利益主体共同干预体系的运行，当成员系统各自的利益有矛盾甚至完全对立时，各主体间的决策和交互过程会呈现非常复杂的情况。进一步地，成员系统不确定的行为方式及非线性的交互作用将导致不可预见的涌现性。因此，归纳体系的 3 个基本要素为：独立有用系统；相互关联或联结；能得到进一步涌现性质。同时，Sage 和 Cupan 总结了体系的 5 个特征，即独立运行、独立管理、地理分散、演化发展、涌现行为。

系统与体系的属性对比如表 3-2 所列。

表 3-2　系统与体系的属性对比

要素	系统	体系
组成	由要素及要素间关系组成	由系统及其交互过程组成
价值目标	一元	多元
架构	相对稳定	持续更新配置
边界	静态的、预先定义的	模糊的、变化的
组分的耦合性	元素或组分之间紧耦合，一体化	系统与系统之间松耦合
功能多样性	相对稳定的功能模式	具有较强的多样性
生命周期	具有明确设计周期	无明确定义或无时限
形成途径	先设计后开发	只能通过现存系统的交互和演化实现
需求	单系统构成，需求明确	多系统集成，动态性需求
研究方法	硬或软系统工程方法论	综合性系统工程方法论
工程化途径	系统工程	体系工程

2. 体系工程的定义及特点

关于体系工程的概念存在众多分歧，不同领域的学者和工程实践人员都有不同的理解和认识。下面是几种体系工程典型的定义。

定义 1：体系工程是确保体系内在其组成单元的独立自主运作条件下能够提供满足体系功能与需求的能力，或者说执行体系使命与任务的能力。

定义 2：体系工程是这样一个过程，它确定体系对能力的需求；把这些能力分配至一组松散耦合的系统，并协调其研发、生产、维护及其他整个生命周期的活动。

定义 3：体系工程是指解决体系问题的方法、过程的统称。体系工程是国防技术领域的一个新概念，这一概念同时被广泛应用于国家交管系统、医疗卫生、万维网及空间探索领域。体系工程不仅局限于复杂系统的系统工程，由于体系所涵盖问题的广泛性，它还包括解决涉及多层次、多领域的宏观交叉问题的方法与过程。

定义4：体系工程是学科交叉、系统交互的过程，这个过程确保其能力的发展演化满足多用户在同阶段不断变化的需求。这些需求是单一系统所不能满足的，而且演化的周期可能超越单一系统的生命周期。体系工程提供体系的分析支持，包括系统交叉的某一时间阶段内在资源、性能和风险上的最佳平衡，以及体系的灵活性与健壮性分析。

定义5：体系工程源于系统，但它不同于系统工程，即是不同领域问题的研究。系统工程旨在解决产品的开发与使用，而体系工程重在项目的规划与实施。换句话说，传统系统工程是追求单一系统的最优化（如某一产品）；而体系工程是追求不同系统网络集成的最优化，集成这些系统以满足某一项目（体系问题）的目标。

从上面的定义可以看出，体系工程在不同领域的理解存在5个方面的共性：①体系工程是能力集成工程；②体系工程是复杂需求获取工程；③体系工程是综合集成体的演化工程；④体系工程是学科交叉、系统交互过程；⑤体系工程是权衡与平衡工程。

因此综合各种定义及研究范畴，本书对体系工程（system of systems engineering，SoSE）的定义为，是指多个系统经过设计、配置运行和转换，形成集成的、复杂的体系，这些系统自身也是自治的复杂系统，但它们在技术、环境、运行、地理及框架等方面却不尽相同。

体系工程领域的一般性观点为：体系源于系统科学，是系统科学关于软系统和硬系统研究的综合，是对大规模、超复杂系统的研究。体系工程是实现系统最优化的科学，是一门高度综合性的管理工程技术，涉及应用数学（如最优化方法、概率论、网络理论等）、基础理论（如信息论、控制论、可靠性理论等）、系统技术（如系统模拟、通信系统等），以及经济学、管理学、社会学、心理学等各种学科。体系工程重在项目的规划与实施，追求不同系统网络集成的最优化，集成这些系统以满足某一项目（体系问题）的目标。体系工程的方法与过程使得决策者能够理解选择不同方案的结果，并提供给决策者关于体系问题有效的体系结构框架。

体系工程与传统系统工程及复杂系统工程相比，其研究对象和处理逻辑均有所不同，最根本区别在于：传统系统工程的设计目标为系统，而体系工程所考虑的是如何构建系统持续改进和优化的环境与过程（表3-3）。也就是说，体系工程的关键和核心在于在对系统进行构件过程和方法设计，使系统具有动态发展和演化能力，保证系统的发展的可持续性。体系工程的出现使系统的设计环境和手段变得完全不同了，但这并不意味着传统的方法（论）失去了用武之地，虽然体系工程和高度复杂的系统问题需要采用复杂系统工程方法，但传统系统工程方法仍然是简单低层次系统和复杂系统分析的有效手段，其可以用来处理复杂性较低的系统及过程，或者系统要素之间的关系；复杂系统工程方法可以处理系统、系统要素/部件之间的集成问题。总体来说，现代体系工程/复杂系统工程需要两种方法相互配合，共同作用。

表 3-3　系统工程与体系工程的对比

要素	系统工程	体系工程
问题	单一、静态的	复合、涌现的
目标	开发新系统； 需求的实现； 结构化的工程过程	能力满足； 使具备演化发展的能力； 集成的向导
关注对象	工程/产品； 自治的，良好边界的； 单一复杂系统	组织/能力； 相互依赖的，开放边界； 多复杂系统集成
结构	在系统开发阶段已定义，并 维持相对稳定	根据需求的发展进行体系结构的动态 配置，面向能力的体系结构方法
框架	系统生命周期； 确定的开始和结束	多个、交互性的系统周期； 无组织的开始
组织	统一的管理； 设计并集成专用的接口以满足 系统中组件集成的需要	协同工作； 体系中的子系统能在一定的协议和标准下独立的 运行，这些协议和标准建立来使体系能互操作
管理	集中式的系统管理	子系统独立的管理

3.4.3　体系工程研究的框架

体系结构框架是体系开发的基础与依据，因此在进行体系开发前需要首先确定体系结构框架。从体系开发过程的角度来看，体系工程包含体系需求获取与分析、体系总体设计、体系集成、体系管理、体系优化和体系评估等过程。体系开发一般没有明确的研发周期，在体系建立以后还要关注体系动态变化的情况，即体系的演化过程。

体系需求是对体系工程实践中待开发体系需要达到的目标、满足的功能及结构的描述。体系设计是对体系开发所采用的方法、体系结构、管理方式进行顶层规划，是体系开发跨领域、跨层次、跨时段的整体谋划。体系集成是研究体系组分系统的集成原理与方法，以实现体系开发的目标。体系管理包括体系开发与运行的管理方法和理论的研究，是保证体系开发目标取得预期效益的关键。体系优化是探究通过调整体系结构及功能使其行为最接近体系需求的过程。体系评估是对体系行为进行综合评价，以判断体系开发的最终效果。以上体系开发过程均要在体系结构框架的指导下进行。体系演化反映了体系在较长时间内的动态变化过程，对体系演化机制与规律的研究将使人们更加清晰地认识体系的行为趋势和结构调整，以体系演化的最优路径和约束条件为研究项目开展体系构建，对科学地体系开发具有重要的意义。

体系工程需要众多关键技术的支撑，这些关键技术包括体系建模技术、体系需求技术、体系设计技术、体系管理技术、体系集成技术、体系优化技术、体系试验技术、体系评估技术等。与之相关的学科基础包括体系理论、系统科学、复杂性研究、体系工程实践、计算机仿真、管理科学和运筹学等。体系研究过程与体系研究支撑技术和领域共同构成了体系工程研究的基本框架，如图 3-8 所示。

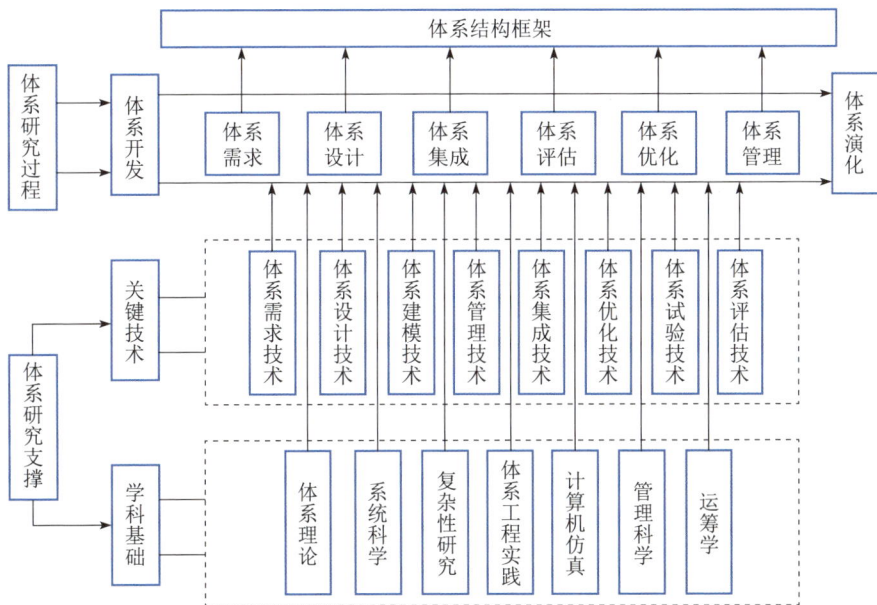

图 3-8　体系工程研究的基本框架

3.4.4　体系工程的研究问题

根据上述对体系工程的特点及目标的分析，体系工程研究所面临包括概念上的、方法论上的及技术上的众多挑战，具体如下。

（1）消除体系工程研究领域的分歧。体系工程研究涉及多学科，多领域背景，所以不能局限于某一个研究领域，应当综合各学科优势，发展综合集成的研究方法论。

（2）任务需求规划。体系需要完成的任务往往是未来的某一不明确的任务目标，这个目标甚至可能是概括性的语言描述，一般很难量化。在发展体系之前，应当进行体系的需求规划，以确定体系的发展方向。

（3）体系的量化度量。考虑体系应以什么方式、什么指标去度量。研究表明，能力及能力规划方法能有效地描述及度量体系。

（4）动态资源分配。组成体系的子系统来源于现有的系统、可以采购的系统和需要采办的系统。如何选择适当的子系统属于动态资源分配问题。

（5）体系交互集成。通信、交互、互操作是关键。体系的组成部分是能够独自运作、独自管理的系统，它们以适当的方式结合在一起使体系具备满足任务的能力。如何集成、如何建立交互关系，以及如何管理动态变化的集成都是体系工程面临的挑战。

（6）体系评估。所构建的体系是否达到要求，如何评估。应当在能力分析的基础上完成体系能力的不确定、模糊及动态评估。

（7）体系优化。如果评估的结果不理想，体系如何改进，如何调整子系统构成或交互关系以达到满意的结果。

（8）体系演化。体系是不断发展的，要控制其向我们期望的方向演化。

（9）体系全寿命周期管理。体系的能力、费用和风险的全寿命周期管理。

综合上述研究问题，归纳体系工程的主要工程实践需要重点解决以下 3 类理论问题：体系的概念模型、体系的构建方法；面向使命的体系动态编成；体系的演化及体系的有效测度。

1. 体系的概念模型

完备的体系概念模型可以更好地对体系研究的其他问题进行定量与定性分析，因此也是体系问题研究的基础。

体系的基本要素包含使命、单元、能力、信息网络、结构和机制。使命是体系形成与发展演化的驱动力，是赋予体系活力的第一要素，当使命不存在时意味着体系的消亡；单元是分布战场环境中分布在不同区域的资源，如各种指控单元、火力单元和传感器单元等；单元是能力的载体，能力是各种单元具有的可以执行使命任务的不可再分割的基本能力，单元的聚集形成整体的能力。信息网络是信息化基础设施，是单元间的链接基础，包括数据链和网络基础设施等。结构是组成体系的系统之间的关联，这种关联包括层次关联、功能关联、信息关联及替代关联等。结构的产生服务于体系运作机制。机制是体系实现其使命的运作分工和运作程序、步骤，它的建立是执行体系使命的基础，它的有效性直接影响体系使命的执行。

以信息化战争体系为例，在指控单元、火力单元和传感器单元 3 类单元之间，存在多种体系构建的结构要素或称为关系要素，以实现体系的功能与目标。这些关系要素包括：指控单元间的控制或协作关系，也可称为指控网；火力单元间的协作关系，也可称为火力网；传感器单元间的协作关系，也可称为传感器网；指控单元和火力单元间的指挥关系；指控单元和传感器单元间的信息融合关系；火力单元和传感器单元间的信息流关系。3 类单元和 6 种关系决定了信息化战争体系的组成与结构，也在决定了体系能力。

2. 体系的构建方法

体系的构建方法是体系研究的核心问题之一，体系构建的好坏直接影响到体系的动态编成和体系的演化。在信息化战场的作战体系中，作战单元间的多重关系，以及关系间的复杂交互导致作战体系的构建行为是一项复杂的体系工程，即需要从体系的全局高度上考虑体系的使命需求，同时需要从底层作战单元与基础设施的条件上考虑体系要素对使命需求的匹配程度。因此，在体系的构建机理上，可以以体系的作战使命需求为依据，以系统（或作战单元）成员为基础，遵循"自顶向下"定性分析与"自底向上"定量综合集成分析相结合的原则，以"作战能力"为纽带联结"自顶向下"的分解工作与"自底向上"的综合集成工作，最终形成与使命匹配的体系。

3. 体系的动态编成

在信息化战争体系中，体系的边界是开放的，兵力编组结构是根据作战使命按能力编组、按需要联合的兵力组合，将完成作战使命所需的体系内作战单元统一进行灵活的和健壮的编组。这种体系编成是体系对抗整体优势的获取与维持的基础，使得体系可以承受战场环境与作战使命的在一定范围内的变化，同时维持作战效能；并且在使命任务、作战环境或作战资源发生较大变化时，能够快速有效地进行部署编组的调整，以维持良好的效能。

常用的体系编成方法仍然是将"自顶向下"进行体系使命分解的方法与"自底向上"聚合战场环境中的各类作战资源的方法相结合，实现体系的动态编成。在体系的动态编成过程中，不仅需要确定作战单元间的 6 种关系，还需要确定与使命任务相关的 3 种关系：存在于使命任务间的序列关系；任务到作战单元间的分配关系；使命任务间的信息流关系。

4. 体系的演化

体系的演化是对现有体系的分析改进，演化可分为渐进演化和激进演化。

体系的渐进演化是体系应对使命环境某种程度的变化而进行的调适行为，这种调适行为是在不改变原有体系的要素、结构的根本框架基础上进行的体系调整。通常，体系的鲁棒性使得体系能够承受环境一定程度上的变化，体系能承受多大程度上的变化是体系渐进演化行为的触发问题。体系渐进演化的触发也是对使命环境变化程度的测度，这种触发条件的研究是体系渐进演化问题的难点。

体系在面临危机或使命环境剧烈变化情况下需要进行根本上的重组与重构，这种改变体系根本特征的演化行为即为体系的激进演化，体系的激进演化体现了体系的灵活性。由于战场环境的快速激烈变化，激进演化是作战体系研究的关键问题之一。通常，激进演化行为是在快速与有效之间平衡，快速适应新的环境就牺牲了其最佳有效性，而获取最佳有效性又需要一个时间过程。

在激烈变化的对抗环境中，体系的演化行为是一种风险行为，这一点尤以信息化战争体系的演化行为最为突出。从现有体系到一种新的体系的演化需要一个演变过程，在这一过程中由于脱离现有体系，且没有到达新的体系，这种过渡体系导致整体效能大大降低。因此，如何选择体系演化的过渡体系是体系演化问题研究的难点与重点，这种过渡行为就是选择体系变迁的最佳路径。

5. 体系的有效测度

体系的有效测度问题是采用体系工程技术解决体系分析、构建、改进与演化问题的关键基础。对体系的有效测度应该包含体系结构与运作过程的有效性，以及体系演化的有效性，即体系相对稳定时有效测度和动态演化的有效测度。

体系使命是体系存在的基础，也是体系的行为目标，而过程是体系为实现其使命的运作分工和运作程序、步骤。因此，体系使命的执行是体系运作过程的输出，过程输出结果的有效性即为体系使命的执行效能，体系使命的执行效能称为过程有效性。

体系执行使命的运作效能是体系的内部组织效能，体系运作是体系在执行使命的过程中体系内部个体间的分工协作、管理、控制、信息交流与共享、决策层次与结构，以及个体工作负载的平衡等。因此，体系的运作效能取决于体系结构，体系过程执行的运作效能称为结构有效性。

体系的演化效能是指体系在使命环境发生变化时体系的演化行为测度，体系的演化行为包括过程的重组和结构的重构。过程的重组是体系使命的调整或变更导致执行使命的过程改变，由此，与之匹配的结构产生变化，这种变化即为结构的重构。随使命环境变化而演化的体系行为测度表现为体系的健壮性和适应性。

3.5　体系工程方法

虽然系统工程已发展至体系工程阶段应对当代高度复杂庞大的系统工程问题，但目前体系工程和复杂系统工程方法思想均来源于硬系统工程方法论，主要处理的对象是有着相对具体的指标和作用环境的静态系统。而面对对象指标无法量化、实体要素尚不明确的新领域，"软""硬"结合的工程项目，有着动态发展演化需求的系统或混沌系统的结构化问题时则显得无能为力。因此，为了应对新技术领域、新产业模式和组织管理理念等的快速出现和迅猛发展过程中所涉及的体系问题，体系工程方法也需要不断的发展以保障体系工程理论的适用性和科学性。

本书提出一种新的系统工程方法，即基于价值的系统工程方法。这种新的系统工程方法将价值论、价值哲学与体系工程相结合，把系统哲学中的价值问题融入体系工程及方法论中，实现了系统哲学、系统技术与体系工程等不同层次科学技术的一体化，弥补了传统系统工程方法在处理实际体系工程问题上的短板。

3.5.1　研究路径

随着系统工程发展至体系工程阶段，传统的系统工程方法已不能满足体系工程面临的新问题，因此急需针对新问题及其特点开展新的系统工程方法研究，但如何开展研究，研究的切入点在哪，是一个需进行辨析的问题。

对照发展历史与研究现状，从一般系统论、系统科学与系统工程的出现与发展角度，探讨各自特点与相互关系对系统工程方法的发展具有指导意义，即系统工程与一般系统论、系统科学之间的关系是什么，系统工程方法研究的思考源头在哪？

系统论的创始人贝塔朗菲把一般系统论分为系统哲学、系统科学和系统技术3个层次，一般系统论与各种应用学科相联系就产生了系统工程。这意味着：①系统工程不是系统科学的分支，也不是系统科学的应用技术，其具有专门的研究领域；②系统工程作为一门为解决现代大型复杂工程所产生的工程技术，不仅是系统科学和系统技术在实践中与应用学科结合的结果，还是系统哲学在工程实践中的体现，也就是说，系统工程中包含着对系统哲学的分析和应用。

首先，系统科学与系统工程有联系也有各自的特点，其研究领域也不尽相同。

系统科学是真理取向的，在于揭示客观现实所遵循的一般规律，因而具有共相的特点，而系统工程都是殊相的，具有当时、当地性。虽然系统工程遵循系统科学理论，但在具体实践中，有很多个性的特征是系统科学理论无法穷尽的，即便是规模较小的系统工程，也可能会有系统科学理论所覆盖不到的盲区，从而需要在系统工程理论和方法上不断创新。

系统理论并不能统摄实践活动的全过程，仅起到约束条件和实现手段的作用。系统工程理论并非系统科学理论的子集，也不是系统科学理论的应用部分。系统工程的原理和系统科学的原理具有本质上的不同，主要体现在规律与规则的区别上。系统科学的原理揭示的是系统所遵循的客观规律；而系统工程的原理是组织管理系统的一套规则。

系统科学主要研究系统的一般属性及系统演化、转化、协同与控制的一般规律。而系统工程主要是制定一套组织与管理系统的规划、研究、设计、制造、试验和使用的规则，包括：确立工程开发目标，分析工程开发的环境，对系统结构、环境与功能的关系进行分析、论证和协调，使工程组态与社会环境和自然环境相融合，控制最少的物力、人力和时间等资源的投入，求得可行的、满意的或最好的系统方案并付诸实施等。

其次，系统工程中包含着对系统哲学的分析和应用，同时贝塔朗菲认为，系统哲学包括系统本体论、系统认识论和系统价值论三部分。那么系统哲学在系统工程中的应用不但包含系统本体论和系统认识论在系统工程中的应用，而且包含着系统价值论在系统工程中的应用。

价值具有理念导向和评判标准的作用，凡是有意识的实践活动都受到价值判断的引导，因价值判断的不同而导致的行动结果有天壤之别，系统工程作为一门实践性的工程技术也不例外。

体系与系统在价值目标上的区别在于一元与多元的差别。体系工程属于多价值目标的系统工程，对于多价值目标，则需要建立一个包括有关价值准则及其优先顺序的价值体系，没有一致公认的价值体系，就不可能进行方案的选择，更不可能进行综合集成。因此，如何构建这个价值体系就成为体系工程开展研究的出发点。

最后，从系统与体系的需求、架构等要素差别来看，传统系统工程的设计目标为单个系统；而体系工程所考虑的是如何构建系统持续改进和优化的环境与过程，也就是要求系统具有动态化发展的能力。因此，传统系统工程的系统构建关注和方法要点在于要素的分解及方法，而体系工程的体系构建要点不仅仅在于要素的分解，更要求关注要素的再集成与系统演化条件和方法。

综上所述，体系工程是系统工程发展的新阶段，有着特定的研究领域和理论体系，这门学问研究的入手点在于价值哲学的分析与融合，与传统系统工程方法的显著区别在于对体系动态性发展与演化性的关注和表征。

3.5.2　价值问题的哲学分析

既然价值体系的构建是体系工程研究的出发点，那么从系统哲学与系统工程的结合角度出发，探讨系统价值论在系统工程中的应用途径就成为首要议题。

一般而言，价值是指主体的某种需要与满足需要的客体属性的特定方面的界面，它是客观的，但又与人们受一定社会历史条件所制约的需要、利益、兴趣、愿望等密切相关。价值分为定性的和定量的两种。定性的以序进行比较；定量的以效能表示。理念指上升到理性高度的观念，理念是诸多具体观念的凝聚。

那么价值理念就反映的是有关价值的取向和评判标准，源于客观世界而又表现在主观意识之中，是人们在长期的工程实践的基础上，经过深入理性思考后形成的对社会、经济、工程技术等发展规律、发展趋势和有关的信念、愿景的集中概括和升华。因此，价值理念在工程活动中的作用具有根本性、指导性、全局性等特点，可保证其所指导构建的系统在具有相对独立性的同时能更好地融入外部系统和环境，也正因如此所构建系统的生命周期会更长，运行维护成本也会更低，整体效率也更好。这是基于价值系统工程方法提出的思想源头。

一般而言，价值理念对于具体问题的趋势指导性和原则判断性体现在几个方面。首先是"要做什么"，这是关于工程活动愿景规划；其次是"怎么做"，这是对活动方法、路径的总体规划；最后是"能否做"，包括对使用的手段、方法是否正确、合理，活动的对象是否达到预期等进行预判和评价。这3个方面中第三项是实施困难和关键的，因为这直接涉及人的主观观念，对工程活动而言会形成不同部门和人员之间的观念碰撞与辩论，很难直接形成结果，正如著名教育家、哲学家杜威曾指出："人类生活中一切令人困惑的境况归根到底都是由于我们真的难以形成关于具体情境中的价值的判断"。因此，基于价值理念指导的工程活动需要首先形成一个有关价值准则及其优先顺序的价值体系，作为指导工程活动开展的基本原则和判据。

需要指出的是，价值理念是一个具有多元属性的体系结构，既包括功利价值，也包括超功利价值，即人文价值。功利价值表明了工程的实用性，是工程目的得以实现的基本前提；超功利价值表明了工程活动过程、手段和结果的品味与格调，反映的是工程的人文内涵，体现的是参与工程活动的主体人对宇宙万物、道德伦理、文化艺术、历史现实的理解。属性特征为价值体系的结构化提供了基本依据和内容。

综上所述，既然系统工程方法的研究需要价值的参与，而如何参与，也就是关于价值理念运用的方法又是如何呢？这就需要从系统工程的基本原理和方法中去寻找答案。

系统工程的核心在于运用理论、方法和技术使系统客体在整体上达到最优化的效果，同时系统工程的三大原则（整体性原则、综合性原则和最优化原则）之一的最优化，也可以理解为系统价值的最大化。因而，作为系统工程方法核心的系统分析，不仅需要对物质事实进行分析，以及对研究逻辑进行分析，更需要对系统价值理念进行分析。

价值分析从研究路线上看，可分为价值前提分析、价值基础分析、价值结构分析和价值过程分析。

1. 价值前提分析

价值前提是指需求、能力、工具、对象4种因素及其相互关系。

（1）需要：指主体感受到某种不平衡（匮乏或多余）而又企图消除这种不平衡的一种内在趋向。

（2）能力：指个体（包括人、物质、系统等）所具有的能量的外在表现。一般通过功能的完成性和效能体现，可对能力的能级进行定量描述。

（3）工具：指开展活动所需的器具、手段等。工具是一个相对的概念，只要能够用来改造世界的中介都可以称为工具，可分为3种类型：物质工具类、文化工具类和社会系统类。

（4）对象：指主体的需要及受需要驱使的能力，受能力支配的工具所指向的客体所具有的功能。对象可分为可利用的、可改造的、需创造的等几种类型。

需要、能力、工具、对象四者之间的关系可看作是主体需要与客体功能之间的供需关系和能力、工具与对象功能之间的功能关系。将这两种关系综合在一起，就是以能力、工具为中介的主体需要与对象功能之间的关系。供需关系决定是否需要，功能关系决定有无可能。因而，上述四者之间的关系又是一个需要与可能之间的关系，也就是价值前提分析的实质是价值内涵的能力需求与实现可能性之间的关系。

2. 价值基础分析

价值基础即价值赖以产生的直接基础，它是指人们对待（认识和处理）以能力、工具为中介的主体需要与对象功能之间关系的创造价值的活动。

决定价值创造活动成败的关键性环节有 3 个：一是活动条件，即在什么样的价值前提下进行活动；二是价值取向，判定能否活动及活动的意向和主次关系是什么；三是活动方式，要解决活动的条件、意向和方式这 3 个问题，应从以下 3 个方面着手。

（1）完善价值前提。在人们需要某种价值而又完全有可能获取或创造这种价值的情况下，活动就会成为必然，这意味着完善的价值前提中包含价值创造活动的必然性。

（2）激发活动意向。采取物质奖励、精神鼓励、思想工作或实行惩罚制度等调动主体的互动积极性，消除消极因素。

（3）提高活动方式的科学性。首先要了解在不同情境下人们可能采取的不同的价值创造方式，然后需要采用先进的科学技术手段和管理方式。对系统工程的组织者来说，要掌握组织行为学、管理学、决策学、领导学和系统工程等相关学科。

3. 价值结构分析

首先由于价值的基础是人类创造价值的活动，活动的结果则是价值的产生，同时人类的活动是自觉创造价值的活动，因而他所创造的价值也必然会形成一个系统的、有序的结构。因此，价值分析的一个重点是价值结构的分析。

工程活动一般都是以多种价值为目标的，如以经济效益为主要价值目标，可持续发展、技术水平领先等价值为次要目标，同时兼顾环境友好、人文品味等其他价值。但从系统的观点来看，无论工程活动的价值理念如何，系统价值系统都可以归纳看作是一个由利益、公正、自由三大类价值构成的系统，只不过针对不同工程活动及活动的不同阶段，这 3 种价值的具体构成和权重有所不同。也就是说，价值构成存在演化发展的特性。在这个系统结构中，利益、公正、自由三大类价值可看作价值系统中的 3 个基本子系统，每个子系统又可以分解为更低层次的系统。所以，由于这种价值系统及其结构的共性和相似性，使得系统工程中价值体系可以看作一个由多种价值、多层价值构成的等级结构，同时具有多阶递进、动态演化的系统特征。

如前文所述，系统工程的原则之一最优化原则，可理解为系统价值的最大化，要达到此目的的关键就在于系统价值结构的科学化和合理化。合理化要求价值系统中的各子系统及各价值要素尽可能充分发挥其功能。科学化就是依据协同学原理，通过控制按照某种规则使价值系统中的各子系统之间密切合作，彼此协同，从而增加价值系统的有序程度，以实现整体最优化。

4. 价值过程

价值过程分析是指从价值前提分析到价值完成这一价值创造的全过程。

现代科学的本质和意义在于"始于问题、关于问题和解决问题"，而问题无非三大类：揭示现象、原因和本质的事实问题，回答现实、理想、活动应怎样进行的价值问题，及解决目标、决策、活动如何进行的实践问题。系统工程作为现代科学体系中的一门综合性工程技术，其使命与意义也在于此。

价值过程分析所要确定的事实应是作为价值赖以产生的前提和已有的基础，再将这种事实现状与预定的任务目标相比较，发现差距、问题及其原因、实质和症结，随后采用科学的决策和设计方法进行"应怎样"的价值创新，最后开展实践性问题的活动，通过可行性分析和操作性的定义确定方案及具体实施计划，其实施要点在于对抽象概念的具体化转换。基本过程为先将选定的方案进行概念转换（将抽象概念转换成具体概念），然后对具体概念进行分解，按照系统的观点，将大概念分解成若干小概念，再通过操作性的定义将小概念分别转换成可量化、验证的指标。

系统工程作为实践性大综合的工程技术，在理论和方法上应具有最大限度的综合性和适普性，而要达到这一要求就离不开作为各种系统性问题的概括、总结和升华的系统哲学的指导。但现代系统工程研究仍主要着眼于系统技术的应用，系统科学特别是系统哲学的理论和方法还没有很好地贯彻于系统工程之中，对系统哲学中的价值问题也没有给予应有的重视，因此，如何将系统哲学、系统科学、系统技术及系统工程融为一体，是一个有待研究和解决的问题。

3.5.3 基于价值的系统工程方法

通过上述对体系工程研究路径和切入点的分析，从系统哲学与系统工程的结合角度出发，探讨了系统价值论在系统工程中的应用途径。在对价值结构问题进行初步分析的基础上，本书提出了一种新的系统工程方法——基于价值的系统工程方法。

基于价值的系统工程方法针对体系工程面临的系统集成问题、新系统的规划问题及全新体系的构建问题提出，特别适用于指标无法量化和实体要素尚不明确的新领域，以及有着动态发展和演化需求的系统建立，处理"软""硬"特征兼有的工程项目及混沌系统的结构化等问题。

其方法一般过程为：从关注价值结构到关注能力要求，再到关注系统结构至关注系统演化，如图 3-9 所示。首先对目标系统的价值理念进行价值分析，将其结构化形成一个有关价值准则及其不同权重的价值系统；其次将价值要素物化，转化为支撑能力并形成能力组合或能力步骤；再次以体系发展规划与系统实现可能性为依据，将能力要素作为系统结构基本因子，通过选择和再组合构建系统组；最后是系统的动态发展与演化，通过技术群的建立和系统能力关键要素的识别，实现系统组的不断进化和体系结构的优化。总体上可以认为，这是一个价值概念系统物化的过程。

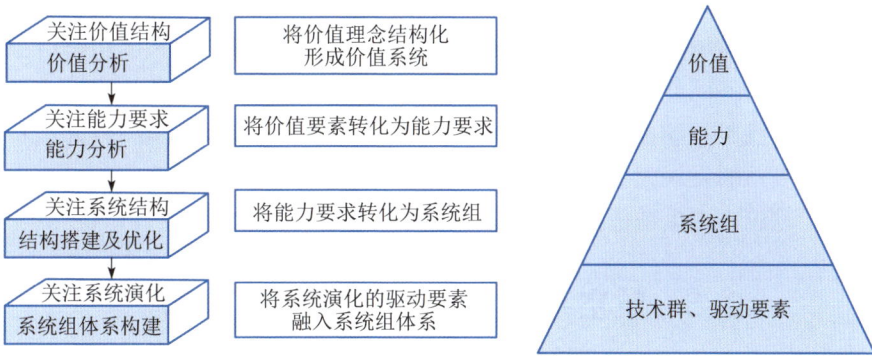

图 3-9　基于价值的系统工程方法

基于价值的系统工程方法过程的内涵和实施要点在于以下几方面。

价值理念的结构化包括对功利价值和人文价值的结构化，从需要、能力、工具、对象 4 个方面对价值内涵的能力需求与实现方法和工具进行分析，以"利益""公正"和"自由"作为价值系统中的 3 个基本的子系统。对于工程技术系统，使用霍尔三维结构以"物质-能量-信息"的系统观对每个子系统进行结构化，这样就形成一个由多种价值、多层价值形成的等级结构，同时具备多阶递进的动态演化特征。

价值要素转化为支撑能力的过程是概念要素的工程化过程，针对价值系统的价值要素，从对目标系统的客观现实和趋势分析结果出发，提出价值要素的工程物化要素，以能力的实现形态或发展步骤形式定性或定量表征。

技术群的组建和关键项目识别是支撑能力的物质基础和界定条件。能力是客体对象所具有的能量的外在表现，在工程项目中以技术、方法体现。因此，技术群作为与支撑能力层平行的层次结构，具有无价值属性的特征，使得技术群具有极好的包容性。关键项目是技术群的子集，其识别特征在于对支撑能力表征结果和系统演化的决定性，也就是关键项目决定了能力要素的可能性和系统演化发展的可行性。体系结构要素之间的逻辑关系如图 3-10 所示。

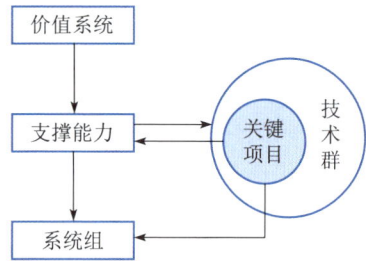

图 3-10　体系结构要素之间的逻辑关系

技术群组建和管理的一般方法为：使用数据库查询和专家咨询等方式，尽可能搜集满足支撑能力的所有技术项目、管理方法及工具，对搜集结果进行分类、综合和优化，遴选识别关键项目，对其进行评估、分级，如技术成熟度评估、集成成熟度评估等，建立技术群信息识别系统保证系统构建和体系演化发展。

系统以支撑能力的要素为基本结构单元，不同支撑能力要素的组合可以形成一系列具有不同能力实现形态或发展阶段的系统组，这种系统构建方式本质上是组建了满足不同价值要素、具有不同权重价值理念的系统组，较好地符合了工程系统不断发展完善的动态演化需求，为不同权重价值子系统的存在、协同找到了理论方法上的依据和途径。

3.6　航空系统集成工艺体系工程理论

3.6.1　航空系统集成工艺体系工程

一般而言，系统是指全面性、总结性且合乎逻辑的、庞大的、复杂的管理知识系统，常作为概念性表达，不一定有实物。我国著名学者和系统工程创始人钱学森指出："把极其复杂的研制对象称为'系统'，即由相互作用和相互依赖的若干组成部分结合成的具有特定功能的有机整体，而且这个系统本身又是它所从属的一个更大系统的组成部分。"系统强调概念、知识的集合。

因此针对航空系统集成制造的工艺存在两个概念：一是"工艺系统"，强调的是有关工艺所有相关联的知识、人员、设备、制度等，即所谓的工艺六要素（人、机、料、法、环、测）；二是"工艺体系"，上述所有要素按照一定结构组成以达成工艺结果、实现工艺目的的要素复合体。

从突出系统的组成和工艺的过程性角度出发，航空系统集成工艺系统可定义为：由工艺管理人员、工艺技术人员按照组织管理、技术规定等制度和操作文件，操作工艺装备、工艺设备使机载设备硬件和底层驱动软件、应用程序软件及关联的物理机构组成具有特定功能系统结构的过程中涉及的所有物理因素构成的具备系统五大特性的综合。一般来说，包括工艺人员子系统、工艺装备子系统、工艺技术子系统、工艺环境子系统等。

因此，结合航空系统集成工艺系统的定义和航空系统集成系统工程的概念，可以把航空系统集成工艺体系工程内涵概述为：工艺体系工程既是统筹航空系统集成工艺工作全局、综合协调、研究工艺系统的科学技术，也是建设工艺系统的工程应用技术，是一门用于工艺体系开发、设计、实施、控制及管理的组织管理技术，提供了将工艺价值、工艺概念、工艺需求等非物质要素转化为工艺系统体系及其产品的逻辑思维方法和各种具体工具的方法。体系工程的目标是通过系统工程技术及系统工程管理两大并行的优化过程，开发出满足全寿命周期使用要求、可持续发展的总体优化的工艺体系。

对此内涵的说明：要强调哲学的指导作用，因为系统工程处理的对象一般较为庞大复杂，甚至有些方面变幻莫测，对未来的预判就显得比较重要，因此没有逻辑推理方法和辩证法的指导就很难做出正确决策。其次系统工程的开展和实施着眼于系统全寿命周期综合效果，以系统科学的理论和方法为依据，但不能抛弃传统工程科学和技术，应以其为基础，这是由系统工程技术的特点决定的。

3.6.2　开展航空系统集成工艺体系工程的意义

现代航空系统集成业是一个高技术含量、高附加值行业，目前正朝着大综合、大集成、自动化、规范化的方向发展，以航空电子系统集成产品为典型代表，大系统集成产品具有全寿命周期内较好的性能、可靠性、维护性等优势，是当代航空机载设备的研发和发展趋势，已经在国外航空领域中得到应用并取得了长足发展，同时出现了一些知名专业的大系统集成供应商，如利勃海尔、罗克韦尔柯林斯、霍尼韦尔等。但国内航空系统集成产品是国防航空装备发展的新兴领域，虽然从产品上来说已经在数个在研型号上得到应用，但是产业模式、组织架构、核心技术、工作流程、制造体系等尚在摸索和探索中。由于航空系统集成产品的工艺方法和手段与传统制造业差异较大，尚无可借鉴与参考的工艺过程和工艺流程规范及标准，因此针对这类复杂系统开展系统工程，建立支撑理论和方法论，系统的分析和有序的建立，保证了系统中各分系统、部件、要素、因子科学地集成于系统中。

从航空武器装备服役的现实情况来看，集成系统产品已成为制约航空武器装备可靠性的关键一环，严重影响航空装备的服役效率。如何解决这些现实问题是一个事关国防装备发展全局的重点问题，故开展工艺体系建设、规范大系统集成产品的生产、维护保障对解决上述问题来说是一条必由之路。

因此，可以看出系统工程是航空系统集成工艺系统构建的重要手段和方法，能够使得工艺系统在其他配套系统尚不成熟完善的情况下从工艺过程设计角度开展工艺系统的顶层设计和架构规划，对于工艺系统的可持续、动态化、规范化、科学化发展，保障现有航空系统集成产品的质量具有重要意义。

3.6.3 航空系统集成工艺体系工程的基本框架

航空系统集成工艺体系工程涉及两个方面的内容：工艺体系工程管理和工艺体系工程技术。

1. 工艺体系工程管理

航空系统集成工艺体系工程管理是运用数据管理、风险管理、成熟度评估等管理手段，对系统工程的方法论实施、技术过程、活动及要素进行管理和控制，确保体系工程目标实现的过程，主要由工艺价值管理（包含工艺文化管理）、工艺系统工程流程、基于能力分析的知识集合三部分组成，如图 3-11 所示。

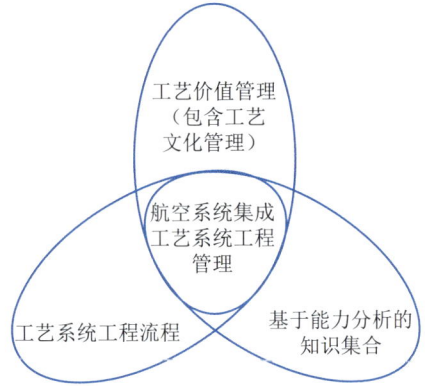

图 3-11　航空系统集成工艺体系工程管理框架

1）工艺价值管理

基于价值的系统工程特点在于将价值问题融入系统工程及方法论中，以价值逻辑的辨析为方法论基础。价值管理的内涵在于价值逻辑辨析过程和价值取向验证、实施的方法管理。同时，工艺文化作为工艺价值的延伸，也是工艺价值管理的范畴之一。

价值逻辑的辨析是对价值取向和愿景的思考逻辑的过程流程化和模块化，核心在于价值体系及判定方法的建立。基本流程及内容包括以下几方面。

（1）工艺价值体系建立。将工艺系统建立、实施、发展的价值理念具体化、体系话，从技术手段、管理方法、知识管理到新技术、新材料、新工艺、新体系的应用，包括工艺系统的架构、各子体系权重、编制方法等，制定基于价值理念的价值判定条件，或者说判据。

（2）工艺价值判断。对具体工艺项目、技术、环境等是否符合价值体系的判断，按照相应判定方法对其活动的可行性、合理性和科学性进行判定。

（3）工艺价值分析。基于价值理念对具体对象进行全面分析，确定其工作的重点、难点，进行定性和对关键要素的定量分析。

（4）工艺价值决策。在价值分析基础上，提出实现工艺价值的基本模型及对比模型，并说明其评价结果。通过考虑外部环境、政策、战略和风险等因素，最终选择一个或几个进行验证评估。

工艺价值验证及实施方法管理主要是将价值逻辑的辨析的结果，也就是工艺价值决策的结果进行验证和付诸实施的方法及过程管理。一般来讲，将决策的结果方案进行验证及付诸实施也是一个不断试错、反复优化和决策的过程，反馈机制的完善和效率对实施结果具有重要作用。

2）工艺体系工程流程

工艺体系工程流程是通过一系列活动将价值取向和愿景转化为系统设计方案的过程。其中，基本活动包括价值分配、能力分析、系统搭建和综合设计，这些活动需要成熟度分析、系统工程方法论、系统控制等手段进行迭代完成，最终达到性能、功能、费用、进度等综合平衡和优化。工艺体系工程流程如图 3-12 所示。

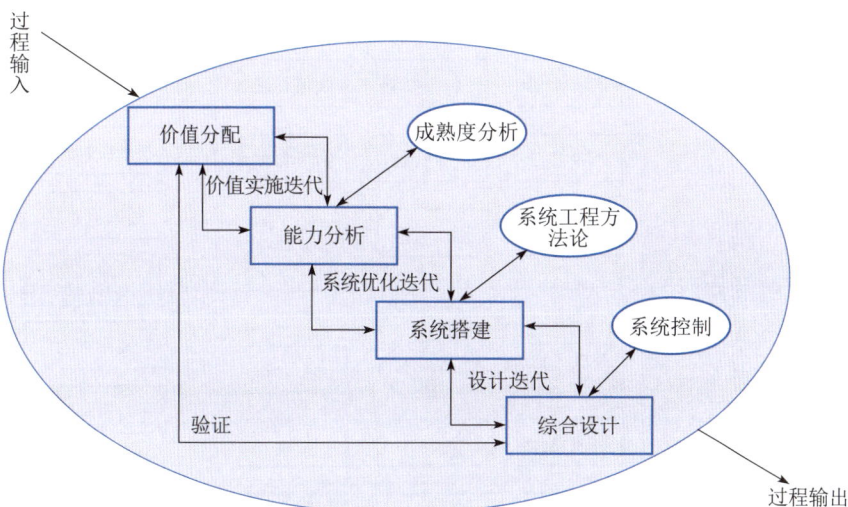

图 3-12 工艺体系工程流程

3）基于能力支撑的知识管理

工艺系统工程的实施主要是基于工艺系统工程流程和方法开展，涉及的知识领域相较于传统工艺工作较为广泛，系统工程要求将这些知识以能力分析和能力实现所需的知识为落脚点和逻辑线，共同支持和支撑工艺系统工程的开展，最终建立能够实现价值取向的、可持续发展的、全寿命周期均衡作用的工艺系统。

（1）进行能力分析的知识。能力分析是要将工艺系统的价值分配结果依据以成熟度评估为代表的知识集合进行分析和规划的过程。这个过程所需的知识集合包括政策、法规、成熟度评估、技术储备、人力资源管理等，运用这些知识通过对价值体的综合评估，建立能力现状和需求规划。

（2）实现能力所需的知识。根据能力分析所提出的现状分析和需求规划，明确了实现基于价值取向的工艺体系相关项目所需的技术和管理知识。同时，能力的实现包含了能力分层和整合的要求，这就是工艺系统设计和结构的建立，意味着控制论、系统论和方法论知识的应用。

2. 工艺体系工程技术

航空系统集成工艺体系工程技术是制定系统工程流程，并按照体系工程流成，在系统工程理论、方法论、技术、标准规范和工具的支持和运用下，成功控制系统工程全寿命周期活动并获得工艺系统的过程。工艺体系工程技术流程组包括价值管理流程、技术流程、系统组织流程和组织的项目，如图 3-13、图 3-14 所示。

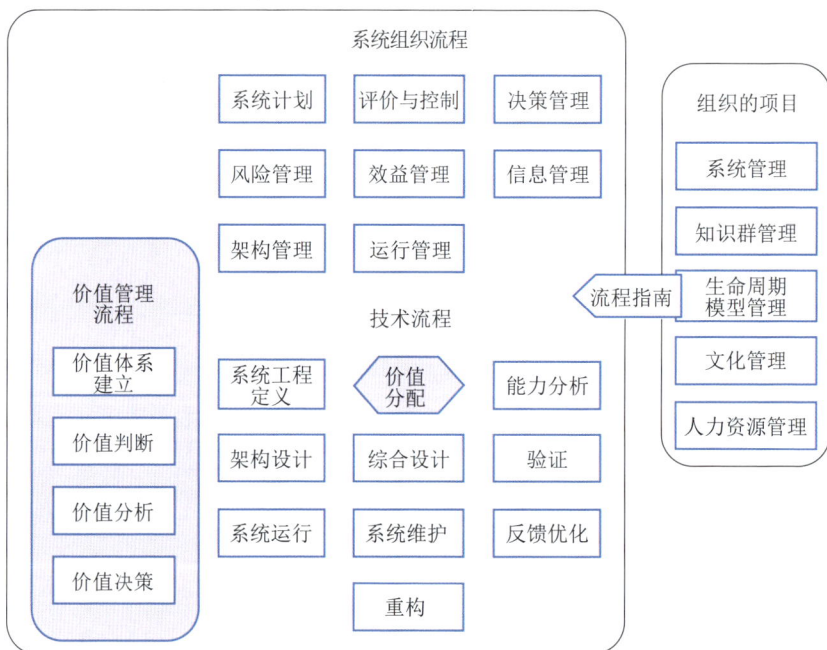

图 3-13　工艺体系工程技术流程组图

工艺体系工程技术核心在于系统工程的定义及流程的建立和优化，要充分理解全寿命周期内各阶段流程的功能和任务（图 3-14），明确技术要求和输出参数，建立涵盖工艺全寿命周期的系统工程技术。

工艺价值	工艺概念	工艺开发	工艺设计	工艺验证	工艺实施	工艺优化	淘汰

图 3-14　工艺体系工程全寿命周期阶段

4

第 4 章
动态系统组体系生成方法

基于价值的系统工程方法是针对体系工程面临的问题而提出，特别适用于处理"软""硬"结合的系统项目或混沌系统的结构化项目，弥补了传统系统工程方法无法应对此类体系问题的缺陷。例如，具体指标和实体要素尚不完全明确且终极目标也无量化指标的系统，或者混沌系统的结构化、层次化，从而为体系的科学分析和系统发展的要求提供了一条途径。

既然要实施基于价值的系统工程方法，那么以这种方法的视角和观点去解释系统的生成途径和路径描述就成为必须；否则系统的结构和表征方法就无法满足系统工程方法开展的要求。因此，本章针对基于价值的系统工程方法面对的体系工程问题，提出一种新型系统的生成理论和描述途径——动态系统组体系。

4.1 体系工程的内涵及过程问题

体系工程所要解决的体系问题包括现有系统的集成问题、新系统的规划问题及全新体系的构建问题。这些问题的解决途径构成了体系工程的主要工程实践。

4.1.1 体系工程的内涵

依据体系工程解决这些问题的思路和方法，可以划分体系工程的主要工程实践为 3 类：体系的需求与顶层设计工程、体系的集成与构建工程，以及体系的演化与评价工程。

1. 体系的需求与顶层设计工程

体系需求以能力获取为目标，是确定体系对具体能力的需求。体系需求工程根据提出需求的主体、需求内容的不同，可以将体系需求划分为战略需求、战争需求和作战需求等层次。战略需求是军事需求体系的顶层，是国防体系需求工程；战争需求是军事需求体系的主体，是区域或全面作战体系需求工程；作战需求是军事需求的基础，作战需求关联作战样式与任务，获取具体的作战能力。体系的顶层设计是以体系能力的有效发挥为目标，规划体系组成成员建设的技术途径，以有效实现体系运作的一体化，最大程度地发挥体系期望的能力。顶层设计服务于体系的需求获取。顶层设计工程包括体系技术一体化的规划和体系组成成员交互活动设计。技术一体化的设计确保体系运作的高效，即系统单元可以实现任意模块化的组合，而不存在互联互通的障碍；体系成员交互活动的设计确保体系的良性"涌现"行为，避免恶性"涌现"。

2. 体系的集成与构建工程

体系的集成与构建以体系需求为依据，确定体系的边界和优化体系结构，确保体系的高效能或相对优势。体系集成工程是体系构建基础和前提。在体系中，元素间的多重关系及关系间的复杂交互导致体系的构建行为是一项复杂工程，即需要从体系的全局高度上考虑体系的使命需求，同时需要从底层作战单元与基础设施的条件上考虑体系要素对使命需求的匹配程度。

3. 体系的演化与评价工程

体系的演化是对现有体系的改造或变革，使得体系具备新的能力，适应新的环境，履行新的使命。体系的演化行为包括体系的要素演化和体系结构的演化。要素演化的具体行为体现在高层使命与任务的变更、能力的演化、底层组成体系成员的加入或退出，这些演化行为间存在互动的联系。高层演化驱动底层演化，如体系使命或任务的调整，可能需要加入新的系统成员或淘汰原有的系统成员；底层演化导致高层要素的变更，如区域防空体系中传感器系统、武器系统成员的加入或退出都会导致防空体系能力、任务或使命的变更。体系结构的演化包括 3 类演化行为：一是运作体系结构的演化；二是系统体系结构的演化；三是技术体系结构的演化。

体系的评价是对体系整体有效性的测度，需要考虑体系使命的执行效能、体系执行使命的运作效能及体系的演化效能。对于体系对抗的进攻方来说，可以通过体系的评价发现敌方体系的关键目标与要素，从而实现破击行动的预期目标；对于体系对抗的防御方来说，可以通过体系的评价验证自身的完备性及执行使命的效能。

4.1.2 体系工程过程

体系工程以解决体系的构建与演化问题为目标，其研究对象是体系，区别于系统工程所针对的简单系统对象，在过程原理上两者间存在本质的差异。

体系工程过程存在需求分析循环、设计分析循环与设计验证循环，除此之外，还存在对体系环境与边界的分析。体系环境与边界分析同需求分析循环、设计分析循环和设计验证循环并行进行，体系工程4个方面的过程分析通过体系分析与控制活动进行平衡，通过平衡找到体系设计的合适方案，如图4-1所示。

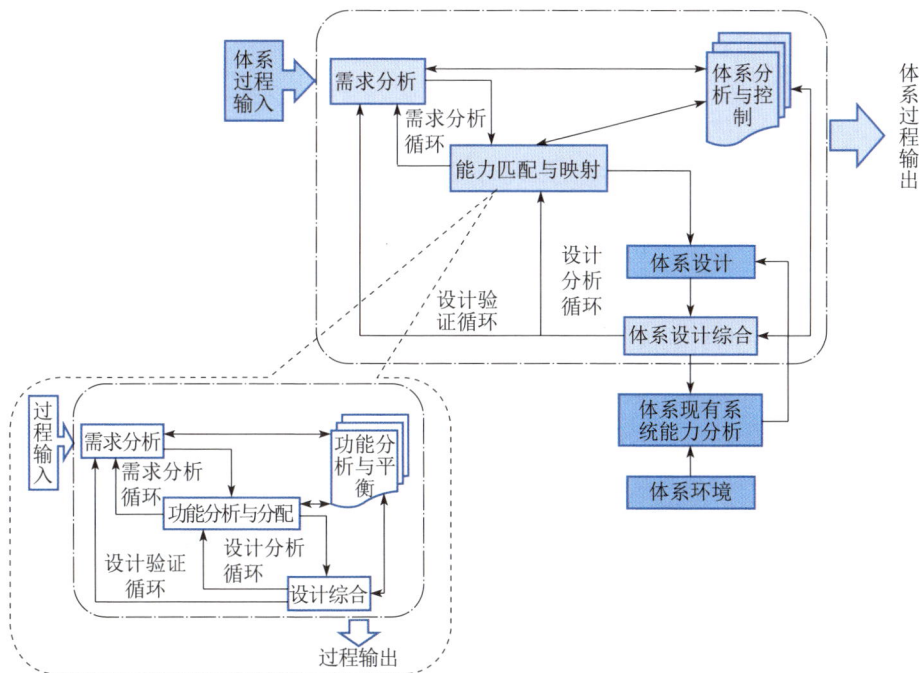

图 4-1 体系工程过程

体系工程的需求分析循环完成体系使命需求到能力需求的转换；设计分析循环完成体系能力需求到体系能力提供的匹配与映射，通过两者的匹配建立体系的组成与结构；设计验证循环对体系综合设计方案进行测试检验，为需求分析与设计分析反馈信息；体系环境与边界分析是对现有系统成员和体系结构进

123

行分析，获取现有体系的能力供给，体系环境与边界分析在体系工程过程的反复迭代中不断淘汰现有系统成员，加入新的系统成员，从而确定其边界。

体系工程过程以"能力"概念为核心，与系统工程过程的"功能"概念存在本质的差异，在具体实施上，体系工程过程与系统工程过程存在如下本质的差异。

（1）体系需求分析是建立对能力的需求，在建立对能力的需求后，由系统工程过程实现能力到功能的分析与分配，从而进行系统的分析设计。

（2）体系的设计分析存在两种途径：一是全新的体系设计，即在体系结构上，在体系成员上及系统的交互上都全新规划设计；二是现有体系的演化设计，这种设计分析以现有体系为基础，在体系新成员加入（现有系统或规划系统）和新结构的设计上都权衡现有体系演化的成本与代价，寻找现有体系演化的最佳途径，包括现有成员的淘汰、新成员的加入、现有体系结构到新结构的演化路径等要素。

（3）体系工程过程是"自顶向下"分析与"自底向上"综合相结合的过程，两者结合的纽带是"能力"，即体系的能力需求与体系能力提供两者间的匹配。"自顶向下"分析以使命分解、任务建模为主要分析内容，以定性的需求分析为主；"自底向上"综合以现有系统成员的能力分析为主要内容，以定量分析方法为主。

（4）系统工程以寻找最优方案为目标，而体系工程过程通过平衡寻找合适的体系设计方案。体系工程过程的"平衡"源于体系的演化特性，最优的体系设计方案只是针对某一静态的体系，体系持续的演化使得体系的需求与环境处于不断的动态变化之中。因此在体系的设计上为适应体系的动态演化往往只是平衡解决方案，找到合适的设计方案。

（5）体系工程过程允许通过迭代的循环分析进行现有系统成员的淘汰和新系统的加入，从而导致体系边界的不确定性。

通常，一项复杂的体系工程过程中包含有众多的系统工程过程。体系工程过程的输出方案包括新系统成员的加入、现有系统成员的淘汰及系统结构技术的改进等。系统工程过程实现体系工程过程中确定的系统成员设计方案。

4.2　体系建设的若干问题

体系开发规律和科学途径是系统工程领域的一个绕不开的研究课题。从本质上说，系统工程思想和方法系统性体现方式之一，就是体系构建的原则、方法、程序等系统性科学原理范畴的建立。而体系开发作为当代具有普遍意义的社会技术形态，对满足人类需要、推动相关领域的发展也具有十分重要的意义。

体系开发可以涌现新的能力，以体系为中心的发展方式可以加快新能力的形成，体系观念能够提供解决复杂社会性决策问题，实现可持续协调发展的途径，同时体系开发是解决人类社会发展面临挑战的必然选择。

4.2.1　体系建设的研究内容框架

与系统开发相比，体系开发面临的新挑战主要是：需求变化，进化式开发，组成选择的多样性的挑战，综合寿命期管理，非线式开发和非均匀部署，与开发背景相互作用。

体系开发遇到的新挑战要求在传统系统工程的基础上开展体系工程研究。体系开发可以按 3 个维度建立研究框架：一是获得的知识类型；二是体系开发问题类型；三是研究的应用领域。

1. 获得的知识类型

体系研究获得的知识类型可分为以下 5 类。

（1）理论知识。解决怎样想的问题。主要是建立学科基础的基本理论、运作原理、行动原则、开发规律及公理等。

（2）方法学。解决怎样做的指导问题。

（3）实现过程。解决体系开发怎样实现的问题：包括具体步骤和方法等。

（4）技术。用于支持体系开发的技术工具。例如，模型、仿真、辅助决策、辅助设计等。

（5）应用经验。应用理论、方法学、过程和技术成功地解决体系开发问题。通过应用说明体系开发怎样进行才能成功及为什么成功的原因，进一步丰富学科知识。

2. 体系开发问题的类型

体系开发是一个演化过程。所以与系统开发不同，体系开发是一个没有最终结束状态的螺旋式过程。体系开发问题的类型包括：体系设计，体系开发管理，体系的部署运用，体系的实验、试验与评估，体系的维护与进化，以及需求论证等。

1）体系设计

体系设计要区分新体系设计和现有体系转型。新体系设计要确立强壮的体系结构，包括体系的组成结构和互操作结构。已有体系的转型要求不同的方法学、技术和能力。必须解决组成系统的再设计及集成已有系统达到满意体系性能的问题。

2）体系开发管理

研究实现体系方案的管理技术，包括资源分配、采购、承包、计划调度、试验评估、集成实验、管理机制等。

3）体系的部署运用

研究有效的体系部署方式，有利于发挥体系效能的控制与运用方式。

4）体系的实验、试验与评估

体系的实验主要是验证假设，发现新的原理。体系的试验是检验体系的实现是否达到预期要求。体系的评估既不能从组成系统性能评估外推，也不能沿用单一系统评估的方法，而是需要用不同的概念和方法。

5）体系的维护与进化

核心是体系的可持续发展问题。为此需要解决体系维护、风险防范及实现体系的螺旋式发展机制等问题。

6）需求论证

体系的需求是一个有层次的需求。其顶层需求论证的特点有 4 点：一是考虑多个利害相关者的希望；二是需求的不确定性及时变性；三是对体系进化式开发全程的需求而不只是某一时间点的需求；四是立足现状的可实现需求。

4.2.2 体系开发研究的关键技术

研究体系开发规律，探索体系开发的科学途径需要针对具体的领域背景，解决理论、设计、管理和工具、手段 4 个层面的关键技术问题。

1. 理论层面的研究

体系开发研究是系统科学与应用领域的交叉研究，在科学上属于复杂性科学研究的范畴，所研究的对象是一类特殊的复杂系统。体系开发在理论层面的研究是关系到体系开发的思路是否正确的研究，主要是围绕体系的复杂性与涌现行为机制问题进行研究的。

在体系的涌现行为机制研究方面，钱学森同志提出的处理复杂巨系统的从定性到定量的综合集成方法论，在思维科学层次上为研究指明了方向。近期复杂性科学研究中提出的诸如自适应规划建模、状态空间建模、网络建模及基于主体建模等都是有潜在应用价值的概念模型和量化模型建模方法论。

2. 体系顶层设计和优化

体系顶层设计是体系开发跨领域、跨层次、跨时段的整体谋划，主要是能力评估与资源分配决策问题，关系到体系开发的成败。体系顶层设计的科学问题：一是顶层设计的方法学，原则上可分为基于可能情景的规划与基于能力的规划两类，基于能力规划以提供适用于当前广泛挑战与环境的能力为目标；二是顶层设计重在演化设计，要解决从现有状态到预期的阶段目标状态的演化设计；三是体系的结构设计包括组成与接口两个方面，要建立分析框架并用于进行功能评估与互操作性评估；四是顶层设计的优化问题，重点是优化准则确立与优化方法问题。

3. 体系集成管理

从一定意义上讲，体系开发过程就是体系集成过程。只不过传统意义上的集成是在已经备齐了组件系统基础上的集成，而体系开发则是把集成分散在体系寿命期全过程，使最后阶段的集成可在短时间内方便地实现。体系集成作为体系开发的重要环节或重要阶段。其管理内容包括：①集成工程，包括需求定义、接口、互操作性、效果评估、试验、软件验证确认及体系结构开发；②集成管理，包括计划调度、预算/成本、技术状态管理及文档；③转换工程，包括转换计划、运行安全、后勤保障、预先计划的产品改进等。

4. 体系的验证与评估

充分发挥体系的验证与评估作用对于体系开发的成功和减小风险具有决定性意义。

体系的实验、试验环境应当是实验室、现场和试验场的有机组合。实验室进行概念探索，模拟检验和现场试验方案的模拟论证。现场、试验场进行检验性试验，并提供试验结果数据，修改完善实验室所用模拟系统。如何使体系实验室建设满足体系设计、论证和管理的要求，还面临着巨大挑战，要组织跨单位的合作，用体系开发的方法进行模拟体系的开发。

体系实验、试验环境的应用：一是要按体系开发各阶段要求制定实验试验计划；二是要做好具体试验实验方案设计；三是研究分析方法、处理模拟结果、得出体系开发所要求的分析评估结论。

4.2.3　体系建设的一般原则

Maier 在 *Arehiteeting Principles for Systems-of-Systems* 一文中论述了体系建设

的一般原则，包括以下几方面。

1. 稳定的中间形式

稳定的中间形式包括技术稳定、经济稳定和政治稳定。其中，技术稳定是指系统按照设计实现全部功能；经济稳定表示有足够资金维持运行，系统必须具有经济效益以维持参与方合作；政治稳定是指系统运行必须得到政治、政策等方面支持。

2. 责任分担方针

要区分专责部分和属于合作的部分。例如，内部通信协议，由设计单位自定；但外部通信应遵从共同标准，避免多次转换。

3. 接口分析和管理

对于体系架构来说，最关键的是系统接口设计。高度重视接口是体系与传统系统设计最重要的区别。

4. 确保协同工作

体系的规划必须科学选择成员系统的自洽程度，为了避免自发合作带来的随意性，可能需要采取某种程度的强制约束手段，在责任共担、利益共享的原则下，通过设计合理的工作流程，激励机制及信息共享平台等，确保协同工作。

4.2.4　系统可视化表征方法介绍

系统的要素及其关系形成一个体系的特定结构，而为了表征这种特定结构应对其进行可视化表征，以满足不同对象对系统的研究和使用需求。

可视化描述方法对系统进行可视化描述的方法通常包括以下几类。

（1）基于整体和部分的系统组织结构描述。这种描述通常采用树状结构，如图 4-2 所示。

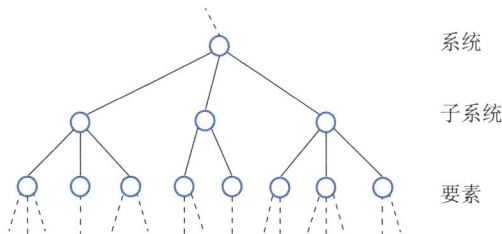

系统

子系统

要素

图 4-2　系统树状可视化描述

（2）基于系统完整性的描述。这种描述通常采用连通网络，重点在于表征各要素的相互关系，如图 4-3 所示。

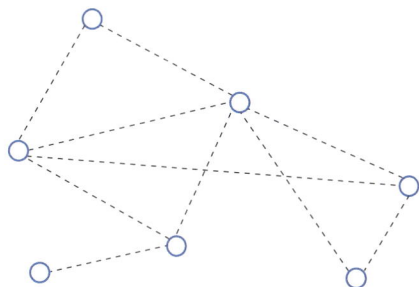

图 4-3   系统连通网络可视化描述

（3）将描述方法（1）和描述方法（2）结合形成的基于连通网络及组织结构的系统可视化描述。重点表征系统的连通性视图和组织视图之间的正交，如图 4-4 所示。

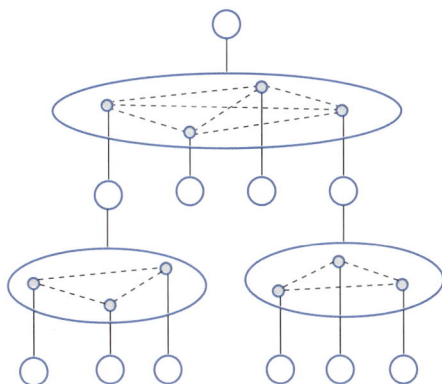

图 4-4   系统连通网络及组织结构可视化描述

4.3   体系生成方法及方法论

体系的生成方法是体系研究的核心问题之一，体系构建的好坏直接影响到体系的动态编成和体系的演化。

4.3.1   现有的体系生成方法及特点

现有的体系生成方法是为了应对现代系统工程方法而产生的，如基于需求的系统工程方法，其以需求或能力牵引为基本点，以技术列表的形式展示和构建，其中的各项技术从需求或能力牵引中获得，其关注点在于技术点的生成及方法。

现有体系生成的基本过程是一个将需求或能力转化为技术体系的过程，路径是一个自上而下的分解过程，主要用于技术分解和评估。这种体系生成的基本原则是，首先获得需求，然后进行需求分析，再按照功能模块将分析结果分解到部（组）件级，即获得相应各项技术，各项支撑同一装备需求的各项技术也即在同一"组"内；技术之间的关系在技术列表中没有体现，使用的方法是多轮次的专家讨论协商。这样获得的技术列表也可以满足需求的现状，具有一定的前瞻性，结合了专家经验，具有实际意义。

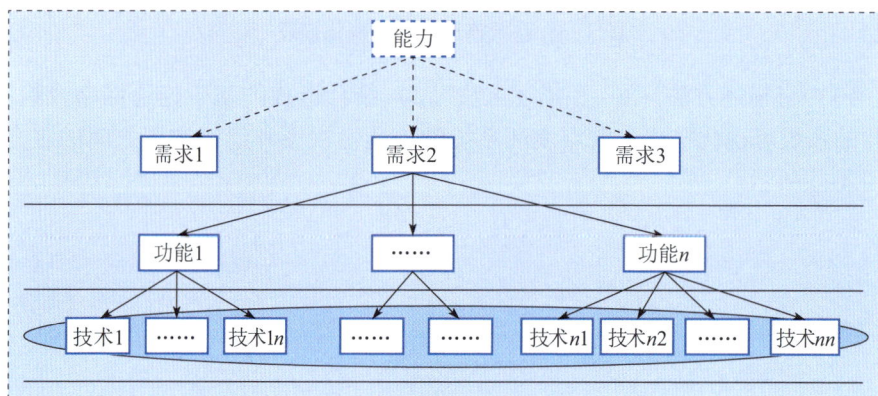

图 4-5　现有的体系生成方法

但是这种方法的特点和不足在于以下几个方面。

（1）基于特定的能力或为了满足特定需求而产生，技术系统的产生具有局限性。

（2）体系生成即确定，结构优化较为麻烦，不具有演化发展能力。

（3）对于混沌系统的结构化问题，如无法定量描述的、以价值理念为导向的新系统构建不适用，只能用于能力、需求能够定量定性描述的体系构建。

（4）体系以技术点的生成为最终目的，技术有冗余出现的可能性，且无法描述技术之间的关系，同时技术系统完备性明显缺失，如跨平台的共同技术很可能在分解中被遗漏。

（5）特定条件下技术点的生成及取舍与选择带有一定主观性，虽然技术成熟度评估方法和工具能够在客观上发挥一定的参考作用，但主观的价值分析和价值判断也是个重要的选择变量。

4.3.2　体系生成的方法论

方法论和方法是两个不同层次的问题，方法论是关于研究问题所应遵循的途径和研究路线，在方法论指导下是具体方法问题，如果方法论不对，再好的方法也解决不了根本性问题。体系生成的方法及过程也涉及方法论的应用，比较典型的硬方法论有 V 字模型和霍尔三维结构模型方法论。

1. V 字模型方法论

在工程技术领域中，还原论在系统工程中发挥了重要作用。还原论方法认为将所研究的对象不断分解直到部分研究清楚为止，认为这样整体也就清楚了。但随着科学技术的发展，无数事实使人们认识到还原论思想的不足之处，即"即使了解了粒子，却依然无法解释宇宙的构造"，因此还需要解决微观如何决定宏观的问题，也就是复杂性研究中的涌现问题。

同理，还原论方法也无法处理系统的整体性问题。还原论将系统分解为部分进行研究，虽然部分单元研究清楚了，但这种分解没有考虑到部分单元之间的关系和联系，从系统的角度来说，就是忽略了系统特性中的整体性、有序性和相关性原则（具体在此不展开陈述，可参见第 2.1.3 节中对系统特性的介绍），因此也就无法解决系统的整体性问题。

了解了还原论方法的缺陷，于是在 20 世纪 80 年代出现了复杂性研究，也就是复杂系统和社会系统的整体性问题。

最终将还原论与复杂性研究相结合，开发出了现代工程行业普遍应用的 V 字模型方法论，如图 4-6 所示。

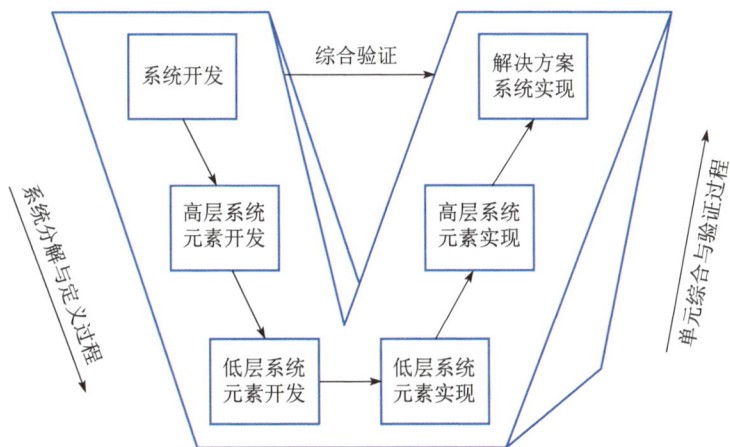

图 4-6　V 字模型方法论

2. 霍尔三维结构模型方法论

1962 年，美国工程师霍尔完成《系统工程方法论》一书，首次提出了著名的三维结构方法体系，随后不断完善和改良，最终于 1969 年正式形成。该方法来源于硬工程系统，适用于良结构系统，能够解决大多数硬的或偏硬的工程项目系统工程开展的方法论问题，主要可用来寻求各种战术问题的最优策略，或者用来组织管理大型工程的建设。在航空系统工程中运用霍尔三维结构的方法，根据不同型号和产品的系统特点，进行工作结构分解和产品结构分解，可使复杂的大系统变得有序而易于解决。

霍尔的系统工程三维结构由相互垂直的 3 个坐标组成一个空间结构，3 个坐标分别代表时间、逻辑和知识 3 项系统要素。同时，将 3 个维度按照系统工程活动的时间顺序和逻辑关系分为 7 个阶段与 7 个步骤，同时考虑到完成各阶段和步骤所需要的各种专业知识，这样就形成了如图 3-3 所示的三维结构。

图 4-7 中的实线小长方体表示在系统的研制阶段，按逻辑程序正进行到运用工程技术知识系统分析，由于在任一阶段原则上都应按逻辑程序走一遍，而且各种知识都可能用到，因此对于任何一项具体的系统工程项目来说，理论上在整个工作过程中应该走遍整个空间。在事前进行系统分析时，也可利用这种结构来考虑问题。

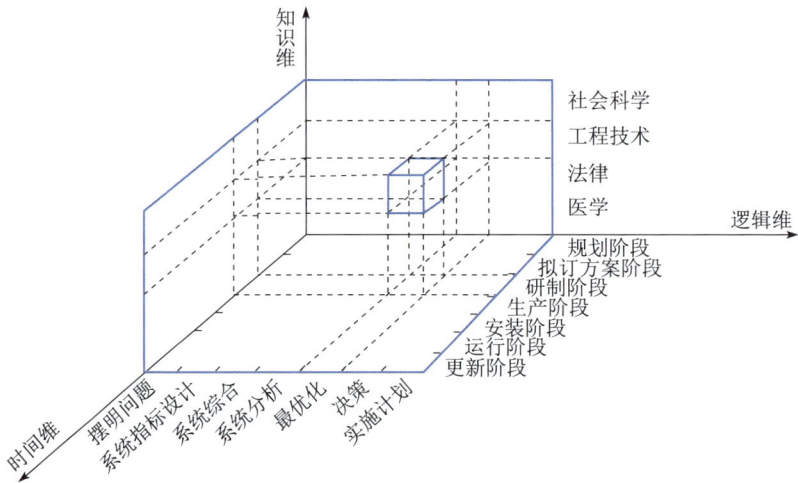

图 4-7　霍尔三维结构模型方法论

（1）时间维表示系统工程工作从规划到更新的先后顺序，共分 7 个阶段：规划阶段，拟订方案阶段，研制阶段，生产阶段，安装阶段，运行阶段，更新阶段。

（2）逻辑维表示系统工程的每阶段要完成的各个逻辑步骤，共有 7 个步骤：摆明问题，系统指标设计，系统综合，系统分析，最优化，决策，实施计划。

（3）知识维是指完成上述各阶段、步骤所需要的各种专业知识和技术素质，通常可理解为工程技术、生物、经济、法律、管理、社会科学及艺术等各种专业知识和技术。霍尔提出的知识维仅仅是一种概念上的，并没有就如何组织相关知识做出进一步的说明，因此如何科学地定义知识维就成了需要进一步研究的课题。

从知识这个维度来考虑，就是要用系统的方法有效地获取上述各阶段、各步骤所必需的知识，并对其进行开发、利用、规划和控制，从而更好地实现系统工程目标。最终，1986 年美国管理咨询专家创造性地提出来的知识管理（knowledge management）的概念，旨在用系统的方法去发现、理解和使用知识，现已成为系统工程项目能否有效开展的决定性因素。

在系统的开发和运用中，知识管理意味着把正确的知识在正确的时间交给正确的人，使之能做出最满意的决策。系统工程中知识管理的过程一般划分为以下 7 个阶段。

（1）知识辨识阶段：即根据系统工程的总体目标要求，制定知识来源战略，划定知识管理范围，辨识知识。

（2）获取知识阶段：将现存知识（信息库、文件或人脑中的知识）编码或显化。

（3）知识选择阶段：评估知识及其价值，去除相互冲突的知识。

（4）存储知识阶段：通过适当、有效的方式存储所选择的知识。

（5）知识共享阶段：将正确的知识传输给每一个阶段的使用者。

（6）知识使用阶段：在各个阶段的工作中使用知识。

（7）知识创新阶段：通过科研、实验和创造性思维发现新知识。

霍尔三维结构的系统思想体现在把整个工程看作是一个过程系统，为解决大规模复杂系统提供了方法，标志着硬系统工程方法论的建立，其特点是强调明确的目标，认为对任何现实问题都必须而且可能弄清其需求，其核心内容是优化。

4.4　动态系统组体系

传统的体系生成是一个自上而下的分解过程，主要用于技术分解和评估，但对于只有混沌概念和价值愿景的新系统的构建则不适用，原因在于其体系构建的过程和关注点不同。传统体系生成的基本过程是将需求或能力转化为技术体系的过程，关注点在于技术生成方法及其关系的描述；而基于价值和概念的体系生成则是将愿景、理念等非结构化的混沌概念转化为动态系统组体系的过程，关注点在于动态系统对价值要素的满足程度。

动态系统组生成方法用于构建新的系统，并支持系统的不断更新发展，正如谚语"罗马不是一天建成的"和"条条大路通罗马"所揭示的真理一样。新系统的产生和完备不是一劳永逸的，而是一个不断优化和革新的过程，而且系统的产生也有许多方法和途径，因此提出一种科学、高效的系统产生方法是必要的。

4.4.1 动态系统组体系阐述

基于价值的系统工程方法特点在于价值哲学与系统工程技术的高度统一，将价值理念作为系统产生的基础，以此为基点通过一系列方法逐层逐步分解和重构，最终得到一个结构优化、功能完备、能够体现价值特征和具备价值取向的复杂大系统。

而如何描述这个体系，也就是如何表征这个体系，如何产生并通过什么样的指标和概念去定义体系则成为一个难点，因为传统的体系或系统生成方法显然不能符合基于价值系统工程方法看待和解决系统问题的视点和观点。因此本节提出一种新型体系生成方法——动态系统组体系生成方法，如图 4-8 所示。

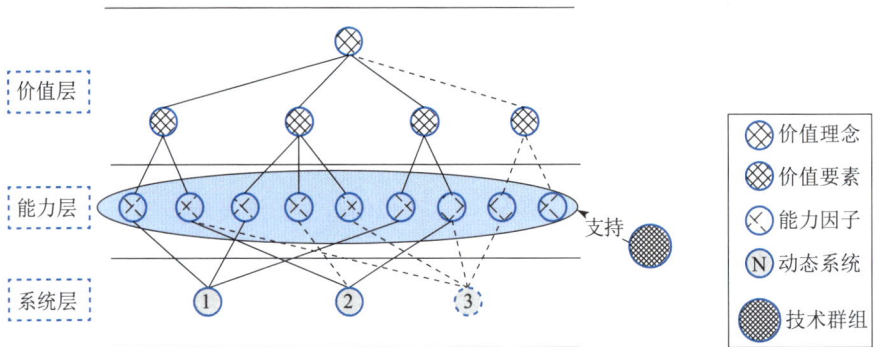

图 4-8　动态系统组体系结构

这种新的体系生成方法是针对基于价值的系统工程方法而提出的，其方法和系统结构均较好地符合了基于价值的系统工程方法的相关理念和要素。其基本思想可总结为"价值提取，能力支撑，技术包容，动态发展"，具体介绍如下。

（1）体系以对价值理念的提炼和价值要素分类为要点，以能力因子为基础，以技术群为支撑，以系统群为体系价值的体现与演化方式。

（2）能力因子的划分和定义以技术发展基本规律和客观现实为依据；能力与技术群之间是平等的关系，能力以技术体现，变革性技术是能力因子产生的条件。

（3）技术群组不再作为一个层次，其作为一个独立的、开放的子系统，原因在于以下几方面。

①技术群具有适普性，不具有价值特征，故不作为单独层级。

②技术的发展日新月异，迭代速率很快，因此其应是一个开放的子系统能够及时纳入新技术、淘汰不适用的技术，作为对能力要素的支持。

（4）体系的生成方式使得体系具有较好的相对稳定性。例如，技术更新但不影响对相应能力因子的支持，此时系统组能够维持稳定性，整个体系除了技术群子系统有技术点的更新外整体框架及结构并无改变；或者某项能力的移除涉及的只是各个包含此能力的系统相应技术点的淘汰，而不涉及体系架构的重组。

（5）体系的结构特征使得体系能够满足体系极强演化性的特征。体系层级结构中任意层级和要素均可按需增减，形成具有新能力和价值要素的系统，新系统生成的便利性表明了体系结构具备演化性的特点。例如，可通过不同价值要素所产生的能力因子的选择和组合产生数个系统，从而形成系统组，系统组中不同系统的能力不断发展和丰富，对于体系价值的满足度也呈现出上升的趋势；或者基于对价值理念的新认识而产生的新价值要素及其能力因子，可对现有系统组进行具有新价值要素和能力新系统的开发。

4.4.2 动态系统组体系的生成方法

动态系统组体系的生成方法是基于价值的系统工程方法的实施途径，其体系生成过程和架构设计是体系形成思想的映射，基本方法由六大步骤组成，包括价值分解、能力提出、技术群子系统生成、系统生成、系统组生成、系统组演化。在此过程中，涉及系统工程方法论的适应性应用。

1. 价值分解（价值结构的生成）

以系统工程思维将体系的价值理念、价值取向、价值愿景等，以"利益-公正-自由"子系统为基本架构，使用系统工程的霍尔三维结构模型方法论，按照系统"物质-能量-信息"三基元属性对其进行再提取和分类，获得价值要素，组成价值层。

图 4-9 所示为价值分解及要素产生方式。

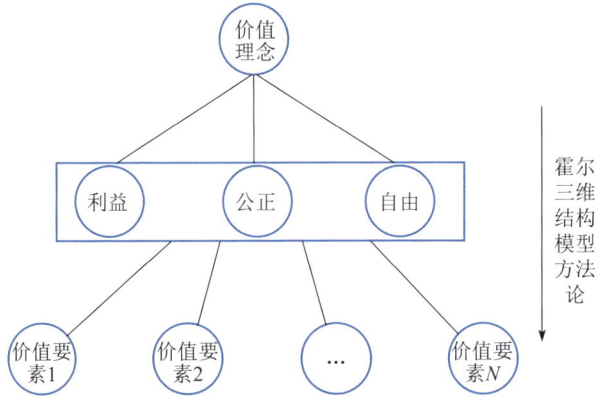

图 4-9　价值分解及要素产生方式

2. 能力提出

针对各个价值要素提出能力步骤或能力组合。

对能力的划分和定义以技术发展规律、趋势及革命性关键技术为制定依据，可对某种价值元素提出能力步骤或能力组合的形式。

能力因子的提出具有显性化和支持化价值要素的作用，是体系价值属性的延伸。能力因子将体系概念性的价值要素转化为实现化的表达，从而可通过物质和技术方法等方式对其进行表述，是体系构建实体化的基础。

图 4-10 所示为能力因子产生方式。

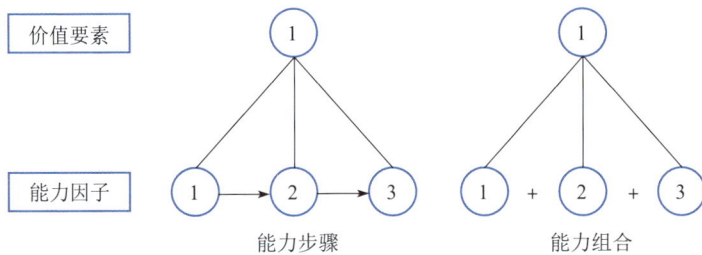

图 4-10　能力因子产生方式

3. 技术群子系统生成

技术群子系统的生成以能力因子为牵引，通过系统工程 V 字模型方法论将能力因子转化为技术点。技术群子系统除了具有系统的一般共性和特性，还具有演化行为的性质，表现在两个方面：一是不能支撑能力因子的技术淘汰和支撑技术的引入；二是技术属性的变化，如技术成熟度、技术相关性、技术风险的不断变化等。

技术群子系统是一个不具有价值属性的、开放的技术集合体，在体系结构层次并无层次地位，本身也不具有层次结构，只是作为对能力的支持和子系统组成要素出现。技术群子系统由各项技术及技术之间的关系组成，技术之间的关系部分来源于技术与能力的相关性，部分来源于技术本身的属性。

技术群不具有价值属性，因而技术也无价值特征，故可以支持任意能力要素，继而满足任意价值要素。如图 4-11 所示，任一技术可支持一种价值概念的单个能力，如技术 1、6、7；可支持一种价值概念的多个能力，如技术 2、5；可支持不同价值概念的多个能力，如技术 3、4。

技术之间存在一定的相关性，如图 4-11 所示。

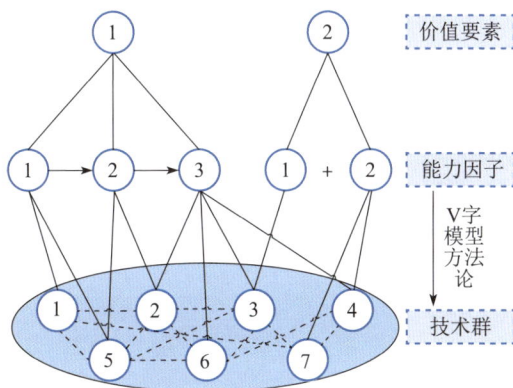

图 4-11　技术（群）的生成及其相互关系

4. 系统生成

通过技术成熟度评估可进行技术点的选择及动态系统支持的能力因子的选择，这样具有特定能力、满足一定价值要素的系统就产生了。进一步通过集成成熟度评估可对系统进行成熟度评估，表征此系统的发展状态。

以图 4-12 为例，技术子系统技术点满足价值要素 1 的能力因子 2 和价值要素 2 的能力因子 1、2。由图 4-11 可知，对应能力因子的技术子系统包括技术点 2、5 和 3、4、7，且 2、5、3 和 3、7 及 4、7 之间存在相关性，通过技术成熟度评估和集成成熟度评估，支持价值要素 1 的能力因子 2 的技术点选择 5，支持价值要素 2 的能力因子 1、2 的技术点选择 3、7，这样形成的系统 2 技子系统就由技术点 3、5、7 及 3、5 和 3、7 的相关性组成。

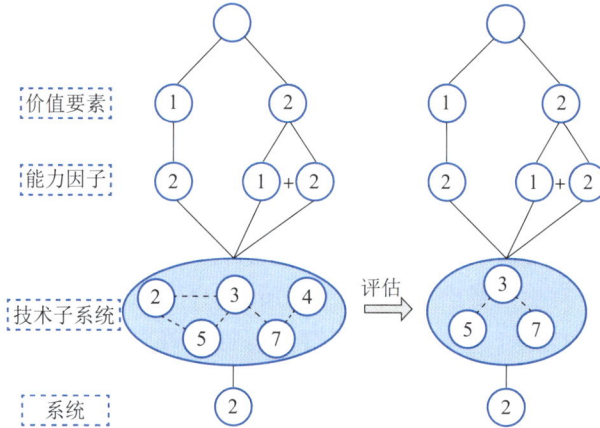

图 4-12　系统的生成过程

5. 系统组生成

基于价值要素的能力因子的选择与组合，对价值要素的不同满足度的系统组即可生成，如图 4-13（a）所示。不同的系统基于能力因子的不同，通过技术成熟度和系统集成度评估，选择技术要素及其相关性形成不同系统的技术子系统，如图 4-13（b）所示。

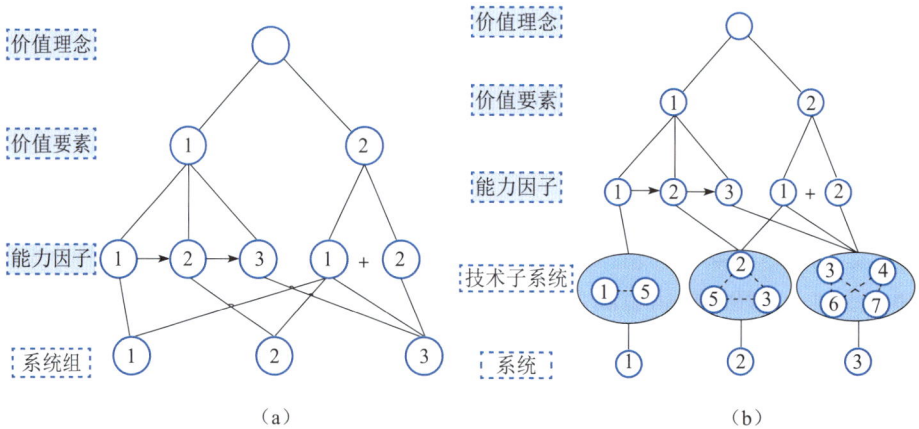

（a）　　　　　　　　　　　　（b）

图 4-13　系统组的产生

以图 4-13 进行说明，通过价值分解得到价值要素 1 和 2，对价值要素 1 的能力支撑分析评估得到能力因子 1、2、3，对价值要素 2 的能力支撑分析评估得到能力因子 1 和 2，基于能力的达成阶段和现实需要考虑，可组成由 3 个系统构成的系统组，分别为满足价值要素 1 的能力因子 1 的系统 1；满足价值要素 1 的能力因子 2 和价值要素 2 的能力因子 1 的系统 2；满足价值要素 1 的能力因子 3 和价值要素 2 的能力因子 1 和 2 的系统 3，如图 4-13（a）所示。

通过分析技术与支持的能力因子对应关系及技术的关联度（图 4-11），进行技术成熟度和集成成熟度评估后完成系统 1、2、3 的技术子系统生成，如图 4-13（b）所示。

6. 系统组演化

体系的结构特征使得体系能够满足体系极强演化性的特征。随着体系价值理念被赋予新的含义和意义，其价值要素也相应地丰富了起来，通过重复步骤 1~5 的实施，可以将新的价值理念融入到体系中，通过体系架构的变化显性化表达。

以图 4-14~图 4-16 为示例进行说明。价值理念提取出新的价值要素 3，对其进行步骤 2 和步骤 3，完成能力因子 1、2、3 的定义及相应支撑技术的选择与技术相关性的分析，形成新的技术群子系统，如图 4-14 所示。按照系统发展和演化需求，在系统 3 的基础上增加体现价值要素 3 的能力因子 2，从而构建新的系统 4，并通过技术成熟度和集成成熟度评估完成支撑技术的选择，如图 4-15 所示。最终形成体系架构，如图 4-16 所示。系统组由系统 1、2、3、4 构成。这个过程体现了体系结构较好的演化性及系统组的动态性。

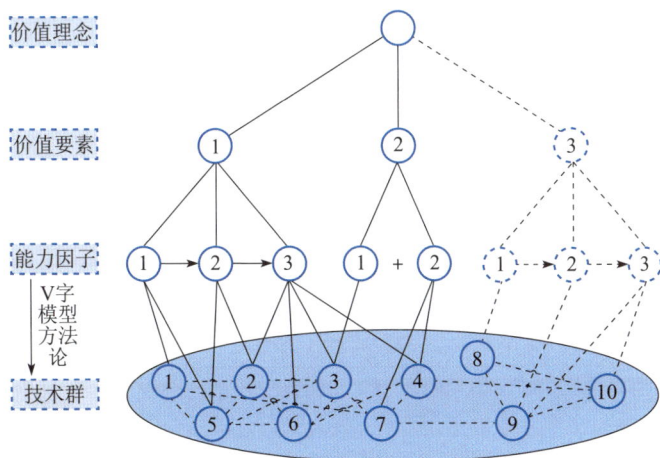

图 4-14　新价值要素的出现

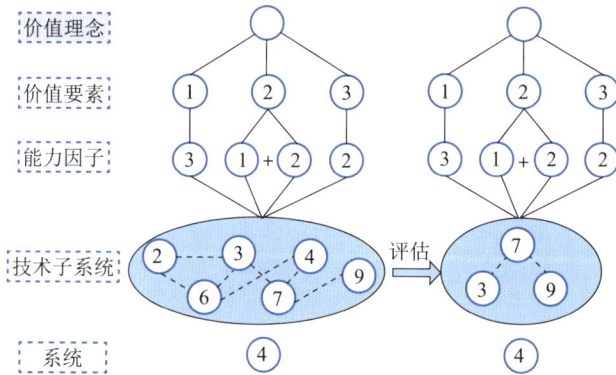

图 4-15　新系统的生成

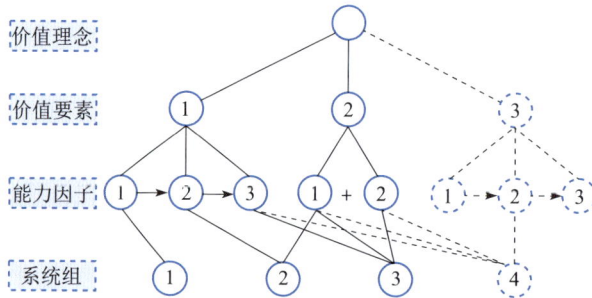

图 4-16　系统组的演化

4.4.3　动态系统组体系的特点

按照体系生成方法的六大步骤和关系描述，结合系统工程方法论的使用，可得到动态系统体系的架构及其特征示意图，如图 4-17 所示。

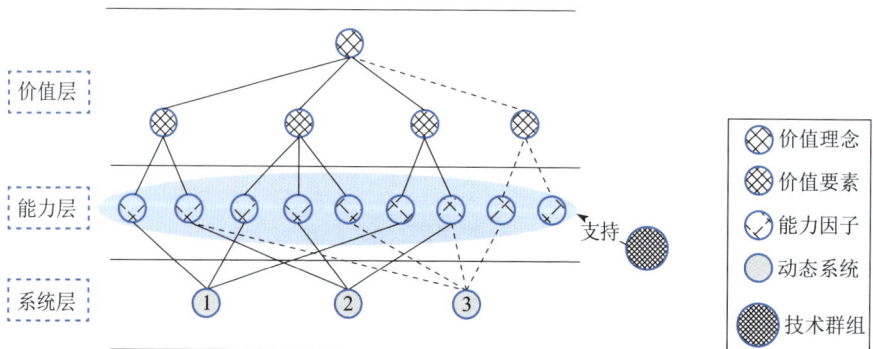

图 4-17　动态系统组体系的架构及特征示意图

总体来说，动态系统组体系生成方法的特点如下。

（1）体系建设目的不是以技术体系为目的，而是以系统对体系价值的满足为目的；体系的生成方法以价值为导向，架构设计以价值体现与实施为准则。

（2）能力是体系的关键节点，既是体系价值的显性化，也是系统的概念化，同时是技术选择的依据；能力要素的定义以变革性技术为基准。

（3）技术群子系统不是作为体系层，而是一个独立的、开放的子系统，技术的选择与能力需求息息相关，但对技术不做价值评判，有利于体系构建对技术的包容性和敏感性，从而使体系和技术群子系统都具有蓬勃发展和快速演化的原动力。

（4）系统组是一个动态发展的层级，可依据现实需求也可根据体系发展规划制定由不同能力要素组成的系统；同时系统组能够保持相对的稳定，因为技术进步不是系统演化发展的动力，而是由技术革新引起的能力改变决定。

（5）系统组的系统之间不存在结合部问题，系统边界清晰、定义明确、能力分明、技术优化，因此避免了由于系统边界和结合部导致系统复杂性研究。

（6）体系的生成过程涉及两个系统性评估：一是技术成熟度和集成成熟度评估，用于系统的技术路线的选择和技术集成对能力的满足度评估；二是系统对体系价值的满足度评估，这是系统发展水平的度量。不同系统对价值要素的满足程度不同，具体体现在能力因子的组合程度。如图 4-18 所示，系统 1 满足价值要素 1、2，系统 2 也满足价值要素 1、2，但其满足程度高于系统 1，系统 3 满足价值要素 1、2、3，其对体系价值的满足度显然高于系统 1、2。

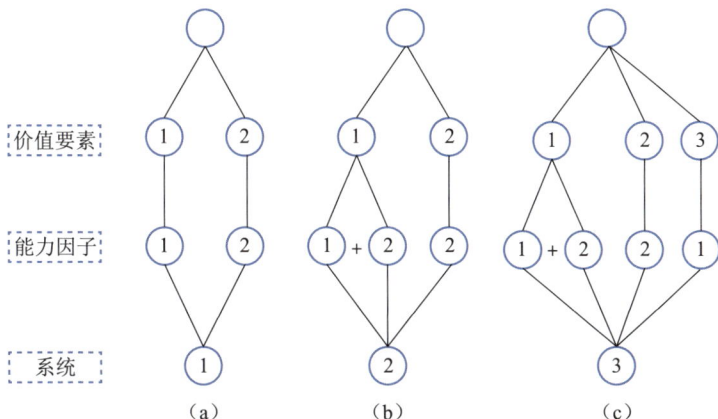

图 4-18　不同系统对价值的满足度对比

4.5 动态系统组体系描述方法

体系结构框架作为一种用于信息系统体系结构开发、描述和集成的统一方法，利用统一的体系结构框架设计复杂系统体系结构，能有效降低系统复杂度，提高相关人员对系统的理解一致性，提高目标系统的可扩展性、可移植性、可复用性等。美国军方一直在开展信息系统体系结构的相关研究工作，并取得了多项成果，其中国防部体系结构框架（department of defense architecture framework，DoDAF）是目前应用最广泛的一种体系结构框架。

多视图的体系描述方法来源于美国军方体系结构框架，一般用于涉及多要素属性及相关元素和利益主体的体系描述，也是体系结构建模依据的重要来源。因此，本节拟应用多视图的方法展示动态系统组体系的各要素及其属性关联。

4.5.1 现有的体系描述方法

为了规范各军兵种、国防部各局军事信息系统体系结构设计方法，美军在2003年和2007年分别颁布了《DoD 体系结构框架》1.0 版、《DoD 体系结构框架》1.5 版，并规定其为一切军事信息系统集成的框架。DoDAF 1.0 是指导国防部各任务领域开发体系结构的指南，为国防部体系结构的开发、描述、集成定义了一种通用方法。DoDAF 体系结构采用作战视图、系统视图、技术视图三视图结构，分别从作战需求和应用、系统设计及技术 3 个视角来描述系统体系结构。

2009 年 8 月美军发表了 DoDAF 2.0 版，该版本扩展了前面版本的开发成就，提供了关于网络中心的体系结构信息，支持国防部网络中心战略。DoDAF 2.0 版删除了技术标准视图，用范围更广的标准视图来替代，包括运作、业务、技术、政策、标准指南、约束和预测；同时，增加了能力视图、服务视图、项目视图及数据和信息视图。DoDAF 2.02 是目前最新版本的体系结构框架。

DoDAF 体系结构视图主要由全视图（AV）、作战视图（OV）、系统视图（SV）和技术标准视图（TV）组成，其组成关系如图 4-19 所示。

系统体系结构视图中的每个视图都描述了体系结构的一定属性。其中，作战视图描述了完成国家使命所要求的任务及活动、作战要素和信息交换的一组图形及文字产品，使命包括作战使命和公务过程；系统视图描述了提供或支持功能的系统和互通的一组图形及文字产品，功能包括作战功能和公务功

全视图

描述体系机构范围的设想及
定义产品中使用的术语

作战视图

确定需要完成的任务及
完成任务的相关人员

处理机信息交换
节点间等级要求
与节点、活动需求
有关的系统

处理及信息交换
等级的要求
基本技术支持
能力与新能力

为满足信息交换
等级和其他作战
要求所确定的特
别能力

系统视图

将系统能力和特征
与作战要求相联系

支配互操作能力
实现选定系统能
力的采购的技术
准则

技术标准视图

规定技术
标准和约定

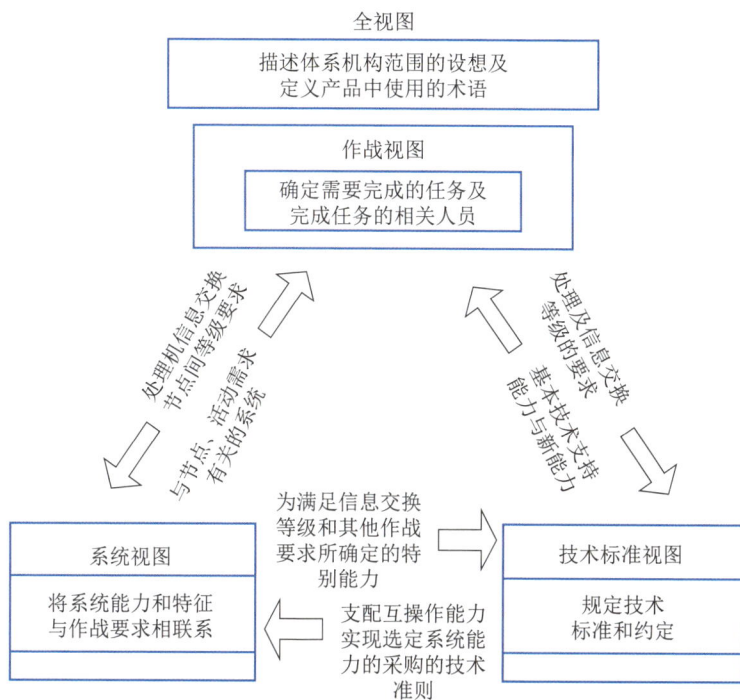

图4-19 DoDAF三视图的关系

能；技术标准视图是管理系统部件或零件的排列、交互和互相依赖的最小一
组规则。

其他国家也在借鉴了 DoDAF 研究成果的基础上，根据自身实际情况先后
开发了适合自身需求的军事体系结构框架。例如，澳大利亚的 ADOAF、英国
的 MODAF、挪威的 MACCIS、加拿大的 DNDAF 及我国的 C^4ISR 体系结构
框架。

4.5.2 动态系统体系的多视图描述

动态系统组体系建设中需要重点解决的问题是：如何实现体系中各层次要
素的综合集成和互操作，使其具有统一的接口形式和概念要素；如何将技术群
有机融合于主体系框架内，使其体现出在主体系中的地位和组成部分；如何确
保体系价值的有效分解并与能力要素的科学匹配。

多视图的思想源于 DoDAF，为来自不同专业和利益的参与者提供了一个
互相理解、交流和工作的平台。借鉴现有体系结构框架的多视图理论，针对动
态系统组体系建设中需要重点解决的问题，从价值提取和分类、能力要求、系

统演化和系统设计 4 个角度提出了一个动态系统组体系结构描述框架，包括 4 个视图，即 SV-1 系统属性视图、SV-1 系统与价值的关系视图、SV-3 系统的演化视图和 SV-4 系统与能力的关系视图。

采用多视图的思想提出以下多视图建模步骤。

第一步：列举出动态系统组体系的所有元素及关键过程。

第二步：连接关联的元素或关键过程，并指出其相关关系。

第三步：按照元素或关键过程的属性，将同一类别的划分到同一组。

第四步：说明各组（视图）与动态系统组的关系。

基于这种相关元素或关键过程的划分方法具有唯一性的优点：由于已经事先列出了所有元素和关键过程，因此不会遗漏也不会重复或产生交叉关系的视图，如图 4-20 所示。表 4-1 给出了这 4 个视图的详细信息。

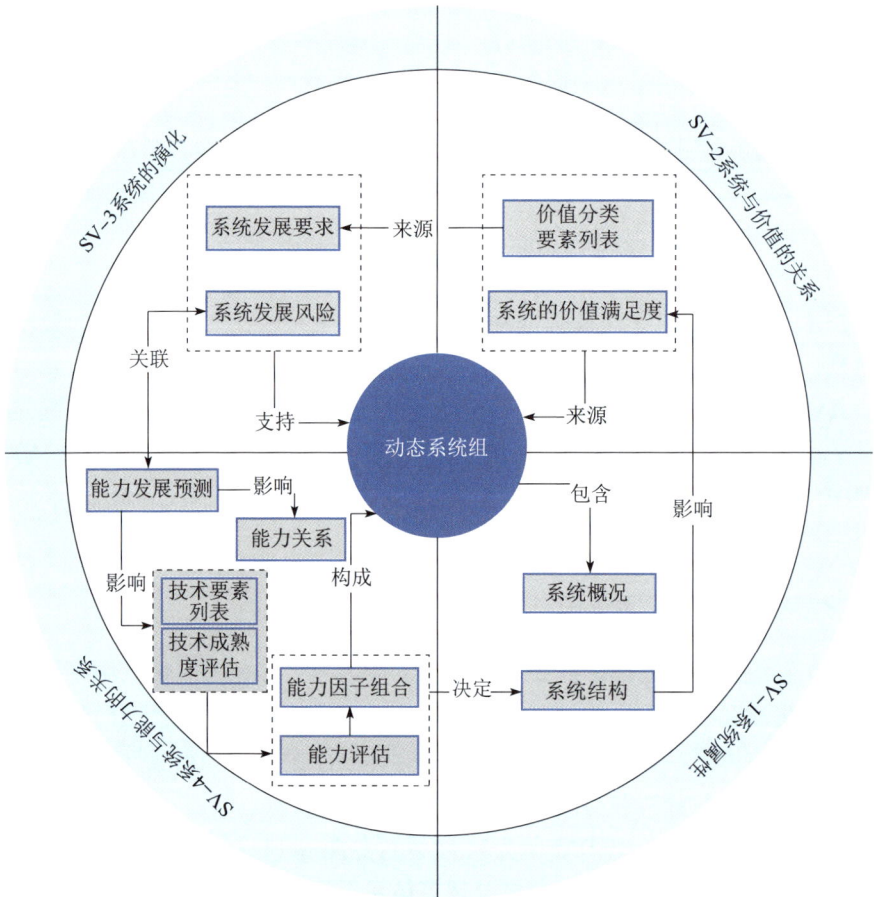

图 4-20　动态系统组体系的视图划分

表 4-1　动态系统组体系视图及其说明

视图代号	视图名称	涉及主要元素	备注
SV-1	系统属性	系统名称、系统结构、系统功能、构建时间	说明系统组中各系统的基本属性
SV-2	系统与价值的关系	价值分类要素列表、价值的能力需求、系统的价值满足度	
SV-3	系统的演化	系统发展要求、系统发展风险	针对体系的建设方向提出具体的系统建设规划
SV-4	系统与能力的关系	能力名称、能力发展预测、能力关系、技术要素列表、技术成熟度评估、能力评估	列举能力向系统转化过程中涉及的要素与过程

需要说明的是，这种视图划分是比较主观的，不同的人由于对事物的理解要点不同，划分的结果的也可能千差万别，但只要牢牢理解体系的建立意义和把握体系的描述方法核心要义，视图划分可以有不同方案，只要所有参与者与使用方能够就这种方法达成共识，就可以在同一个标准规范指导下合作工作。

第 5 章
航空系统集成工艺体系的生成与评价方法

航空系统集成制造（工艺）体系这个新型产业领域和技术领域的建立属于本书提出的软硬结合的、新体系建立的系统工程项目问题，其主要特点是体系的建立和发展是一个动态过程，只要这个行业和技术领域存在，则体系对于价值目标符合性只有无限逼近，而无绝对满足。动态系统组体系建立方法则是针对此类问题而提出的。因此本章使用动态系统组体系建立方法给出航空系统集成工艺体系生成的典型方法和一般过程，并针对体系建立过程中涉及的评价环节和体系成熟度给出评价方法。

5.1 工艺体系的生成

5.1.1 工艺体系的概念及特点

什么是体系？其定义在前述章节里已经充分得到讨论，这里可从要解决的问题入手去考虑，例如，绿色经济、可再生能源、智能交通、环境保护、社会保障、信息网络、航空系统集成工艺体系等问题都涉及多个复杂系统，这就属于"体系"问题，其基本特点为这个体系（system of systems，SoS）是由多个系统或复杂系统组合而成的大系统。

在不同领域和应用背景中体系的定义也不完全相同。现有的体系定义大部分的核心概念和最底层要素均是技术，体系的生成和描述也以技术的生产和技术关系为主要视角。例如，Maier 在 1996 年提出体系是为实现共同目标聚合在一起的大型系统集合或网络；Cook 在 2001 年提出体系是包含人类活动的社会-技术复杂系统，通过组成系统之间的通信和控制实现整体涌现行为。

美国国防部定义体系是：相互关联起来实现指定能力的独立系统集合或阵列，任意组成部分缺失都会使得整体能力严重退化，其能够以不同方式进行关联实现多种能力的独立系统集合或阵列。这个定义则与其他有所不同，其体系的生成以能力为基本单位，以能力的多样性组合为基本特征。

根据上述一般概念和经典定义，依据航空系统集成工艺体系的基本特点，从基于价值的系统工程方法角度，航空系统集成工艺体系可阐述为：为满足航空系统集成业工艺价值和工艺理念的贯彻实施需求，由价值要素引导、能力要素组成、技术群给予支撑的，具有层次结构、体系特征的动态系统组。

航空系统集成工艺体系具有如下特点。

（1）航空系统集成工艺体系具有动态性、演化性等体系层次的属性。系统是处于不断变化发展中的，这体现在两个方面：一是系统属性的变化，如系统对价值的满足度、系统集成成熟度、系统风险等的不断变化；二是革新性技术出现引起能力的提升，继而推动系统的发展，从而引起体系结构的变化。

（2）航空系统集成工艺体系的结构具有层次性。这是由价值分解、能力需求、系统重构的结构特征决定的。

（3）航空系统集成工艺体系中技术不具有价值特征，所以从本质上看各种技术是中性、同质的。

（4）航空系统集成工艺体系的评价需要大量的信息搜集和较多的主观信息。由于航空系统集成工艺体系中的价值愿景、能力要素包含较多的是抽象概念和主观判断，因此常用的仿真方法等不适用于体系的评估，而需要采用基于专家知识、定性定量相结合的方法。

（5）航空系统集成制造体系，包括对工艺体系的需求是非常急迫的，但国内对这种新形态的制造业相关研究尚处于起步阶段。体系结构的建立是体系评价与优化的基础，是产业/行业规划决策的重要依据，是产业发展、进步的制度支撑，是确保体系建设方向、进度和功能的有力保证。然而，国内外公开的相关研究资料较少。

5.1.2　工艺体系生成典型方法和一般过程

为了应对航空系统集成工艺系统工程开展面临的新问题、新挑战，从系统哲学、系统科学及系统工程之间的关系和发展角度出发，本章提出了基于价值的系统工程方法及动态系统组体系生成方法，本节就以此理论方法初步开展航空系统集成工艺体系的典型生成过程，为实操工艺体系的完全建立提供方法依据和基本思路。

1. 工艺体系的生成步骤

航空系统集成工艺体系是为满足航空系统集成业工艺价值和工艺理念的贯彻实施需求，由价值要素引导、能力要素组成、技术群给予支撑的，具有层次结构、体系特征的动态系统组。按照动态系统组体系生成方法，其步骤如下。

（1）价值分解。

（2）能力提出。

（3）技术群（子系统）建立。

（4）系统生成。

（5）系统组生成。

（6）系统组演化。

下面就体系生成步骤的具体实施要点和过程逐一进行说明。

（1）价值分解，即价值提取和分类。

航空系统集成制造在国内属于新兴的技术行业，其工艺价值理念为：技术水平匹敌国际先进系统集成制造商，组织管理适应航空工业组织制度体系，全方位树立系统集成工艺技术专业的能力水平，建设具有自主知识产权和比较技术优势的航空系统集成工艺专业。

按照价值要素将其分为先进性、自主性、独特性、完备性。

价值 1 先进性，技术水平达到国际先进。

价值 2 自主性，强调基础理论研究和研究方法的科学性。

价值 3 独特性，也称比较优势，一是针对其他行业而言，要体现本行业的特点、特色；二是针对其他企业而言，具有自身特色。

价值 4 完备性，产品全寿命周期内工艺体系作用的体现。

（2）能力提出。

对价值 1、价值 2、价值 3 和价值 4 从现状分析和发展预测两方面提出能力实现阶段或能力组合。

价值 1 先进性，目前国内航空系统集成行业属于刚兴起的新型行业，从传统的航空系统设计、制造部门独立出来，自身的基础理论和一般方法尚未建立起来，基本还是沿用原来的设计和制造理论方法，因此目前自身能力较为薄弱。而近年随着自动化、智能化制造的广泛应用，国外相关技术已比较成熟，向着这个方向发展是必然趋势。因此，价值 1 的能力体现是个阶段过程，可分为 4 个能力阶段：

能力 1：不成熟阶段（沿用其他行业的制造方法）。

能力2：人工阶段（建立了自身的制造理论，但制造手段以人工操作为主）。

能力3：自动化阶段（制造理论完善，制造手段进入自动化阶段）。

能力4：智能化阶段（制造理论得到发展，制造手段实现智能化）。

价值2自主性强调基础理论研究和研究方法的科学性。目前国内航空系统集成行业不论是技术还是管理相关理论、方法、标准等均是空白，尚无专门的理论专著和技术规范，因此体系建设中应加强和突出这方面的价值权重。从能力分级上可划分为：

能力1：基础级（建立了基本理论，制定了核心规范）。

能力2：提升级（完善了理论体系，制定了标准规范体系框架）。

能力3：完善级（理论体系成熟，标准规范体系建立且适用性得到验证）。

能力4：成熟级（理论体系成熟，标准规范体系得到优化）。

价值3独特性，航空系统集成业与传统的机械加工行业和电子行业从产业模式、技术形态到术语概念等均有不同程度的差异，独特性能力可从以下几个要素体现。

能力1：行业标准规范建立。

能力2：行业制造模式完善。

能力3：产业链建立。

价值4完备性，产品全寿命周期内工艺体系作用的体现，包括概念原型、研发、设计、试制、小批、装备、批量、维护、退役等阶段，工艺能力的提出应从涵盖的广度和深度两方面考虑，具体可分为：

能力1：基本级（广度和深度涵盖率不超过30%）。

能力2：进阶级（广度和深度涵盖率超过50%）。

能力3：完备级（广度和深度涵盖率超过90%）。

通过第（1）步和第（2）步的分解及定义，建立了如图5-1所示的体系层次结构。

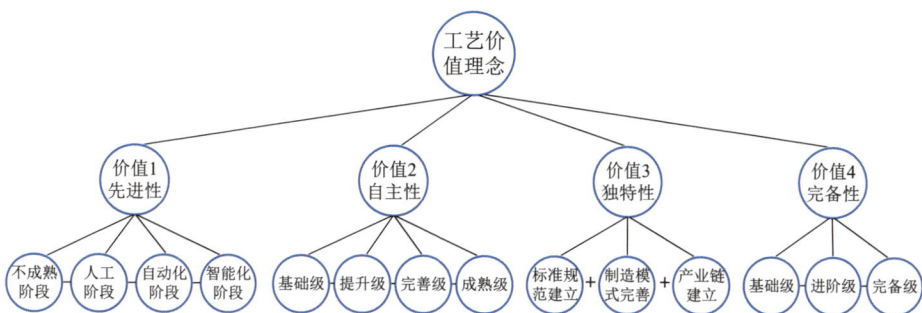

图5-1 能力层次建立过程示例

（3）技术群（子系统）的建立。

从生产要素的六大要素"人、机、料、法、环、测"方面选择和确定技术、管理与研究项目。

技术群（子系统）是一个开放系统，需要不定期对其进行综合评价，及时纳入新方法、新技术、新思想作为体系发展的支撑，同时要淘汰已过时、落后的、不适用的技术、方法和制度等。

同时要及时对纳入技术群的通用、重要和关键技术、项目进行成熟度评估，作为能否支撑能力要素，支撑哪个能力要素的判断依据。

（4）系统及系统组的生成。

系统组的组成与技术群的建立及成熟度评估相关，并通过能力评估对不同价值能力进行组合，依据体系发展规划和目标可构造数个系统。

在此作为示例构建 3 个系统，如图 5-2 所示和表 5-1 所列。

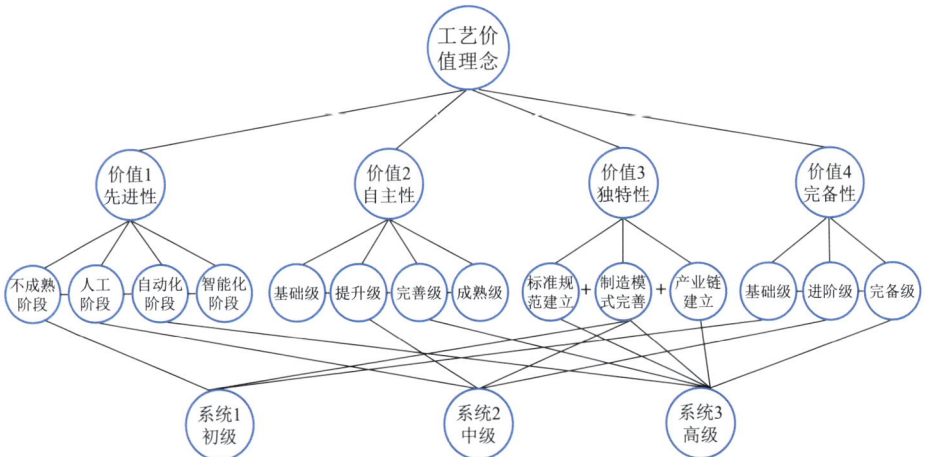

图 5-2　动态系统组体系结构示例

表 5-1　动态系统组及其说明

系统名称	价值 1 的能力要素	价值 2 的能力要素	价值 3 的能力要素	价值 4 的能力要素	说明
系统 1 初级系统	能力 1 不成熟阶段	/	能力 2 制造模式	能力 1 基础级	价值 2 自主性缺失，应重点开展基础理论研究和核心标准的制定
系统 2 中级系统	能力 2 人工阶段	能力 2 提升级	能力 2 制造模式	能力 2 进阶级	制造基础理论和行业标准体系建立，行业制造模式建立，工艺作用覆盖产品寿命周期内关键阶段。发展建议：全面开展系统体系建设，关注工艺的持续作用和效果

（续表）

系统名称	价值1的能力要素	价值2的能力要素	价值3的能力要素	价值4的能力要素	说明
系统3 高级系统	能力3 自动化阶段	能力3 完善级	能力1 标准规范、 能力2 制造模式、 能力3 产业链	能力3 完备级	系统基本成熟。 发展建议：重点开展智能化制造领域相关技术研究、标准制定，优化产业链和制造流程

2. 工艺体系的过程要点

航空系统集成工艺体系的生成除了上述4个主要步骤，还涉及3个评估过程，分别如下。

过程1（技术评估），技术成熟度评价。

过程1是在技术群（子系统）建立后，对关键技术（能够决定能力水平和阶段的技术）和通用技术进行成熟度评估，技术成熟度的评估决定了其是否能够对某项能力要素给予支撑，以及技术风险程度。若其成熟度过低，则说明其风险较高，技术尚不成熟，还需要进一步研究。

过程2（能力评估），系统成熟度评估。

将单个能力看作一个技术集成系统，使用系统成熟度评估的手段进行分析评价，同时与其他能力成熟度进行综合比较，对于体系能力的平衡发展具有积极意义。

过程3（系统的价值满足度），体系成熟度评价。

将能力成熟度进行综合计算，分析系统对于价值理念的满足程度，对于系统的发展规划和发展前景给出展望。

虽然成熟度理论在国外已经得到充分广泛的研究和应用，近年来我国在相关行业和某些工程项目中也尝试引入成熟度概念，但就具体应用而言，成熟度理论和评价方法只是给出了理论和方法层面上的介绍，针对具体案例及应用策略还需开展适应性研究。

5.2 工艺体系工程中的成熟度理论

我国航空领域正经历向着自主创新模式的剧烈转型，大量高新技术和颠覆性理念的广泛应用促进了航空装备的高速发展，但也带来了大量的不可预见性，技术风险已成为制约航空装备发展的关键因素之一。虽然技术成熟度评价方法自 20 世纪 70 年代提出以来，已成功应用于西方各国装备研制项目关键技术的评价，是促进技术成熟、确保装备研制质量、支持里程碑决策以及实现技术有效的重要工具之一，但是技术成熟度评价方法对于我国装备研制项目来说是一项"舶来品"，其科学本源和技术理念的适用性、与其他研制体系的融合性等还需要全面、深入的研究。

其次随着科技的不断进步，传统的系统工程逐渐转向以复杂系统为对象的体系工程。技术成熟度评价方法论经过 40 多年的发展也已逐渐由单项技术的评价转向系统的技术完备性评价，面对武器装备日益复杂和体系化的趋势，必将演进为可有效应对体系的方法论。因此，在此双重背景下探讨研究成熟度理论及其应用方法具有重要意义。

航空系统集成工艺体系成熟度评估的基础是技术成熟度（technology readiness level，TRL）、集成成熟度（integration readiness level，IRL）和系统成熟度（system readiness level，SRL），本节对相关相关概念进行介绍，并研究现有理论在工艺体系评价中的适用性问题。

5.2.1　成熟度理论的思想起源与演化

"成熟"一词在剑桥国际英语词典中的解释是：成熟意味着身体完全成长的一种状态。John Schlichter 在其 *Measure Project Management Capability* 中对成熟度的定义为：成熟度意味着一个正在完全发展的过程阶段，也意味着为什么可以成功以及如何避免常规问题的理解和可见性。

成熟度思想起源于著名的质量管理大师 Philip B. Crosby，其在 1979 年所著的 *Quality Is Free：The Art of Marketing Quality Certain* 一书中提出了著名的质量成熟度方格理论。借鉴病人康复的过程，Philip B. Crosby 首次将一个企业的质量管理水平阶段化：不确定期、觉醒期、启蒙期、智慧期、确定期，成熟度方格描述了一个企业的质量管理从不成熟走向成熟的一个过程。在 Philip B. Crosby 成熟度方格理论提出以后，Watts Humphrey 将成熟度框架带到了卡内基–梅隆大学软件工程研究所（SEI）并增加了成熟度等级的概念，发展成软件能力成熟度模型（CMM）。

技术成熟度的概念起源于美国航空航天局（national aeronautics and space administration，NASA），技术成熟度（technology readiness levels，TRL），又称为技术完备等级、技术准备度、技术就绪水平，指单项技术或技术系统在研发过程所达到的一般性可用程度，是人们在大量工程实践中，对技术发展过程和成熟规律认识不断深化的基础上产生和发展起来的，从理论上来说，技术的成熟和发展都遵循相似的成熟规律，其规律可用图 5-3 表示。

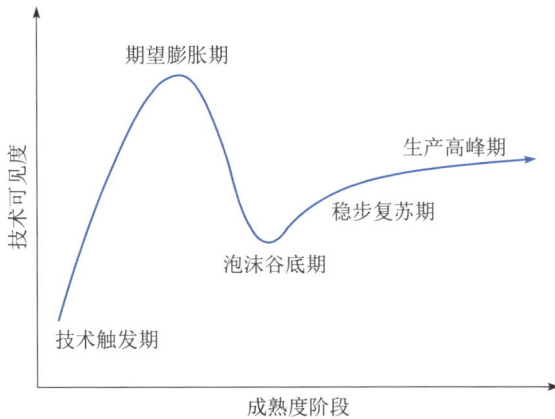

图 5-3　技术成熟度曲线

　　早在阿波罗登月项目中，美国航空航天局（NASA）就关注日益增加的预算成本和项目拖延对项目与工程的重大影响。1969 年，NASA 产生了要准确阐述未来空间系统应用新技术状态的观点，这是开发项目技术成熟度的雏形，在这种背景下，飞行就绪评审（flight readiness review）与技术就绪评审（technology readiness review）结合起来，1974 年，NASA 专家 Sadin 首先提出了技术成熟度的概念，建立了 7 级的"技术就绪水平"体系。20 世纪 70 年代中期，NASA 引入技术就绪水平评估新技术的成熟度。20 世纪 70 年代末，NASA 产生了最早度量技术成熟度的标准——技术就绪水平（TRLs）。随后在 20 世纪 90 年代，美国许多武器型号的研制过程出现经费严重超支、研制工期严重延误，甚至中途下马的问题。1999 年美国审计署（GAO）在对大量成功的项目和出现严重问题的项目进行分析后，认为一些重要技术尚未成熟到一定程度就进入工程研制阶段是导致项目出现严重问题的重要原因。经统计：采用欠成熟技术项目的研发成本平均要超支 34.9%，而采用成熟技术项目的研发成本平均超支只有 4.8%。为此，GAO 建议国防部对重大国防采办项目在项目研制的关键节点要对其关键技术进行技术成熟度评价，避免不够成熟的关键技术转入下一阶段，从而达到控制风险的目的。后来，NASA 的 TRL 广泛应用于美国、英国等发达国家国防采办或大企业项目技术成熟度评价。2001 年美国国防部下令在重大项目的国防采办中使用技术成熟度评价，并制定严格的评估流程与指导原则，作为转阶段的重要要求。

　　2002 年发表的 *Approaches to Strategic Research and Technology（R&T）Analysis and Road Mapping* 中首次尝试通过 TRL 等级为评价成熟度难度建立了一套

索引与方法论，提出一种中立规则的、定量的衡量相关技术难度的综合技术指数（integrated technology index，ITI），并形成集成技术分析方法论（integrated technology analysis methodology，ITAM）。2005—2006 年间，标准版本的 TRL 体系已在包括英国、法国和日本等全球范围内获得认可。经过 30 年的研究、应用和发展，技术成熟度评价方法在西方发达国家已渐趋成熟，成熟度的概念也开始渗透到社会发展的各个领域，衍生出系列的成熟度概念，如企业成熟度、职业成熟度、流程成熟度、研发能力成熟度、项目管理成熟度、产品成熟度、技术成熟度等。在管理与控制重大武器和航天项目的技术风险方面，美国国防部、美国航空航天局、美国审计署、美国能源局和欧空局等机构，已经广泛开展技术成熟度评价工作，并取得了良好效果。

对技术成熟度评价理论与方法的研究因国家、时期的不同而略有差异，其发展演进情况如图 5-4 所示。

美国航空航天局（NASA）与美国国防部（DoD）做了大量的工作，但早期大部分工作集中于与 TRL 等级相关的风险与费用问题，对与技术集成相关的问题关注较少。其他国家军方以美军 TRL 评价理论为基础，也开发出了一些技术成熟度评价体系，如英国国防部于 2005 年为了使技术能够成功地嵌入武器系统，他们开发了技术嵌入度量标准（TIM），包括技术就绪水平、系统（集成）就绪水平、集成成熟度水平等 3 个方面内容，并基于系统工程的各个阶段与国防部政策，将每个度量与系统工程实践相关联。加拿大国防部在 2006 年将其他技术成熟度测量方法进行总结、整理、综合，开发出综合评价体系——技术成熟度水平体系（technology maturity level system，TML System），并将其应用于加拿大国防部系统与设备采办的管理系统——国防管理系统中。每一级的技术成熟度水平包含跨其他技术成熟度评价系统的综合衡量指标，共分为 3 个子域：技术域（TRL）；规划域，包括接口成熟度水平（IML）、设计成熟度水平（DML）、系统就绪水平（SRL）；制造域（MRL）。只有在每个子域的衡量标准都满足的情况下才能确定相应等级的技术成熟度水（TML）。

技术成熟度另一个具有开创性研究是针对系统集成时的技术成熟度评价问题而进行的。如 2004 年 Valerdi 和 Kohl 关注于某项技术在引入系统时，其成熟度对系统研制成功性的影响。2005 年 Shenhar 等研究在开发项目管理框架中如何将 TRL 与项目风险、技术不确定性关联起来，并给出了一个静态的解决方法。Brian Sauser 等认为 TRL 等级在评估单一技术的成熟度方面应用得很成功，但在技术应用日益广泛、技术系统复杂的今天，评价角度从单一技术向整个系统范畴转变，这个技术系统包含了多种技术之间的相互作用，因而提出了系统就绪水平（SRL）的概念，它既包含了当前 TRL 的内容，也引入了集成就绪水平

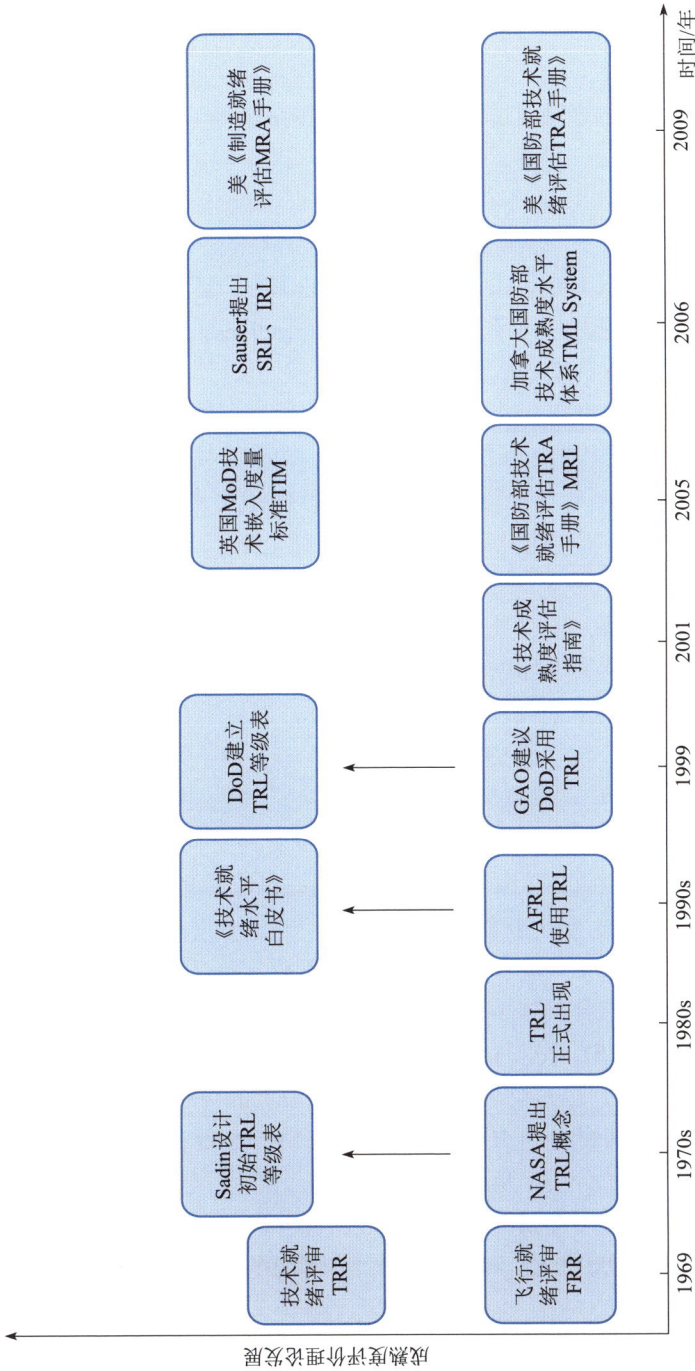

图5-4　技术成熟度评价理论及方法发展情况

（IRL）的概念，用以动态计算 SRL。Windy Joy Springs Majumdar 在 2007 年研究了体系（SoS）和系统族（FoS）的定义、互操作性程度和水平、体系技术就绪评价的需求和指南等，并给出了体系采办策略以支持项目集成和体系工程活动。

发展至今，技术成熟度除了在技术纵深方面取得了较多成果，在横向应用的广度上也发展迅速，已有许多分支分别从不同角度评价项目技术成熟度，包括设计就绪水平（design readiness levels）、材料就绪水平（material readiness levels）、制造就绪水平（manufacturing readiness levels）、生物医学技术就绪水平（biomedical technology readiness levels，BTRLs）、集成就绪水平（integration readiness levels）、能力就绪水平（capability readiness levels）、商业就绪水平（business readiness levels）等。

国内从 20 世纪 90 年代末开始重视技术成熟度评价的研究。1991 年马驰在《评价新兴清洁煤技术的指标体系与方法》一文中将技术成熟度作为清洁煤技术的指标之一。1994 年李敬东等在废物最小化评价中引入技术成熟度指数、技术成熟度值和技术成熟度指标值的概念。张玉杰于 1999 年指出技术成熟度是企业技术预警的主要监测指标之一。2008 年朱毅麟对技术与技术成熟度的含义及其两者的关系进行了分析和研究。从总体上来看，2007 年之后，国内关于技术成熟度的研究开始增多，并于 2009 年 6 月实施了国家标准《科学技术研究项目评价通则》（GB/T 22900—2009），为科学技术研究项目的投入产出效率评价提供了科学规范的方法，2018 年发布了《新材料技术成熟度等级划分及定义》（GB/T 37264）标准。

同时，技术成熟度也引起了我国总装、国防科工局、航天等机构的重视，国防部总装备部经过近 10 年的研究，已完成我国军标的 TRL 评价方法系列标准，包括《技术成熟度评价指南》（GJB/Z 173）、《装备技术成熟度等级划分及定义》（GJB 7688）、《装备技术成熟度评价程序》（GJB 7689）等标准。中国航天科技集团在结合具体项目实践中，借鉴美国空军研究实验室的相关成果，对某项目的每一级 TRL 都进行了详细的定义，并开发了对应的评价工具《Hyper TRL 辅助评价工具》，也是国内首个关于这一领域的评估工具，并发布《航天型号产品工艺成熟度的分析方法》（Q/QJA 61—2010），对航天型号产品工艺成熟度的等级进行了分类，从高到低划分为 4 个等级，并给出了模型分析方法及等级评定方法。虽然在某些领域已开展研究并取得了初步的成果，但总体来看我国技术成熟度研究仍处于起步阶段，许多问题还有待进一步探索和实践。

5.2.2　成熟度模型基本原理

一般来讲，技术研发的终极目标通常是在产品上成功实现应用，需要经过原理发现、应用预设、概念提出与验证、设计、集成、试制、试验、生产、使用、保障等一个漫长的过程，这也是一个知识形成、学习、积累的过程。在系统规划阶段，需要预知系统研发所需的知识；在研发、试验与评价阶段，需要熟练掌握这些知识；在产品采购或生产阶段，需要对这些知识进行实践。在系统工程之初，学习工作量是最大的，随着产品的交付，工作量逐渐减小，如图 5-5 所示。

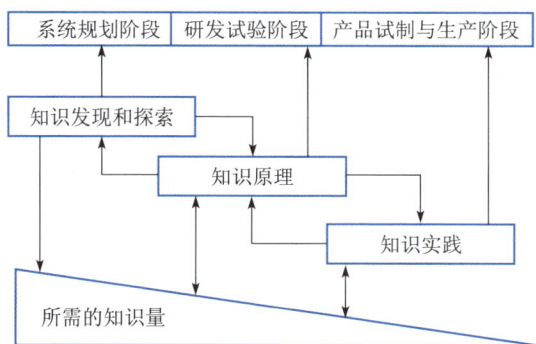

图 5-5　系统产品开发过程中的知识过程

如何以定性或定量的方式准确界定技术在某一特定时间点的发展状态，如何判定其对于最终目标系统的满足程度，是项目经理/产品研发人员切实需要解决的问题。NASA 的科学家 Sadin 率先以技术成熟度等级模型为例提供了一个量化定性评价技术状态的模型，将技术从其萌芽状态开始一直到满足某项特定产品需求整个过程，划分为 9 个过程点。每个过程点均以定性语言描述技术的当前状态，形成技术成熟度等级模型（图 5-6），其核心理念在于"信息显性化、知识结构化、过程流程化、评价定量化"，是对技术/产品开发所需知识的掌握程度的量化定性评价，具体等级定义如表 5-2 所列。

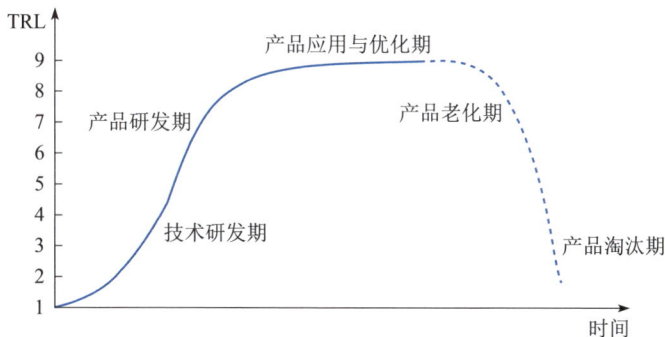

图 5-6　产品生命周期内的 TRL 概念模型原理图

表 5-2　TRL 等级定义

等级	定义
TRL1	观察到基本原理或看到了基本原理的报道
TRL2	提出了将基本原理应用于系统中的设想
TRL3	通过分析和试验对关键功能和特性进行了概念证明
TRL4	原理样件通过了实验室环境验证
TRL5	演示样机通过了模拟使用环境验证
TRL6	系统/分系统的原型样机通过了模拟使用环境验证
TRL7	系统的工程样机通过了典型使用环境验证
TRL8	实际系统完成，通过测试和演示验证了系统"飞行合格"
TRL9	实际系统通过多次成功执行任务得到验证

　　成熟度模型源于软件工程领域，用于衡量软件开发实践的成熟度。随着航空装备系统工程理论的发展，成熟度模型已广泛应用于航空装备系统工程活动中，涵盖项目管理、科学研究、技术研发、试制测试、试验与评价、集成制造、生产部署、使用保障等多个方面，常见的模型已经发展到几十种。

　　基于技术成熟度等级模型的普适性原理，航空装备形成了以技术成熟度等级为核心的成熟度模型体系。同时，成熟度等级模型与系统工程关系密切（图 5-7）。系统工程过程中要面临科学研究、技术研发、制造/生产、维护保障、系统集成等诸多内容，也需要一系列的成熟度模型来实现技术的量化管理，技术成熟度模型只是系统工程过程中的一个方面；反过来，在技术成熟度模型中，技术的发展过程（TRL 1 ~ TRL 9）

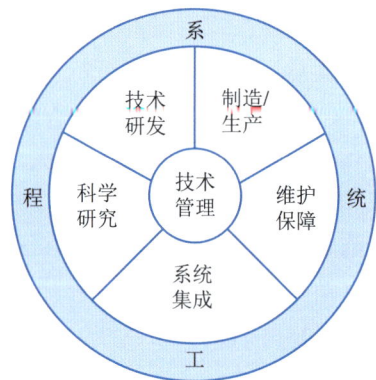

图 5-7　系统工程中的技术管理活动

也蕴含着一个系统工程过程，包含一个对用户需求进行分解和定义的"向下"过程，以及一个对形成的概念方案的综合与验证的"向上"过程。因此，系统工程与技术成熟度是密不可分、相辅相成的。

　　单项技术的成熟过程暗含着系统工程过程的同时，成熟度与系统工程过程也交相辉映，以美国国防采办为代表的系统工程实践中，成熟度评价点与系统工程过程的关键评审点重合，但系统工程评审点更丰富完整，如图 5-8 所示。

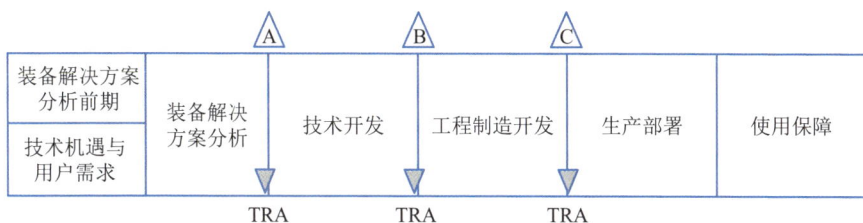

图 5-8　系统工程中的成熟度评价时机

就航空装备研制的"四个一代"整体战略来说，技术成熟度覆盖了其全部内容，大致有如下对应关系："探索一代"对应于 TRL 1~TRL 4 级；"预研一代"对应于 TRL 3~TRL 5 级；"研制一代"对应于 TRL 6~TRL 7 级；"生产改进一代"对应于 TRL 8~TRL 9 级。技术成熟度与技术可行性也存在一定的对应关系：TRL 1~TRL 3 级对该技术在科学意义上的可行性进行演示；TRL 4~TRL 6 级对该技术在工程意义上的可行性进行演示；TRL 7~TRL 8 级对该技术在使用意义上的可行性进行演示；TRL 9 级对该技术符合任务要求进行演示。

5.2.3　技术成熟度

技术成熟度是指技术相对于某个具体系统或项目而言所处的发展状态，它反映了技术对于预期目标的满足程度。技术成熟度等级是指对技术成熟程度进行度量和评测的一种标准。可用于评价特定技术的成熟程度，也可判断不同技术对目标的满足程度。可以看出，技术成熟的起点是发现或者看到了可以作为关键技术发展基础的科学或者技术原理，终点是部署了采用该项关键技术的装备，并成功地执行了任务，并且技术成熟的过程基本上是围绕技术本身的配置（功能、性能、质量、工艺等）、技术在系统中的集成度（部件、单机、分系统、系统等）、技术进行演示或验证的环境（实验室环境、模拟使用环境、典型使用环境等）3 个属性的逼真度逐渐接近直至达到最终产品的过程。一方面该技术的载体从小到大、从简单到完善逐渐成熟起来，另一方面它还要逐渐与其他部件或者分系统集成，或者逐渐被其他部件或者分系统使用而成熟起来，然后这两种成熟都要在某种环境中进行验证，对于像航空等可靠性要求极高的技术更是如此。

1. 技术成熟度评价模型

从科技评价普适性原理的角度来看，技术成熟度评价（technology readiness assessment，TRA）模型包括评价组织机构、评价对象、评价标准、评价方法和评价结果等 5 个方面的要素，图 5-9 给出了 TRA 原理示意图。

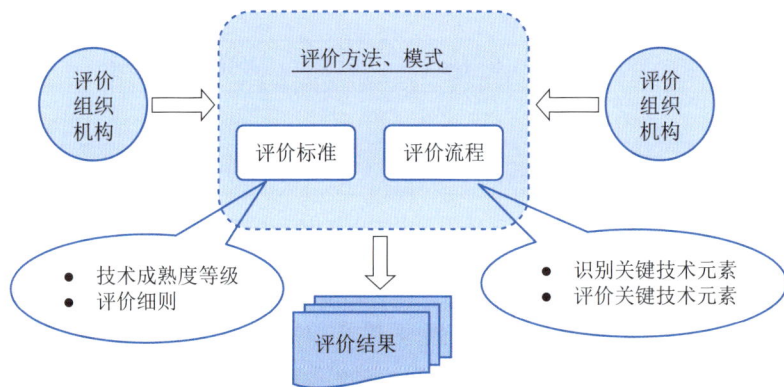

图 5-9　技术成熟度评价 TRA 模型原理图

技术成熟度评价模型中涉及技术成熟度、技术成熟度等级、技术成熟度评价、关键技术元素等 4 个核心概念，以及评价流程、评价标准等内容，作为一个完整的方法论体系，技术成熟度、技术成熟度等级和技术成熟度评价这 3 个概念又分属不同的范畴。技术成熟度解释的是技术发展的客观规律，描述的是一种必然性；技术成熟度等级是以技术成熟度为理论依据，建立了一套标准用以衡量技术发展阶段；技术成熟度评价则属于方法论范畴，通过一整套标准、流程等通用化、规范化评价工作方法、准则和程序。

技术成熟度评价模型强调的是采用客观的标准、严谨的流程来尽可能保证评价的严肃性、科学性和准确性，其最大的特点和优势就是将主观性的定性评价变成客观性的量化评价。

技术成熟度评价的对象通常是具有明确目标的预研和产品项目，特别是投资额度较大、风险较高的项目。技术成熟度评价的组织管理体系通常由决策层、管理层和实施层组成。决策层是评价工作的发起人；管理层主要负责组织工作，并对评价过程进行监督，对评价结果进行审查；实施层是评价组织机构的核心层，具体承担技术成熟度评价相关的准备和实施工作。评价工作组织机构和工作关系如图 5-10 所示。

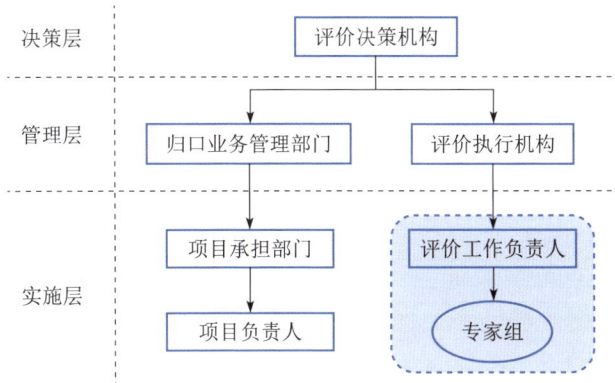

图 5-10　评价工作组织机构和工作关系

2. 技术成熟度评估方法

技术成熟度研究包括其理论、方法、过程和应用等方面的研究，但其研究的难点和重点仍然在技术成熟度的评估方法上。自 20 世纪 70 年代美国航空航天局（NASA）提出技术成熟度评估以来，目前国内外进行技术成熟度评估主要有 4 种方法：技术就绪水平（technology readiness level，TRL）方法、技术文献计量（technology biblio metrics，TBM）方法、技术专利分析（technology patent analysis，TPA）方法、技术性能测量（technology capability measure，TCM）方法。其中航空航天领域以技术就绪水平（TRL）方法为主要评估手段。

1) TRL 方法

技术就绪水平是一套度量技术成熟度的标准，其相应等级代表不同的技术成熟度。NASA 的 Stanley R. Sadin 在 1974 年最早提出了 TRL 评估方法体系，设计了最原始的 TRL 等级量表，并在木星轨道器喷气推进设计项目中首次使用了该方法进行技术就绪评估，此时的 TRL 只设定了 7 个等级。而后 NASA 的 Mankins J. C. 针对大型系统工程和大型项目中技术如何取舍，以及怎样评估技术的成熟度程度，以便选取合适的技术应用于工程项目，实现节约费用、减少开支、缩短工期及减少风险，于 1995 年发表了 *Technology Readiness Levels：A White Paper*，讨论了 TRL 的应用问题，并将原有的 TRL 等级划分从 7 级深化为 9 级，且对每级 TRL 进行了详细说明，从而 TRL 在技术成熟度评估中的应用研究也全面展开。自此以后，TRL 就把技术的成熟度用等级描述的方式进行定义，直至 2009 年，在美国颁布的新的《技术就绪评估手册》中，TRL 已经发展完善为 9 级量表, 每一级成熟度都具有明确的标准与系统指标, 它提供了一种解释特定技术成熟度的客观方法, 目的是简要而清晰地表达开发状态与技术风险, 如表 5-3 所列。

表 5-3　TRL 等级定义

TRL	硬件定义	软件定义
1	基本原理得到观察与报告	基本原理得到观察与报告
2	技术概念与应用得到详细阐述	技术概念与应用得到详细阐述
3	完成技术概念的关键功能与/或特征的解析和实验证明	完成技术概念的关键功能与/或特征的解析和实验证明
4	完成实验室环境下的元部件或者实验板(breadboard)验证	完成实验室环境(如软件原型开发环境)下的软件模块或分系统验证
5	完成相关环境下元部件或者实验板验证	完成相关环境下的软件模块或分系统验证
6	完成相关环境下系统/分系统模型或原型的演示验证	完成端到端(end-to-end)环境下的软件模块或分系统验证
7	完成运行环境(operational environment)下系统原型的演示验证	完成在高逼真度运行环境(operational environment)下的系统原型演示验证
8	经过实验测试与演示验证, 真实系统研究完成并证明合格	通过运行环境(operational environment)下实验测试与演示验证, 真实系统完成, 执行任务合格
9	经过成功地执行任务, 真实系统得到检验	运行能力顺利通过任务测试, 真实系统得到检验

利用 TRL 方法进行技术成熟度评估, 实际上就是评估问卷调查计算法, 是一种定性与定量相结合的方法。每一个等级由一组相应的问题组成, 这些问题构成了技术达到这一成熟度等级的衡量标准。该方法的关键是恰当地编制问卷的问题, 使之能充分反映相应成熟度等级的特征, 由于这项评估通过对一系列选择题来完成, 因此选择题数量以及质量测定对评估的准确性影响较大。另外, 聘请的专家的专业技术水平、对相关领域的了解程度, 以及评估时的态度都对这个方法有一定的影响。

为了便于技术成熟度评估的进行, 早在 2003 年, 美国空军研究实验室 (air force research laboratory, AFRL) 的 William Nolte 就开发了第一个 TRL 计算工具 (technology readiness level calculator), 把相关问题设置在程序中, 评估人员只要拖动滑块就能对问题进行回答, 而后程序自动统计评估结果。同一时期, 中国航天科技集团在结合具体项目实践中, 借鉴美国空军研究实验室的相关成果, 对某项目的每一级 TRL 都进行了详细的定义, 并开发了对应的评估工具《Hyper TRL 辅助评价工具》，这是国内首个关于这一领域的评估工具。到 2009 年 11 月，美国国土安全部科学技术理事会的 David Mc Garvey 等在 AFRL 的 TRL 计算工具 2.2 版本基础上开发了技术就绪水平计算工具（Technology Readiness Level Calculator Ver1.1），是目前较为完善的技术成熟度评估工具。

2）TBM 方法

通常而言，技术的发展必定以一定的载体呈现出来，与之相对应的不同阶段的科技文献资料可以用来对技术的发展状况进行描述。

1917 年 F. J. 科尔和 N. B. 伊尔斯首先采用定量的方法，研究了 1543—1860 年所发表的比较解剖学文献，对有关图书和期刊文章进行统计，并按国别加以分类。1923 年 E. W. 休姆提出 "文献统计学" 一词，并解释为："通过对书面交流的统计及对其他方面的分析，以观察书面交流的过程，以及某个学科的性质和发展方向。" 1969 年文献学家 A. 普里查德提出用 "文献计量学" 代替 "文献统计学"，他把文献统计学的研究对象由期刊扩展到所有的书刊资料。自此，对文献计量学的研究越来越广泛，并将其运用到多个学科领域，包括技术成熟度评估。

技术文献计量（TBM）方法就是文献计量学在技术评估上的延伸，能够较为客观地进行技术成熟度评估。该方法通过对技术对应的文献资料进行统计分析，从而得到技术的发展规律，并完成技术当前发展状态的判断，最终获得技术的成熟度等级。

1991 年 A. L. Porter 率先利用期刊论文数与工作会议论文数之比来确定技术成熟度。但不久研究人员就发现，这样的分析太过宽泛，并不能满足要求，Benot Godin 随后在 1996 通过考察某一阶段文献关键词的变化情况，从描述技术一般特性的关键词，转向描述实施技术的材料特性、工艺特性以及系统分析特性等方面，由此判断技术开始步入成熟阶段。在不同的研究阶段，技术的描述文献是有所不同的，根据这一特性，Martino 和 Tugrul U. Daim 于 2003 年、2005 年分别画出了关注技术在不同时期文献数量的变化曲线，推知技术达到成熟的大致时间。简单的数量统计方法能够从宏观上判断技术的成熟期，但要提供更加详细的信息就变得有些力不从心了，从而，研究人员将聚类算法引入到了该领域。2008 年 Barry L. Britt 提出利用向量空间信息检索模型对描述技术的相似文献进行分层聚类，由此得到技术成熟度的不同等级，该方法的提出使人们看到了文献计量方法在技术成熟度评估上具有完全的可行性。

国内利用文献计量学方法评价技术成熟度的研究较少，比较典型的是王吉武等在 2008 年利用技术文献资料，从技术成熟度、技术机会和技术地位 3 个角度综合分析新兴技术商业化潜力的客观评价框架，并提出根据文献数量运用 Fisher-Pry 模型来拟合技术的发展趋势，从而对技术成熟度进行判断。随后的研究大多是介绍国外的相关研究情况，并没有在方法和技术上出现重大创新。

3) TPA 方法

技术专利分析方法与 TRIZ 理论紧密相连，TRIZ 理论根据技术生命周期理论，把技术的发展分为萌芽期、成长期、成熟期、衰退期 4 个阶段。较早将专利分析用于技术成熟度评估的是 TRIZ 理论的提出者 Altshuller 在 1984 年通过对大量专利分析发现，产品的进化规律满足生物进化模式的 S 曲线，将技术系统进化与产品性能、专利等级、专利数量和获利能力之间的关系用于技术成熟度的预测。

1998 年 Mann 重点考察了两类特殊专利在产品技术生命周期中的分布情况，并依此判断产品技术是否过了成熟期。2004 年，侯明曦通过对 TRIZ 技术进化理论的分析，认为可以通过成本降低的专利数目等其他曲线作为标准技术成熟度预测曲线，并提出了基于产品技术成熟度预测的产品 R&D 决策。

2008 年，刘玉琴等提出基于文本挖掘技术的产品技术成熟度预测方法。引入技术新颖度度量函数量化技术的新颖程度，评价专利质量，以专利维持成本反映专利的获利情况，并结合专利数量作为预测指标，进行产品技术成熟度预测。

3. 技术成熟度评估标准

技术成熟度评价标准包括 TRL 定义描述与 TRL 评价细则。TRL 定义描述可以用于衡量技术相对于项目或系统的成熟度，TRL 评价细则是对技术成熟度各等级所包含的研制工作更为细致的划分，是对 TRL 定义中的各种内涵因素深入细致的分析，可通过逐条对照的方式判定某项技术是否达到某一级的 TRL。

技术成熟度等级 TRL 是对特定技术成熟程度进行度量和评测的一种标准和尺度，是对"技术相对于项目预期目标的满足程度"的一种度量标准，可用于评估特定技术的成熟度以及不同类型技术的成熟度之间的比较。TRL 的主要功能在于评判特定技术的当前状态，可作为一种辅助的风险管理工具，也是管理人员与技术人员之间的交流工具。

TRL 划分开始于科学理论，结束于工程制造，展现了科学技术在其发展成熟过程中的变化本质。目前得到广泛使用的是 DoD 等多个部门采用的通用 TRL 定义体系，此定义体系包括定义和描述两个特点，包含 3 个体系要素，即 TRL 标号、定义、描述，如表 5-4 所列。

表 5-4　TRL 等级定义

等级	定义	描述
1	观察与报告基本原理	科学研究开始转变成应用研究和开发
2	详细阐述技术概念与预期用途	发明的开始
3	验证技术概念的关键功能和特征	项目研发启动
4	实验室环境下的部件或者原理机验证	基本的技术部件被综合以使之能够协同工作
5	典型环境下部件或者原理机验证	原理样机技术的逼真度显著提高
6	典型环境下系统/分系统模型或样机验证	具有代表性的模型或样机系统在典型的使用环境下完成试验
7	运行环境下系统原型机验证	样机接近或达到计划的运行系统
8	实际系统研制完成并进行试验验证	技术已被证明最终形式和在期望的条件下工作
9	实际系统使用验证	技术的实际应用以最终产品形态服役到的任务条件下完成

4. 技术成熟度评价细则

由于项目和技术都存在差异，虽然 DoD 的《技术成熟度评价手册》中阐明了等级定义和术语说明，但是并不能满足针对具体项目结合实际情况给出每级详细的评价细则需求，因此，为了更全面、准确地审视关键技术的成熟度情况，美国空军实验室（AFRL）在 2003 年从技术研发的详细过程入手，对每个等级的技术成熟度都进行了细化，形成了 TRL 评价细则，如表 5-5 所列。

表 5-5　TRL 5 评价细则

载体形式	技术分类	TRL 5：在相关环境中完成部件/原理样机验证评价
共用	技术	分析并确定本工艺技术与其他技术的交叉效应
硬件	制造	预生产硬件设备可用
共用	技术	了解系统的内外部接口要求
共用	管理	通过工作分解结构，分解系统需求
软件	技术	建立了系统软件架构
硬件	制造	确定了提升生产能力的目标
软件	技术	完成了外部接口的分析和说明
软件	技术	完成内部接口需求分析
硬件	制造	通过折中分析和实验室试验定义关键制造工艺
共用	技术	部件/子系统之间的接口是物理真实的

（续表）

载体形式	技术分类	TRL 5：在相关环境中完成部件/原理样机验证评价
硬件	制造	已完成重大的工程和设计更改
软件	技术	完成软件单个功能/模块的编码
硬件	制造	初步制造出系统的原型
硬件	制造	实验室中演示了工装及加工工具及设备
…	…	…

可以看出，技术成熟度评价细则中引入了 TRL、MRL（制造成熟度等级）、PRL（项目管理成熟度等级）3 个概念，评价细则是整个研发过程的体现，暗含技术逐步成熟的客观发展过程，除了技术载体、试验环境、逼真度等方面逐步向最终系统和应用环境靠拢，项目管理等其他方面因素在评价细则中也体现了这样的逐步成熟过程。

尽管评价细则会因研发体系和研发项目的属性不同而有所差异，但是 AFRL 的评价细则仍具有直接的指导和参考意义。

5. 技术成熟度评价流程

典型的技术成熟度评价（TRA）过程包括制订评价工作计划、识别关键技术元素（CTE）、评价关键技术元素、编写成熟度评价报告等阶段，涉及的相关职能单位有评价决策机构、归口业务管理部门、评价执行机构、项目负责人等。典型的技术成熟度评价流程如图 5-11 所示。

其中识别及评价关键技术元素（CTE）是成熟度评价的关键工作。

1）识别关键技术元素

关键技术元素（CTE）是指在规定的时间、费用范围内为完成项目设定的性能要求和人物所必需依赖的新颖技术，或在其应用的领域内在详细设计或演示验证期间存在重大技术风险的技术。项目关键技术元素的科学合理确定是确保项目成功的一项基础性工作，不仅直接影响项目的整体技术风险和项目的资源分配，而且也是对项目技术进行成熟度评估和里程碑评审的一项重要依据。

通常确定 CTE 候选清单的办法主要有以下两种。

（1）依据关键技术元素的定义确定。美军《技术就绪评估手册》（2009）中对"关键技术元素"的定义为：如果需要采办的系统依赖于某种技术元素以满足运行需求（在可接受的成本与进度约束下），或者某项技术元素本身或它的应用是新的/全新的，或者某项技术元素在系统详细设计/验证期间处在重要的技术风险领域，那么它就是关键技术元素。

| 启动评价工作，任命相关责任人 |
| 评价决策机构 |

| 制订评价工作计划 |
| 评价工作负责人，项目负责人 |

| 完成项目的技术分解 |
| 项目负责人 |

| 准备CTE评价 |
| 项目负责人 |

| 开展CTE审核并确定CTE清单 |
| 评价工作负责人 |

| 提交CTE报告 |
| 项目负责人 |

| 开展CTE评价并完成TRA报告 |
| 评价工作负责人 |

| 审核签署TRA报告 |
| 归口业务管理部门，评价执行机构 |

| 审定TRA报告是否满足要求 |
| 评价决策机构 |

判断 ——否——

| 重新评价 |
| 评价决策机构 |

是

| 签订审定书 |
| 评价决策机构 |

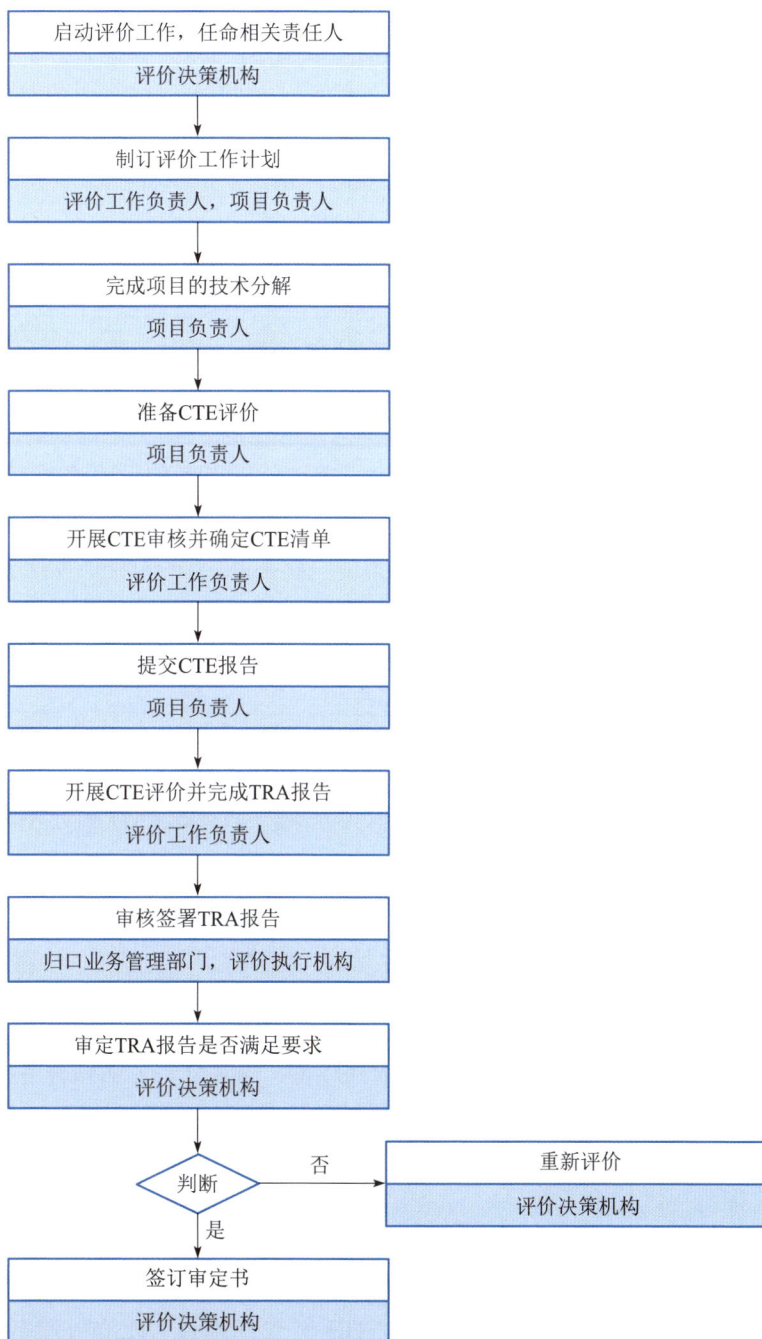

图 5-11　典型的技术成熟度评价流程

（2）依据关键准则确定。美军《技术就绪评估手册》（2009）中通过以下6个准则确定 CTE 候选清单：①该技术对作战需求、成本与项目进度是否有重大影响？②该技术是否造成主要的研制风险或演示验证风险？③该技术是新技术或者是新兴技术？④该技术是不是对成熟应用技术的修改使用？⑤该技术是否已重新设定以适用于新的相关环境？⑥是否预计该技术将在超过它原设计意图或验证能力的环境中应用或达到某项性能？只有在所有准则都通过的情况下，该技术才是 CTE，确定出的 CTE 候选清单还要经过调整才能最终确定。

但无论哪种 CTE 识别办法，其基础都建立在对项目或型号的技术分解工作上。通常使用的分解方法包括工作分解结构（WBS）、功能分解结构（FBS）、产品分解结构（PBS）和技术分解结构（TBS）等。虽然这几种技术分解方法形式不同，但是其指导思想和理念是一致的。

（1）利用系统工程思想，经过科学严谨的分析得到的重要成果反映系统的整体体系结构。

（2）显示系统的工作（功能、部/组建、技术）全景以及系统中各项工作（功能、部/组建、技术）之间的相互关系。

（3）相互之间存在关联，功能依靠技术来实现，技术载体是产品，而实现这些功能需要通过各项工作来完成。

在识别出 CTE 清单后还需要编写具体化的 TRL 定义。因为通用的 TRL 定义针对性不强，而不同行业和背景的技术项目其技术载体、试验环境、应用场景等都具有各自的特殊性，所以其 TRL 定义对于技术成熟度描述不够准确，导致 CTE 项目无法判定。故结合项目特点，在充分理解通用 TRL 概念的基础上需制定出适合本项目的 TRL 定义，并对涉及的相关术语给出说明描述。

一般而言确定具体化的 TRL 定义需遵循的原则包括以下几个。

（1）具体化的 TRL 一般分为 9 级，不建议重新修订等级，因为现有的 TRL 定义已形成较为科学和规范的通用分级概念，较容易理解和操作。

（2）定义 TRL 需要从技术载体、验证环境、逼真度等方面综合考虑。

（3）各级的 TRL 定义要能够体现项目的具体特点，便于使用人员理解和评判。

2）评价关键技术元素

CTE 的 TRL 等级是项目主要技术状态和技术风险的体现，按照科学的流程和方法对 CET 的 TRL 评价是 TRA 过程中关键的一环，直接影响评价结果。CTE 的 TRL 评价根据具体化 TRL 定义、TRL 评价细则及 CTE 的主要技术参数进行，主要流程包括初步判定、详细判定、迭代判断及评价结果说明。具体流程如图 5-12 所示。

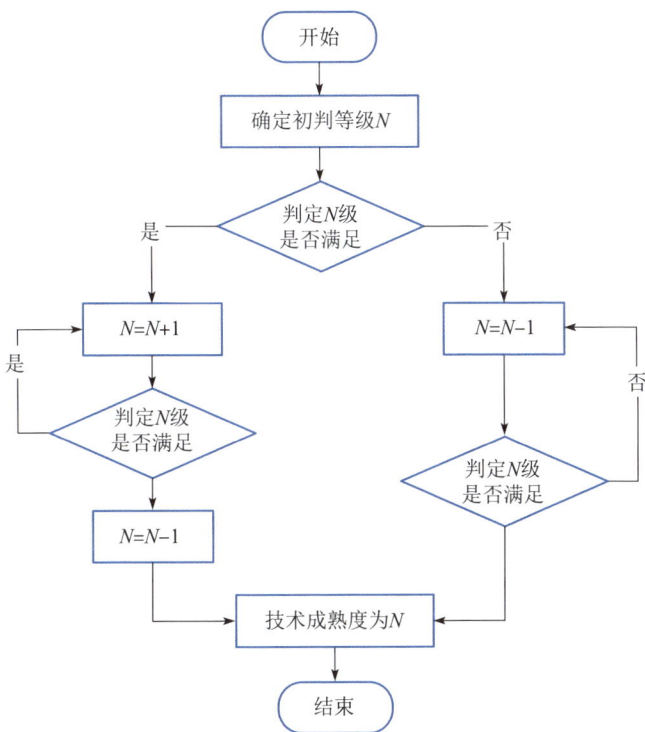

图 5-12　CTE 的 TRL 判定流程

其中确定 CTE 技术成熟度等级为第 N 级的原则如下。

（1）该 CTE 在第 N 级 TRL 对应的所有评价细则条目都按要求的数量百分比和完成程度百分比得到满足。

（2）该 CTE 在第 $N+1$ 级 TRL 对应的所有评价细则条目未能在数量百分比达到要求的满足程度。

完成所有 CTE 的 TRA 工作后需要编写技术成熟度报告。技术成熟度报告从相关的评价依据、方法、过程、清单和结果判断等方面开展编制，一般至少涵盖以下内容：评价对象的情况介绍、评价专家组的组成、识别出的 CTE 清单、具体化 TRL 定义、CTE 技术成熟度等级列表、工作建议等。

5.2.4　系统及集成成熟度

技术的成熟度水平是衡量单项技术完备程度的重要指标，但是并不能从更加综合角度体现技术系统中技术组合的整体成熟度水平。也就意味着 TRL 关注单项技术本身，单项技术的成熟不代表系统的成熟，而现实情况是技术的集成和系统的综合问题才是项目评估的主要目的。因此自 NASA 提出技术成熟度概念以来，技术成熟度的含义和应用得到了许多拓展，典型的范例就是对关键技术之间的集成关系（接口）进行了集成成熟度评价（integration readiness assessment，IRA），并以此为基础提出了系统成熟度及其评价（system readiness assessment，SRA）算法，将技术成熟度从单个技术的背景下拓展到了系统的层面。

1. 集成成熟度

斯蒂文斯理工学院的 Gove 博士首先提出了集成成熟度的概念。Gove 提出集成成熟度的动机有以下 4 个。

（1）集成成熟度提供了一个可以供各利益相关者共同理解的标准。这是集成成熟度提出的根本原因。

（2）集成成熟度可以用于评估技术之间的成熟程度。这说明了集成成熟度的首要作用在于刻画技术之间集成的完备情况。

（3）集成成熟度可以与技术成熟度结合用于系统成熟度的评估。这暗含了集成成熟度与技术成熟度的关系，说明集成成熟度可以与技术成熟度相结合以刻画系统层面的成熟度水平。

（4）集成成熟度可以用于指明改进技术之间集成关系的方向。这一动机说明通过了解当前的技术集成情况，可以指导下一步改进工作的方向。

集成成熟度也分为 9 个等级，其定义和每个等级的标准如表 5-6 所列。

表 5-6　技术成熟度与集成成熟度的定义及关系

等级	集成成熟度（IRL）	技术成熟度（TRL）
1	技术之间的接口得到确认，可用于关系展示	观察与报告基本原理
2	有一些细节可用于展示接口之间的特征	详细阐述技术概念与预期用途
3	技术之间具有可兼容性以进行有序集成和交互	验证技术概念的关键功能和特征
4	有足够的质量细节保证技术之间集成	实验室环境下的部件或者原理机验证
5	技术之间集成有足够的控制保证建立、管理和中止技术之间的集成	典型环境下部件或者原理机验证
6	集成的技术得到接受、转换	典型环境下系统/分系统模型或样机验证
7	技术之间的集成得到验证可行	运行环境下系统原型机验证
8	实际集成完成且通过系统环境中的使用测试和展示	实际系统研制完成并进行试验验证
9	通过使用验证	实际系统使用验证

2. 系统成熟度

对系统成熟度研究较为深入的是美国斯蒂文斯理工学院系统开发和成熟度实验室的 Brian Sauser 等。2006 年，在其论文《从 TRL 到 SRL：系统就绪水平概念》中提出了系统就绪水平（SRL）的概念和计算方法，支持对系统成熟度的评估。此论文分析了 TRL 在评估系统成熟度方面的不足，具体包括以下几方面。

（1）TRL 只是单项技术成熟度的量度标准，而不能用于系统成熟度评估。

（2）没有方法和途径能将所有技术的评估结果（TRL）综合起来。

（3）对于系统成熟度没有一个经过验证测试的系统性评价指标。

为了解决 TRL 不足以解决系统成熟度评估面临的问题，Brian Sauser 等提出了测量技术集成为系统时的集成成熟度测量指标 IRL，IRL 也分为 9 级，每级给出了定义和标准，并将 TRL 和 IRL 综合起来，形成了 SRL 的概念。

SRL 是应用于系统层级的成熟度度量指标，目的是将度量指标与系统工程管理原则相关联。Sauser 将系统成熟度定义为 "一个 0 和 1 之间的数，用来在系统层面以指标的形式刻画系统工程管理的原则"。

SRL 是各项技术的 TRL 以及它们之间连接关系成熟度 IRL 的函数。理解 SRL 需要先知道 TRL 和 IRL 的关系，以及如何利用它们实现由定性描述到定量评价的转化。

Brian Sauser 等以一个由 n 项通用、重要和关键技术构成的系统为例介绍了计算 SRL 的过程。

（1）对所有技术的 TRL 进行评估，形成 TRL 矩阵（向量）：其中 TRL_i 是技术 i 的技术成熟度，TRL_i 的值归一化到 0 与 1 之间。

$$\left[\,TRL\,\right]_{n\times 1} = \begin{bmatrix} TRL_1 \\ TRL_2 \\ \vdots \\ TRL_n \end{bmatrix} \tag{5-1}$$

（2）给出技术之间的集成成熟度：其中 IRL_{ij} 是技术 i 与技术 j 之间的集成，IRL_{ij} 的值归一化到 0 与 1 之间。IRL_{ii} 表示技术 i 与其自身假想的集成，其值为 1。

$$\left[\,IRL\,\right]_{n\times n} = \begin{bmatrix} IRL_{11} IRL_{12} & \cdots & IRL_{1n} \\ \vdots & & \vdots \\ IRL_{n1} IRL_{n2} & \cdots & IRL_{nn} \end{bmatrix} \tag{5-2}$$

（3）给出每一项技术集成进系统时的成熟度计算公式。SRL_i 的值介于 $(0，n)$ 之间，由于技术与其他技术的每一个集成都会计算一次，包括与其自身的集成。

$$[SRL]_{n\times1}=\begin{bmatrix}SRL_1\\SRL_2\\\vdots\\SRL_n\end{bmatrix}=[IRL]_{n\times n}\times[TRL]_{n\times1} \qquad (5-3)$$

（4）给出系统的成熟度水平 SRL：

$$SRL=\frac{\dfrac{SRL_1}{n_1}+\dfrac{SRL_2}{n_2}+\cdots+\dfrac{SRL_{n1}}{n_n}}{n} \qquad (5-4)$$

SRL 能够度量系统的成熟度，以及系统在生命开发周期中所处的阶段。并给出了不同 SRL 值对应的系统成熟度和项目开发阶段，如表 5-7 所列，可以大致进行系统成熟度水平的定性判断。

表 5-7　系统成熟度（SRL）量表

SRL	阶段水平
0.90~1.00	使用保障
0.80~0.89	批量生产
0.60~0.79	系统开发
0.40~0.59	技术开发
0.10~0.39	概念定义

但这种评估方法也存在需要改进的地方：

（1）关键技术的权重问题。现有的 SRA 算法中虽然引入了集成的概念，却没有区分各项关键技术的重要程度，有些关键技术的成熟度对系统的成熟度有着决定性影响，有些影响有限，因而其评价结果的合理性和准确度还有待商榷。

（2）系统对不同技术的成熟度要求不同。系统对不同关键技术的成熟度要求并不完全相同，并非所有的项目和系统都要求在特定阶段达到较高成熟度等级。比如在产品开发阶段依然采用 TRL 较低的技术，需要考虑的要素有预算约束、进度和组织考虑、需求的提高以及其他方面。同时客户需求等也鼓励采用那些具有前景的低成熟度技术，以期望对性能有显著提高或获得新能力。对于开发周期及预期服役时间较长的产品也倾向于采用低成熟但先进性较高的技术项目。

5.2.5 体系技术成熟度评价模型探讨

TRA 方法已经证明为解决单个复杂系统的技术状态标定的有效工具，但如第 4 章所述，系统与体系、系统工程与体系工程的差别都非常明显，因此，在针对诸如航空系统集成工艺体系这样的体系工程实施 TRA 时，无论是从评价模型、评价各环节的实际操作来看都相当不同。

1. 关于评价模型框架的考虑

从评价方法论和管理学的角度来看，如果将体系视为一项"巨大的、复杂的"系统，那么评价时机、评价组织、评价流程这几个环节都可借鉴成熟的系统 TRA 模型。而评价对象从系统变为体系，其中最值得关注的是体系的涌现性和复杂程度的大幅提高，也可以理解为体系架构变化和体系演化性特点的出现，这些变化都会引起评价标准和评价流程的变化，尤其是评价细则中针对体系中关键技术在系统中的地位和作用问题的界定，以及评价过程的逻辑关系和评价先后顺序的设置。

2. 关于体系的 TRL 定义及评价细则

TRL 定义和 TRL 评价细则是体系的 TRL 模型的前提和核心，根据国内前期开展的多个项目评价应用实践来看：

（1）借鉴已广泛应用的系统 TRL 定义的做法，通过将其中的"系统"改为"体系"形成适用于体系的 TRL 定义，在理论上是可行的，而且也是符合目前技术成熟度专业发展趋势的。

（2）关于体系的 TRL 评价细则，则从体系目标、系统架构、功能效用、标准体系等 4 个角度出发，从完整性、正确性、通用性、准确性、一致性、连通性、容量等 7 个方面构建评价细则。

3. 关于关键技术元素（CTE）的识别与评价

CTE 的识别与评价都可参照现有做法，但相对于系统的评价，仍然存在许多不同之处：

（1）CTE 识别方面，必须考虑到体系 CTE 的不确定性。通常而言，架构体系和工程成果对于识别具有互操作性的 CTE 而言是非常关键的。

①体系中 CTE 的识别在不同子系统/系统约束环境下结果肯定具有较大的差别。

②体系的应用/性能需求不易分配到独立的系统及其子系统当中。

③各子系统/系统之间的某些相互作用不可提前预测，且独立系统联合在一起时会出现降级。

④体系的功效和性能需求分配具有演化性。

（2）CTE 评价方面，对于体系的 CTE 评价较为关键和复杂。

①当被评系统属于体系一部分时，不仅要包括所有系统中满足 CTE 筛选原则的技术，还要包括那些不是系统指定 CTE 的体系级 CTE；无论哪种情况，都要考虑一个系统中的某项能力依赖于另一系统中的某项技术；

②CTE 的评价细则不仅受到体系环境的影响，更要考虑的是其支撑子系统/系统的具体约束条件；

③在选取体系的 CTE 时，要考虑所有已完成和正在进行的系统 TRA；

④某个部件中的 CTE 的环境不依赖于体系中其他任何系统时，应按照系统的 TRA 方法进行评价。

5.3　航空系统集成工艺体系评价方法研究

动态系统组体系生成方法最重要的一环在于能力分析，能力分析的基础之一则是成熟度评价。工艺体系的相关研究包括工艺系统的生成、描述、建模、评估与优化。对支持工艺系统科学化、规范化、制度化发展的各项技术进行全面的评估，衡量各项技术对于工艺系统中的能力需求的满足程度，是规划未来工艺技术发展方向、优化工艺体系结构布局、保证工艺研究持续发展的基础。因此，工艺系统的评估是装备技术体系相关研究的核心内容。

前述小节给出了成熟度评估的基本原理并回顾了其发展历程，以技术成熟度评估体系为核心发展出了各种成熟度概念用于技术评估、项目管理、风险评估、财务预算及控制等领域。针对航空系统集成工艺体系的构建方法和体系特点，科学合理地建立一套成熟度模型是体系评价的重要方式。

本节从航空系统集成工艺系统工程开展的基本需求出发，以技术成熟度评价的基本原理为依据，面向基于价值的系统工程方法，根据航空系统集成工艺系统工程管理和系统工程技术活动的实际需求，阐述航空系统集成工艺体系建立过程中的成熟度模型体系。

5.3.1　体系评价方法模型

航空系统集成工艺体系的构建和发展方法以动态系统组体系为指导，涉及的活动涵盖工艺技术研发与验证、产品工艺设计、工装研发、制造集成、供应链工艺过程控制等多个方面，每个方面的特点和评估需求都不尽相同。对于这种复杂体系的建立和发展规划，需要对涉及的活动状态进行准确评价，这就需要一系列可实现量化评价的成熟度模型。

建立模型的基础是对体系生成过程、要素逻辑关系和评价目的进行充分的理解和分析，因此从航空系统集成工艺体系构建的系统工程方法和体系模型出发，首先对体系的成熟度评估特点进行论述。

如第 4 章所述，本书提出动态系统组体系构建方法以应对航空系统集成工艺体系的建立需求，其体系基本模型如图 4-16 所示，而这种体系构建方法的理论基础则是基于价值的系统工程方法，故从基于价值的系统工程方法提出的理念来说，就体系的评估而言，动态系统组体系评估的特点包括：

（1）体系评价的实质在于系统对体系的价值满足度评估，系统之间不存在相关性，系统成熟度即当前体系的价值满足度，系统成熟度评估结果表示了体系建设的价值满足趋势。

（2）能力要素具有特定的目标、边界和环境因素，故就成熟度评估模型的建立而言，单个能力要素可看作一个系统，这样评估术语可与现有的评估概念相对应，简化了模型要素定义。

表 5-8 所列为成熟度术语对比关系。

表 5-8　成熟度术语对比关系

现有术语	动态系统组体系评估对照术语
技术成熟度	技术成熟度
集成成熟度	集成成熟度
系统成熟度	能力集成成熟度
/	系统成熟度（系统对体系的满足度）

（3）能力要素之间不存在相关性，也就避免了其之间的接口评估问题，简化了要素关系。

（4）虽然同一关键技术元素 CTE 可能支持数个能力要素，但是由于不同能力要素具有不同的目标、边界和环境因素，因此同一关键技术元素对其支持的不同能力要素成熟度可能不一致。

（5）评估体系模型中的难点和重点在于能力集成成熟度等级的具体化定义，需从能力要素所体现的价值取向、能力要素目标、能力要素边界条件和相关环境要素等方面进行考虑。

因此可以看到，虽然动态系统组体系评估方法和过程有其独特的理念和要求，但是以技术成熟度等级模型为代表的现有成熟度体系从原理上来讲还是具备普适性的。据此，本书提出航空系统集成工艺体系成熟度评价模型体系（图5-13），将各种活动分类和简化，模型体系涉及的成熟度模型包括技术成熟度评价、集成成熟度评价、能力集成成熟度评价和系统成熟度评价。

表5-9所列为成熟度评价模型体系概况。

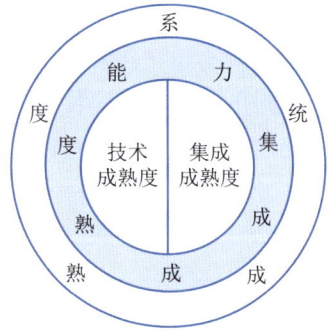

图5-13　航空系统集成工艺体系
成熟度评价模型体系

表5-9　成熟度评价模型体系概况

序号	名称	成熟度评价模型体系层次及内容
1	技术成熟度	对动态系统组体系技术群中的关键技术进行技术成熟度评估，是系统成熟度的决定性因素
2	集成成熟度	集成成熟度是能力集成成熟度评估的重要中间变量，主要用于关键技术之间的集成问题，对于系统的科学评价具有重要意义
3	能力集成成熟度	能力集成成熟度与现有的系统成熟度概念本质上一致，是基于单个能力要素定义的关键技术及其集成关系的成熟度等级评价，具有特定环境的适应性特征
4	系统成熟度	系统成熟度在动态系统组体系评估架构中其本质体现的是系统对体系的价值满足度，不同系统的成熟度量值表征的是系统的发展阶段和趋势，属于定性的表述

5.3.2　体系评估方法及流程

航空系统集成工艺体系评估模型的计算基本思路为：以能力集成为中心，将关键技术的集成体成熟度评估作为整个体系的成熟度评估核心。

这种体系评估方法的开展需对其前提进行假设和定义。

（1）体系的价值要素具有平等的地位，理论上在体系中占有同样的权重量值，但可以按照评估目的对不同价值要素的权重进行调整。

（2）关键技术元素CTE的选择和评价需要约束条件，这个条件就是能力要素，意味着关键技术元素及关键技术元素之间的集成度在不同能力要素约束下是不同的。

　　基于这种评估假设和前提条件，体系评估的计算复杂度大大降低。参考目前的技术成熟度评价和系统评估的通用方法与流程，航空系统集成工艺体系成熟度评估工作流程及方法如图 5-14 所示，具体方法实施的步骤如下。

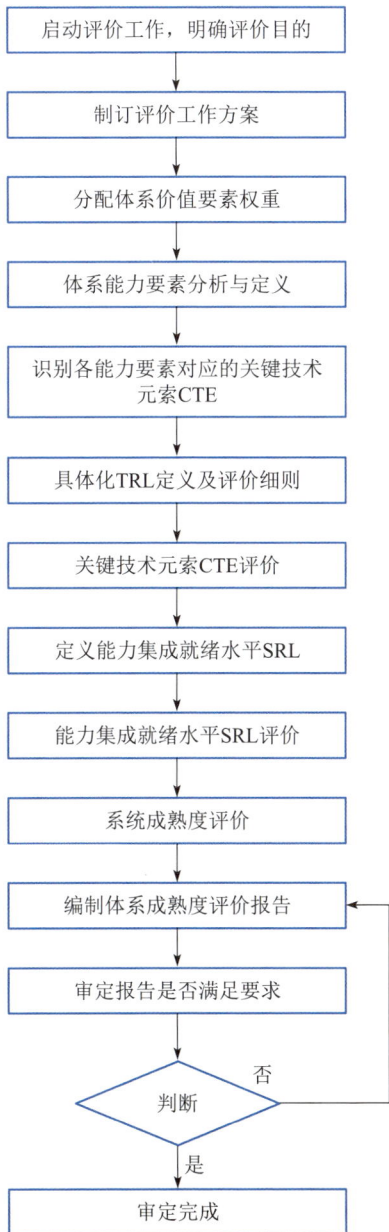

```
┌─────────────────────────────┐
│   启动评价工作，明确评价目的   │
└──────────────┬──────────────┘
               │
┌──────────────┴──────────────┐
│        制订评价工作方案        │
└──────────────┬──────────────┘
               │
┌──────────────┴──────────────┐
│       分配体系值要素权重       │
└──────────────┬──────────────┘
               │
┌──────────────┴──────────────┐
│       体系能力要素分析与定义    │
└──────────────┬──────────────┘
               │
┌──────────────┴──────────────┐
│  识别各能力要素对应的关键技术   │
│            元素CTE            │
└──────────────┬──────────────┘
               │
┌──────────────┴──────────────┐
│    具体化TRL定义及评价细则     │
└──────────────┬──────────────┘
               │
┌──────────────┴──────────────┐
│      关键技术元索CTE评价       │
└──────────────┬──────────────┘
               │
┌──────────────┴──────────────┐
│    定义能力集成就绪水平SRL     │
└──────────────┬──────────────┘
               │
┌──────────────┴──────────────┐
│   能力集成就绪水平SRL评价      │
└──────────────┬──────────────┘
               │
┌──────────────┴──────────────┐
│        系统成熟度评价          │
└──────────────┬──────────────┘
               │
┌──────────────┴──────────────┐
│     编制体系成熟度评价报告      │◄───┐
└──────────────┬──────────────┘    │
               │                   │
┌──────────────┴──────────────┐    │
│      审定报告是否满足要求      │    │
└──────────────┬──────────────┘    │
               │              否    │
            ◇ 判断 ◇───────────────┘
               │ 是
┌──────────────┴──────────────┐
│          审定完成             │
└─────────────────────────────┘
```

图 5-14　航空系统集成工艺体系成熟度评价工作流程

（1）对价值要素的权重进行分配，$0<\epsilon_i<1$，$\sum\limits_{i=1}^{n}\epsilon_i=1$。

（2）针对能力要素进行能力需求分析及能力边界定义，以确定能力发展阶段目标与相关环境要素。

（3）从技术群中识别各能力要素对应的关键技术元素 CTE。

（4）对各能力要素提出具体化 TRL 定义及评价细则。

（5）对各能力要素进行关键技术元素 CTE 评价。

（6）定义能力集成就绪水平 SRL。

（7）进行能力集成就绪水平评价［将各能力要素看作单个系统，按照传统系统成熟度评价理论和方法进行成熟度评估，得到系统就绪水平（SRL）］。

（8）将具有组合情况的能力要素计算均值，然后将集成就绪水平（SRL）计算平均值，得到系统成熟度，即系统对体系的满足度。

5.3.3　体系评估典型过程

以某航空系统集成工艺体系（图 5-15）评估过程为范例，说明评估步骤及其操作要点，图 5-15 中，能力 12 表示价值 1 的阶段；能力 21 表示价值 2 的能力要素 1；能力 22 表示价值 2 的能力要素 2；能力 3 表示支撑价值 3 的能力；能力 42 表示价值 4 的能力阶段 2；加号表示能力组合，意味着价值 2 由能力 21 和能力 22 共同支撑。

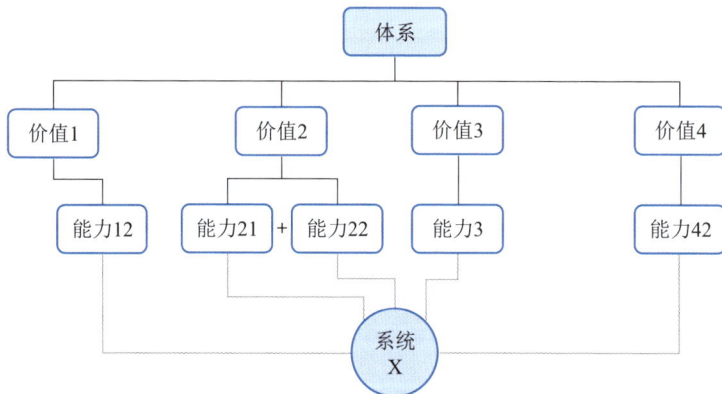

图 5-15　某典型航空系统集成工艺体系模型

1. 体系的价值分析

体系分析的实质就是分析当前体系运行系统 X 对体系的价值满足度。系统 X 具备不同的能力阶段及能力组合满足价值要素 1、2、3、4，不同的能力要素由不同的关键技术及关键技术组合支持。

体系评估的要点就在于识别出不同能力要素的关键技术，并对关键技术及关键技术集成关系形成的子系统进行成熟度评价，即能力集成就绪水平。

2. 对价值要素的权重进行分配

此体系处于航空系统集成业发展的初级阶段，由于既无参照目标又无研究基础，因此体系的构件目标以技术基础的研发和定义为主，其他各个方面配合共同发展。据此将体系价值分解为价值 1、价值 2、价值 3 和价值 4，其权重量值分配为 0.15、0.5、0.1、0.25。

3. 针对能力要素进行能力需求分析及能力边界定义，以确定能力发展阶段目标与相关环境要素

以价值 2 的支撑能力要素为例，其能力要素由能力 21 和能力 22 组成。假定价值 2 的价值分配要素为独特性，考虑到航空系统集成业与传统的机械加工行业和电子行业从产业模式、技术形态到术语概念等均有不同程度的差异，因此从行业建立的标志性特点和价值意义角度出发，确定其能力要素由能力 21（行业核心技术）和能力 22（产业链建立）两个能力要素组成。

就能力要素之能力 21 行业核心技术的能力价值边界定义来说，应从几个方面去考虑：一是与其他行业不同的设计理念、方法，其特征在于创新性，这是行业存在和发展的基础；二是概念类似但应用方法、实现手段完全具有自主创新和技术诀窍，也就是制造业常说的 Know-how，这是行业立足之本。这两点是能力要素的价值边界条件和定义要点，限定和指导关键技术元素的识别。

按照这种方法对系统 X 的支撑能力要素 12、能力 21、能力 22、能力 3、能力 42 的边界条件和定义要点进行阐述，形成能力要素的价值边界和定义表。

表 5-10 所列为系统 X 的能力要素定义。

表 5-10　系统 X 的能力要素定义

能力要素	要素定义	价值边界阐述
能力 12	—	—
能力 21	行业核心技术	①与其他行业不同的设计理念、方法，其特征在于创新性。 ②概念类似但应用方法、实现手段完全具有自主创新和技术诀窍
能力 22	产业链建立	—
能力 3	—	—
能力 42	—	—

4. 从技术群中识别各能力要素对应的关键技术元素 CTE

由于技术成熟度评价方法及其应用在国内已得到较为广泛的研究和应用，本书只阐述一般方法和注意事项。

某项技术能否成为 CTE 取决于其是否能够影响能力要素的提升及其对能力要素的成熟度是否有较大影响，故航空系统集成工艺体系能力要素与关键技术关系如图 5-16 所示。

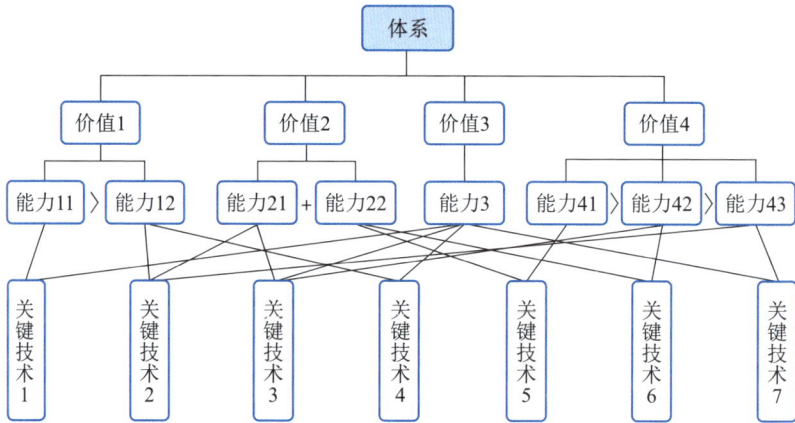

图 5-16 航空系统集成工艺体系能力要素与关键技术关系

就待评估的典型航空系统集成工艺体系而言，其关键技术元素 CTE 识别结果也就显而易见了，如图 5-17 所示，表 5-11 所列为能力要素与关键技术 CTE 的对应关系。

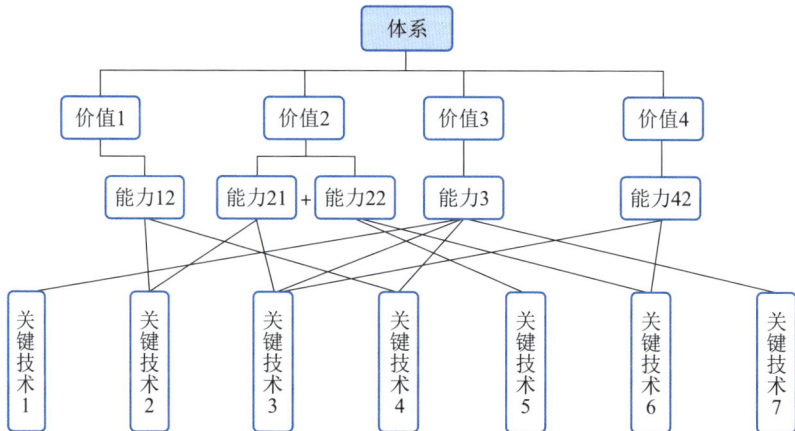

图 5-17 某典型航空系统集成工艺体系关键技术识别图

表 5-11　关键技术元素 CTE 的识别

能力要素	要素定义	价值边界阐述	关键元素 CTE
能力 12	—	—	关键技术 2 关键技术 4
能力 21	行业核心技术	①与其他行业不同的设计理念、方法，其特征在于创新性。 ②概念类似但应用方法、实现手段完全具有自主创新和技术诀窍	关键技术 2 关键技术 3
能力 22	产业链建立	—	关键技术 5 关键技术 6
能力 3	—	—	关键技术 1 关键技术 3 关键技术 4 关键技术 7
能力 42	—	—	关键技术 3 关键技术 6

5. 对各能力要素对应的关键技术元素 CTE 提出具体化 TRL 定义及评价细则

首先定义技术成熟度等级（TRL）。针对体系特点和价值目标，给出适合体系的 TRL 定义，并对涉及的相关术语给出说明。

一般而言确定具体化的 TRL 定义需遵循的原则包括以下几个。

（1）具体化的 TRL 一般分为 9 级，不建议重新修订等级，因为现有的 TRL 定义已形成较为科学和规范的通用分级概念，较容易理解和操作。

（2）定义 TRL 需要从技术载体、验证环境、逼真度等方面综合考虑。

（3）各级的 TRL 定义要能够体现体系的特点，便于理解和评判。

随后针对不同的能力要素，根据其价值边界和定义制定技术成熟度评价细则。

由于关键技术对不同能力要素支撑作用的差异性，仅使用 TRL 定义不能比较准确地判定 CTE 的技术成熟度，因此为了更全面、准确地审视 CTE 的详细情况，还需要对 TRL 进行细化，根据关键技术元素 CTE 支撑的能力要素的价值边界和定义，考虑相关要素制定 TRL 评价细则。

评价细则根据技术和配套系统的要求进行分类细化，评价细则的提出是技术从概念到应用客观发展过程的体现，有着严格和循序渐进的步骤和顺序。需要指明的是，除了技术载体、验证方法、验证环境、验证真实度等方面逐步向应用环境发展，技术管理、风险评估等其他方面的因素也应在评价细则中展现这样的变化趋势。

一般来说，在制定 CTE 的 TRL 评价细则说明时，应遵循以下原则。

（1）对应原则。将通用评价细则按照一一对应的原则逐条具体化，对于不适用的条目需给出理由说明。

（2）一致性原则。评价细则说明是根据通用评价细则制定的，二者在内容上应保持一致，但可以根据需要增加细则要求。

依据通用评价细则进行制定的能力 21 对应关键技术的评价细则，其中关键技术 2 为智能化工艺装备的设计验证技术，以 TRL 5 评价细则为例，具体如表 5-12 所列。

表 5-12　TRL 5 评价细则说明示例

载体形式	技术分类	TRL 5：在相关环境中完成部件/原理样机验证评价
共用	管理	分析并确定本技术与其他技术的交叉效应
共用	技术	了解智能化工艺装备设计技术的接口要求
软件	技术	建立的工艺装备设计技术软件架构完成了硬件初步设计
软件	技术	完成了智能化工艺装备设计技术接口分析和说明
硬件	制造	完成了智能化工艺装备设计技术的原理样机设计
软件	技术	完成了软件设计
硬件	制造	制造出了原型机
硬件	制造	完成了配套工艺装备设计、工艺设备选择
共用	方法	完成了工艺装备设计技术验证试验规划
共用	技术	进行了初步智能化工艺装备设计技术试验验证
共用	管理	明确了智能化工艺装备设计技术应用的环境要求及配套资源需求

6. 对各能力要素对应的关键技术元素 CTE 进行关键技术元素 CTE 评价

CTE 的评价根据具体化 TRL 定义、TRL 评价细则及 CTE 的主要技术参数进行。主要流程包括初步判定、详细判定、迭代判断及评价结果说明。具体流程如图 5-18 所示。

其中确定 CTE 技术成熟度等级为第 N 级的原则如下。

（1）该 CTE 在第 N 级 TRL 对应的所有评价细则条目都按要求的数量百分比和完成程度百分比得到满足。

（2）该 CTE 在第 $N+1$ 级 TRL 对应的所有评价细则条目未能在数量百分比达到要求的满足程度。

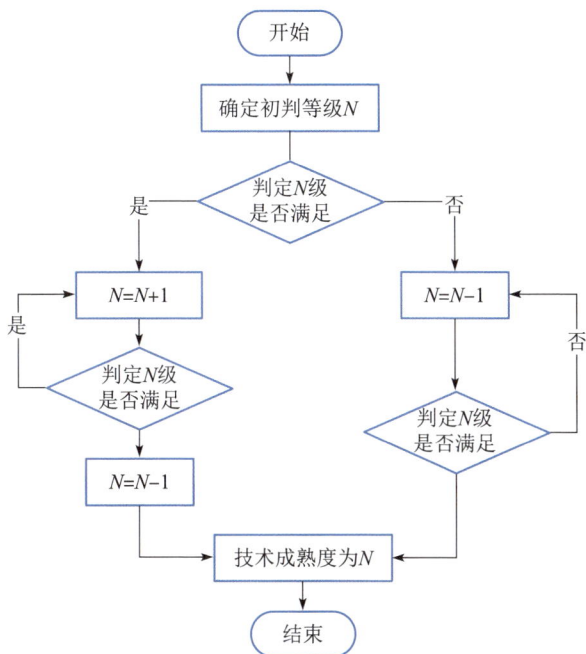

图 5-18　关键技术元素 CTE 的 TRL 判定流程

7. 定义能力集成就绪水平 CIRL

将各能力要素看作单个系统，按照传统系统成熟度评价理论和方法进行成熟度评估，得到系统就绪水平 SRL，等同于本体系成熟度概念中的 CIRL。

对系统成熟度研究较为深入的是美国斯蒂文斯理工学院系统开发和成熟度实验室的 Brian Sauser 等。2006 年，在其论文《从 TRL 到 SRL：系统就绪水平概念》中提出了系统就绪水平（SRL）的概念和计算方法，支持对系统成熟度的评估。Brian Sauser 等提出了测量技术集成为系统时的集成成熟度测量指标 IRL，IRL 也分为 9 级，每一级给出了定义和标准，并将 TRL 和 IRL 综合起来，形成了 SRL 的概念。

SRL 是应用于系统层级的成熟度度量指标，目的是将度量指标与系统工程管理原则相关联。Sauser 将系统成熟度定义为“一个 0 和 1 之间的数，用来在系统层面以指标的形式刻画系统工程管理的原则”。

SRL 是各项技术的 TRL 以及它们之间连接关系成熟度 IRL 的函数。理解 SRL 需要先知道 TRL 和 IRL 的关系，以及如何利用它们实现由定性描述到定量评价的转化。

因此，依据本体系生成模型及体系的成熟度评价框架，将每个能力元素看作一个子系统，其由关键技术元素及其集成关系构成，那么能力集成就绪水平 CIRL 的本质就是传统的系统就绪水平 SRL，定义为能够度量能力要素的成熟度，以及能力要素在体系发展中所处的阶段，表 5-13 给出了不同 CIRL 值对应的阶段。

表 5-13　能力集成就绪水平 CIRL 量表

CIRL	能力要素发展阶段
0.80~1.00	能力成熟阶段
0.60~0.79	能力发展阶段
0.40~0.59	能力开发与验证阶段
0.10~0.39	能力提出阶段

8. 进行能力集成就绪水平 CIRL 评价

从概念的本质上讲，能力集成就绪水平 CIRL 与系统就绪水平 SRL 是一致的，因此其计算过程也无差别。以一个由 n 项关键技术构成的能力要素为例介绍计算 CIRL 的过程。

（1）对所有技术的 TRL 进行评估，形成 TRL 矩阵（向量）。其中 TRL_i 是技术 i 的技术成熟度，TRL_i 的值归一化到 0 与 1 之间。

$$[TRL]_{n \times 1} = \begin{bmatrix} TRL_1 \\ TRL_2 \\ \vdots \\ TRL_n \end{bmatrix} \tag{5-5}$$

（2）给出技术之间的集成成熟度。其中 IRL_{ij} 是技术 i 与技术 j 之间的集成，IRL_{ij} 的值归一化到 0 与 1 之间。IRL_{ii} 表示技术 i 与其自身假想的集成，其值为 1。

$$[IRL]_{n \times n} = \begin{bmatrix} IRL_{11}IRL_{12} & \cdots & IRL_{1n} \\ \vdots & & \vdots \\ IRL_{n1}IRL_{n2} & \cdots & IRL_{nn} \end{bmatrix} \tag{5-6}$$

（3）给出每一项关键技术集成进系统时的成熟度计算公式。$CIRL_i$ 的值介于 $(0, n)$ 之间，由于技术与其他技术的每一个集成都会计算一次，包括与其自身的集成。

$$\left[\text{CIRL}\right]_{n\times 1} = \begin{bmatrix} \text{CIRL}_1 \\ \text{CIRL}_2 \\ \vdots \\ \text{CIRL}_n \end{bmatrix} = \left[\text{IRL}\right]_{n\times n} \times \left[\text{TRL}\right]_{n\times 1} \tag{5-7}$$

（4）给出能力集成就绪 CIRL：

$$\text{CIRL} = \frac{\dfrac{\text{CIRL}_1}{n_1} + \dfrac{\text{CIRL}_2}{n_2} + \cdots + \dfrac{\text{CIRL}_{n1}}{n_n}}{n} \tag{5-8}$$

虽然上述算法为计算 CIRL 提供了一种解决途径，但也存在着不足，在于计算 CIRL_i 和 CIRL 时以求均值的方式对二者进行了归一化，在式（5-7）中，关键技术对 CIRL_i 的贡献度被等同为 $1/n_i$；在式（5-8）中，关键技术对 CIRL 的贡献度被等同为 $1/n$，而未考虑关键技术对 CIRL_i 和 CIRL 贡献度的差异。

鉴于航空系统集成工艺体系中关键技术对能力要素的贡献度不尽相同，为提高评价算法的合理性和评价结果的准确度，将关键技术对能力要素的贡献度分析相结合，重新设计并提出了基于关键技术贡献度的 CIRA 算法。

关键技术对 CIRL 的贡献度 λ 可以通过方开泰、马长兴在《正交与均匀试验设计》中所介绍的"以价值为中心的贡献度分析方法"获得，在此不做详细介绍。关键技术 i 对 CIRL 的贡献度为 λ_i（$0 < \lambda_i \leqslant 1$，$\sum\limits_{i=1}^{n} \lambda_i = 1$），则

$$\text{CIRL} = \text{CIRL}_1 \lambda_1 + \text{CIRL}_2 \lambda_2 + \cdots + \text{CIRL}_n \lambda_n = \sum_{i=1}^{n} \text{CIRL}_i \lambda_i \tag{5-9}$$

9. 将具有组合情况的能力要素计算均值，然后将集成就绪水平 CIRL 计算平均值，得到系统成熟度，即系统对体系的满足度

由于基于价值的动态系统组体系结构与传统系统/体系结构架构及层级不同，因此需重新梳理并定义体系的成熟度评价概念。

根据动态系统组体系的结构及其相互关系，体系的成熟度评价实质即系统对体系的价值满足度，可根据以下 4 点制定评价方法。

（1）单个价值因子的能力要素级别从低到高，对价值的满足度也必然是从低到高。

（2）单个价值因子的能力要素组合对价值的满足度是能力要素成熟度的（加权）均值。

（3）系统对体系价值的满足度为其能力要素的价值满足度（加权）均值。

（4）体系成熟度是个相对数值，介于（0，1）之间。

　　由于体系成熟度评价相对简单，仅是将能力集成就绪水平 CIRL 按照上述规则制定的评价方法进行一系列算数计算，因此在此不做具体阐述。

5.3.4　展望与建议

　　复杂系统体系的技术成熟度评价的方法论目前已经形成了基本框架，并且经过了国外以未来作战系统（FCS）为典型代表的武器装备体系的实例验证，然而，要形成相对成熟的方法论体系，仍然有许多值得进一步深化研究的地方。

　　（1）评价模型和整体框架的设计。与单一的系统工程过程相比，复杂系统工程活动涉及的范围和学科更加广泛，要求更加灵活的系统工程过程和活动。针对系统的技术成熟度评价方法论已难满足需求，迫切要求发展与之相适应的技术成熟度评价技术。

　　（2）评价标准与评价流程的设计。复杂系统体系的 CTE 选择标准和评价标准决定评价方法论的核心，而系统间的涌现性问题和技术/系统的验证问题则是制约方法论成效的关键。对于以 SoS 为代表的复杂系统体系，互操作性是 SoSE 的关键目标，也是技术成熟度评价方法需要面对的关键挑战。

　　（3）评价方法与评价技术的研究。评价对象由单一的系统转变为复杂的系统体系，对关键技术元素的定义、识别、评价都提出了新的要求，迫切需要对这些进行深入研究，并通过大量的实例验证积累更为丰富和实用的经验。

6

第 6 章
工艺体系概述

　　航空系统集成工艺体系的建立和运行实施体系工程，那么从体系工程方法的角度可以认为航空系统集成工艺体系是，为满足航空系统集成业工艺价值和工艺理念的贯彻实施需求，由价值要素引导、能力要素组成、技术群给予支撑的，具有层次结构、体系特征的动态系统组。因此，本章就工艺体系工程开展涉及的系统要素进行初步的阐述和研究。

6.1　工艺文化与工艺战略

6.1.1　工艺文化及管理

　　英国学者威廉斯曾说过，"文化"一词是英语语言中最复杂的两三个词之一。"文化"一词的理解通常有广义和狭义之分。狭义的文化一般指日常生活中看得见的语言、文学、艺术等活动，而作为文化研究领域里所指的文化则是广泛意义上的大文化，国内外的学者都曾先后从各自学科的角度出发给出了多种界定与解释。

　　本书作者认为，文化是某特定群体在一定环境下，因生存和发展的需要，在适应和改造环境的过程中，逐渐形成共同价值观的群体行为模式和物质财富、精神财富等一切人化物。广义的文化是指人类在社会历史实践中所创造的物质财富与精神财富的总和。狭义的文化指社会或团体的意识形态，以及与之相适应的组织结构和制度。文化的核心内涵是价值。

事业孕育文化，文化推动事业。我国的航空工业从其诞生的那一天起，就肩负起航空报国的历史重任，引领民族工业不断发展壮大，推动国防工业不断创新图强。一代又一代的航空人牢记"航空报国"的崇高使命，饱含"航空报国"的爱国情怀，"航空报国"表达了作为国防建设和国民经济重要力量的航空工业的崇高使命和责任。"航空报国"是航空人价值观的集中体现，体现的是慷慨献身、无私奉献的崇高精神和光荣传统。"航空强国"是依据集团发展战略而提出的文化宣言。"航空强国"是航空工业集团履行社会责任的价值追求。表达了航空工业集团坚持"以人为本"的发展理念，通过不断提升企业价值，实现"惠民""强国"的目标，并积极履行社会义务，承担社会责任，为建设社会主义和谐社会做出贡献。

"航空报国、航空强国"的航空文化培养和影响了一代又一代航空人，形成了一套适应航空事业发展的组织体系、管理制度和运行机制，推出了一代又一代的各型高水平航空器及航空产品。

航空系统集成业作为我国航空业新生的技术领域和产业形态，遵循事业孕育文化、文化推动事业的基本法则，工艺文化的建立与管理是必要和必须的。工艺文化与航空文化同根同源，本质上是一致的。同时，价值作为文化的核心内涵，在不同的行业又有所不同，如保障领域价值以客户满意为主，在研发领域价值以技术理念适度超前为主，而对于航空系统集成这种新的技术领域和制造业，其价值以技术研发和产品自主可控为主，同时服从于航空总体文化理念，航空系统集成工艺价值为：**技术为本、质量优先、全域协同、路径自主**。

工艺价值的具体内涵阐述如下，工艺发展以技术探索为优先考虑要素，工艺技术的实施要经过充分论证与验证，保障产品质量的可靠与稳定；全域一方面指工艺要素作用贯穿于产品的全寿命周期，另一方指工艺要与其他体系相协同，如科研体系、质量体系、供应商控制与管理、客户服务与保障、工艺等，在突出自身价值的前提下能够与其他体系要素合力达成共同的目标。路径自主指工艺体系的构建的价值判断原则，任何要素与子系统的建立均应服从第一性原理，从本源出发使用方法论进行科学分析与设计，保证体系的可持续优化与发展。

而要将工艺价值落实于企业管理则需要开展工艺文化管理。对于文化管理国内比较典型的观点认为：是把企业管理的软要素作为企业管理的中心环节的一种现代企业管理方式。从人的心理和行为特点入手，培养企业组织的共同价值观和企业员工的共同情感，形成组织自身的文化；从组织整体的存在和发展角度，去研究和吸收各种管理方法，形成统一的管理风格；通过公司文化的培育、管理文化模式的推进，激发职工的自觉行为和内在积极性。从这个观点可以理解文化管理就是在提炼和贯彻价值观的基本原则下，通过组织架构、规章制度、文化活动等方式有形无形地去配合价值观的实施，使之深入员工的工作活动和团队精神，发挥人力资源的最大优势和效益，从而实现企业的经济和社会目标。

文化管理是企业管理的高级形态，因此航空系统集成工艺文化管理也是航空系统集成业的高级管理形式，对于航空系统集成业的发展起着重要作用，其主要功能至少包括：

（1）工艺文化管理的第一层次功能是使人力资源获得最佳配置和最合理使用，发挥最大的潜力和效用，增强航空系统集成业核心竞争能力，最终实现航空系统集成业的经济、军事及社会目标，这也是其他管理所要达到的目标，而文化管理是达到这一目标的方式和手段之一。

（2）工艺文化管理的第二层次功能是通过延续、缔造企业的共同价值观，形成全体员工共同的工艺原则和方式，激发员工工作的积极性、主动性和创造性，形成良好的沟通、协作和团队精神。

（3）工艺文化管理的第三层次功能是对第二层次功能的分解落地衍生，这种分解落地的衍生功能包含了众多方面，诸如激励功能、创新功能、教育功能、协作沟通功能等。

航空系统集成工艺文化管理与项目管理一样，具有典型的系统工程特征。根据系统的特性，使用系统工程方法可对其逐级分解，以此为依据进行组织架构、制度制定、人力政策、财务管理等方面的顶层设计。典型的工艺文化系统的分解结构如图 6-1 所示。

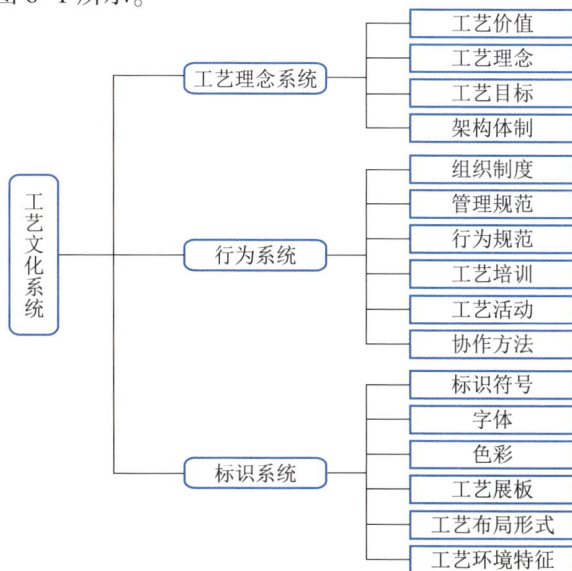

图 6-1　工艺文化系统的分解结构

6.1.2　工艺战略

理念对于政策、制度、规定等具有间接的指导作用，同时先进、正确的理念能够充分调动各种有利因素，保证事业朝着目标快速地、创新性、有效地进行，因此发展理念对发展目标能否达成具有关键作用。基于行业发展国内外现状、产业目标、专业愿景等因素，系统集成工艺技术专业的发展理念为：**价值导向、技术引导、关注需求、持久作用**。

未来是人工智能、大数据、云计算和互联网+的时代。工艺专业也将随着技术的进步，对传统工艺概念、管理方法、技术理念和手段进行再造。基于大数据和云计算技术将从工时定额的自动化制定、产品功能性能相似度的自动工艺卡生成、产品排故方案决策、产品功能测试点的识别和筛选、工艺流程的效率统计等方面给予全新的研究方向。同时工装可重组的模块化、自动化测试工装技术，其目的是避免重复的硬件建设，降低制造成本，缩短工装准备周期，减少集成测试生产用地，同时大幅提高装配生产率。从目前侧重人工测试的平台，转向智能化测试平台。研究基于计算机信息和网络技术、传感器技术，实现全方位系统化的人工智能测试系统。

故基于发展目标和未来制造技术的发展趋势，工艺专业应紧密贴合大系统集成专业发展趋势，紧盯系统集成技术，与系统设计研发等阶段形成专业互补，找准专业特点、体系化、科学化、规范化的定位专业方向。梳理出未来型号战略性、纲领性、引领性的关键技术点，形成集成工艺研究发展思路、发展方向，以点带面、串点成线、统筹专业发展实现功能互补，良性互动的协同创新发展新格局。工艺专业依托系统工程及方法论支撑，在产品实现的各个方面发挥作用，在系统集成产业各个阶段关注产品特点，从而将保证大系统集成产品的工艺设计及集成测试工作，为用户提供功能完善、性能优秀的高质量产品，最终实现产品的商业化成功。

而国内目前航空系统集成工艺专业面临的困境是：按照产品的研发流程，在各个系统设计部门和二配厂家研发技术工作的基础上，集成制造工艺部门仅完成了软件灌装和系统集成测试工艺，且工艺规程基本是沿用各设计部门原有的验收测试程序文件。一方面在专业广度上，没有将工艺管理和工艺技术作用于产品研制全流程和全产业域，在设计阶段未能考虑工艺要素，在管理方面对产品软、硬件的工艺性与关键重要工艺控制也未体现出来；另一方面在专业深度上，没有体现出作为产品工艺研究的技术特点和特色，未能体现出工艺设计技术纵深度，尚未形成系统集成制造工艺专业的技术体系、脉络、方法等。

同时，对标欧美世界级的优秀系统供应商，我国航空系统集成业还没有分析市场需求驱动的意识和用户需求导向的技术创新意识，所以目前被动式地生产集成类产品，对自身专业发展没有前瞻性和规划性；同时缺乏对系统产品的标准、规范和法规等方面的总结和提炼。另外，也缺乏系统工程方法论的指导，对系统类产品的策划、研制、集成、交付等过程的体系化制度建立，同时对配套厂及二配产品的控制也不够。所以需建设航空系统集成类产品企业标准体系，来规范各环节工作。

因此工艺专业发展路径应以产品为核心导向，大力开展技术创新、引领、融合，为了实现产业的长远发展，应建立完善系统集成专业树。要成为国际先进、国内领先的专业化系统集成商，核心技术的提出和发展是生存之路，技术体系的建立则必不可少，因此在进行常规大系统集成的过程中，建立飞机级系统集成的技术体系，明确技术方向和核心技术领域，在型号研发过程中技术体系的嵌入式作用就成为行业或专业价值的体现和发展动力。

同时航空系统集成业必须要进行战略转型，从当前大量的、繁重、常规、重复的成熟集成类产品测试工作中解放出来，转向航空系统集成产业及其工艺标准化体系研究、集成类产品工艺设计、产品工程化研究、产品工艺成熟度、产品自动化测试技术、集成柔性工装设计、大数据智能工艺决策技术研究以及集成产品的健康管理系统等技术研究、管理和流程控制工作等。

我国系统集成工艺专业的发展目标为：工艺水平向先进系统集成供应商看齐、技术发展路径能够充分调动和挖掘现有产业链能力与潜力、组织管理适应航空工业组织制度体系、建设具有自主知识产权和比较技术优势的航空系统集成工艺体系。因此，从工艺理念出发，基于行业发展趋势，在对现状反思和规划的基础上，将工艺战略总结归纳为工艺体系的发展规划，以第4章的动态系统组体系为战略制定方法，第5章的航空系统集成工艺体系生成方法为范例，得到工艺体系发展规划如图6-2所示和表6-1所列。

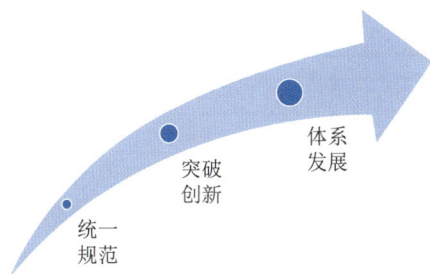

统一
规范

突破
创新

体系
发展

图6-2　工艺体系发展规划

表 6-1　工艺体系发展阶段划分及其内容

项目	体系阶段		
	统一规范	突破创新	体系发展
发展内容	工艺系统工程实施方案、工艺体系发展规划、工艺体系架构设计、工艺组织机构设置、工艺管理规定制定、产品通用规范制定、产品工艺管理方案制订、产品工艺技术预研	工艺管理规定完善和优化、产品制造通用规范制定及标准化、供应商关键工艺控制管理、工艺技术状态控制管理、产品工艺技术研发及验证、工艺装备的智能化、模块化技术、工艺成熟度评估技术、（产品）工艺管理信息化平台建设	工艺体系的优化、工艺管理系统完善和优化、产品全寿命周期的工艺规范化、集成工艺技术的形成与确认、大系统级集成能力的形成、工艺装备技术的发展

6.2　工艺简介

加工制造业的开展离不开工艺要素的作用，航空系统集成业作为一门新兴的技术密集型制造业，工艺的作用与价值潜力巨大。因此本节从航空系统集成的工艺概念说起，进而延伸至中心工艺体系的架构与组成，介绍航空系统集成工艺的实现方法并阐述航空系统集成工艺技术的一般概念。

6.2.1　工艺及工艺体系

1. 工艺

工艺在国家标准中定义为："使各种原材料、半成品成为产品的方法和过程"。可以看出，对工艺的定义强调的是使毛坯成为产品的方法（含手段、技术等）和整个过程，这里的方法和过程都是较为宏观的用词，在制造业上我们可以对其收缩定义：方法主要指加工制造方法，包括传统的车、削、抛、磨、表面处理、喷丸等，也涵盖各类新加工方式，如 3D 打印、蠕变成型等；过程则指制造过程研究和过程管理，如加工次序、夹具使用、半成品保护等。总体来说，工艺这个概念涵盖范围较广、较杂，涉及的面也较多。

据此标准定义及对其的理解，结合航空系统集成产品的集成制造特点，我们可将"航空系统集成工艺"的定义具体化为"将各种机载设备、线缆、机构等及其所附属的软、硬件，通过专用平台按照逻辑关系交联使其满足系统要求，并对其组成的系统进行应用（任务）软件灌装、系统测试及外场维护的方法和过程"。

2. 工艺体系

谈及"工艺体系"，首先要搞清楚什么是"体系"，体系与系统的区别又是什么。一般而言，系统指全面性、总结性且合乎逻辑的、庞大的、复杂的管理知识系统，常作为概念性表达，不一定有实物。我国著名学者和系统工程创始人钱学森指出："把极其复杂的研制对象称为'系统'，既由相互作用和相互依赖的若干组成部分结合成的具有特定功能的有机整体，而且这个系统本身又是它所从属的一个更大系统的组成部分。"而体系是针对某一学科或某一特定功能的全部知识，围绕主线而展开的，主题明确。可以看出，系统更偏向于强调概念、知识的集合，而体系则强调功能、主题。

故针对航空系统集成制造的工艺存在两个概念：一是"工艺系统"，强调的是有关工艺所有相关联的知识、人员、设备、制度等，即所谓的工艺六要素：人、机、料、法、环、测；二是"工艺体系"，上述所有要素按照一定结构组成以达成工艺结果、实现工艺目的的要素复合体。

因此，航空系统集成工艺体系则从其目的性和结构性的特点描述为：遵循相关国家和行业标准，按照企业预期的目的和行业特点，将航空系统集成与工艺系统所包含的子系统及要素重新组合排列构建、能够实现特定目的、有一定层次架构且相互联系、相互支撑的概念性综合体。

航空系统集成工艺体系框架如图6-3所示。

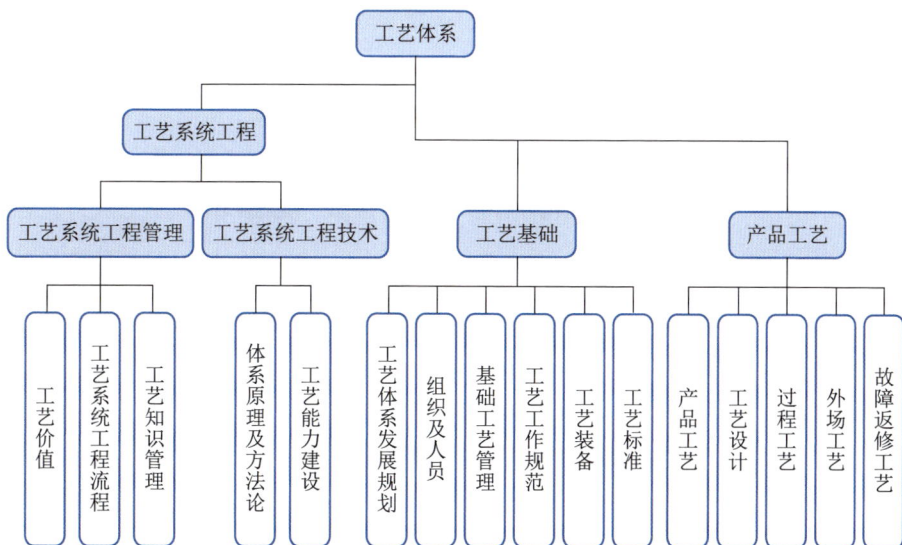

图6-3　航空系统集成工艺体系框架

6.2.2　工艺实现方法

工艺或工艺体系是产品生产制造过程中产生的概念性要素，如何实现这个概念要素则要回归到物质性要素，比如人、设备、厂房、工艺规定和文件等，也就是将体系描述、定义的概念通过实物具体化，按照一定规则和规律使其运行并发挥效能，以实现工艺或工艺体系的预期目标。

这里介绍工艺作用的主要过程及其主要工艺的实现方法，即工艺装备和设备的架构与运行。这是航空系统集成制造业的核心要素，也是航空系统集成制造区别于传统制造业的主要要素。

航空系统集成工艺过程主要环节如图 6-4 所示，工艺装备基本架构如图 6-5 所示。

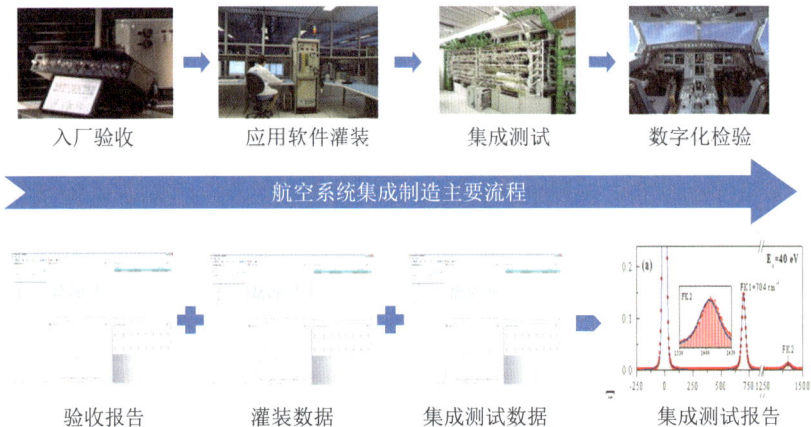

入厂验收　　　　应用软件灌装　　　　集成测试　　　　数字化检验

航空系统集成制造主要流程

验收报告　　　灌装数据　　　集成测试数据　　　　集成测试报告

图 6-4　航空系统集成工艺过程主要环节

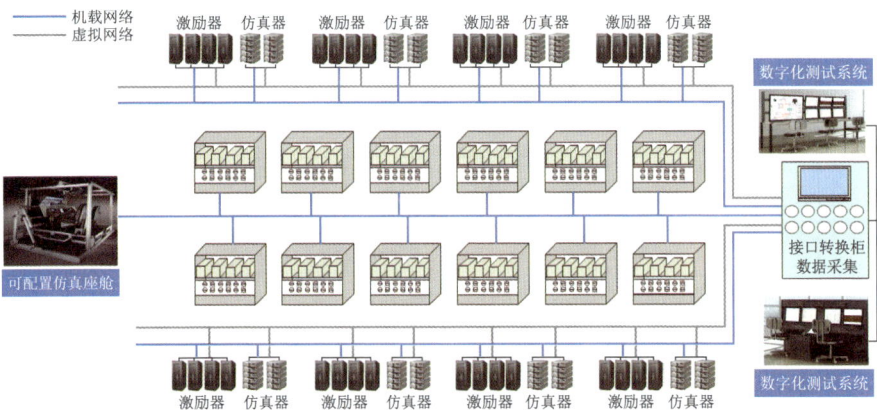

图 6-5　航空集成系统集成测试系统架构

在航空系统集成业，工艺装备分为通用工艺装备和专用工艺装备两类。

通用工艺装备是指集成测试过程中所用的各种工具总称，包括设备台架、连接电缆、电源、刀具、夹具、模具、量具、辅具、检具、工位器具等。

专用工艺装备是指专为某一产品所用的工艺设备，包括专用工艺软件、专用测试设备、专用测试平台等。

6.2.3　工艺技术

航空系统集成作为一个工程技术行业，技术过程环节包括系统集成设计、系统集成制造及工艺技术、外场保障技术等，涉及的技术领域很多，包括机载物理设备、机载软件、模拟软件、激励软件、人机工程、信号搜集与处理、检测技术、图像识别、工艺环境设计等。简单来说，从行业存在和发展的基本要素角度来看，航空系统集成业涉及的体系要素大致框架如图6-6所示。

而就工艺技术来说，从对航空系统集成工艺技术过程的归纳阐述，"基于航空系统及其设备工作原理，通过设计专用测试平台和工具，使用最优测试方法和程序，将一整套包含各种软件、硬件的航空系统集成产品进行集成，并对其功能完整性进行测试验证的过程"，可看出工艺技术主要包含两个内容：一是集成工艺技术；二是集成测试平台的设计技术。

1. 集成工艺技术研发策略

工艺技术研发的主要策略在于厘清研制各阶段对航空集成系统的测试要求，根据不同阶段的测试目的有针对性地进行工艺技术研究。

航空系统集成产品随着产品集成成熟度的提高，产品状态趋于稳定且统一，按产品制造技术发展的一般规律，在批产阶段进行产品制造工艺的工程化研究是必须的。因为生产需要快速、稳定且能够保证结果的唯一性的工艺文件，所以必须明确产品批生产测试项目，固化生产文件，固定测试用例。

产品制造工艺的工程化研究是产品进入批量制造前必须进行研究的内容，通过对产品的功能、性能分析，对产品集成过程的工艺进行工程化设计，使得批产阶段的产品能够在最优的测试项目下，保障产品的质量，节约产品集成测试成本，提高产品生产效率，缩短产品交付周期。

一般来讲，航空系统集成产品的研制阶段划分为4个阶段：C型、S型、D型和P型，分别为原型机（初样）阶段、试样机阶段、定型阶段和批产阶段。这种划分阶段与飞机总体研究阶段划分相配合，能够较好地满足飞机研制对技术状态控制和项目周期的管控，但如果需要建立和发展航空系统集成业，培养一批飞机机载大系统供应商为各类飞机提供完整的大系统级系统集成产品

产品管理人员

集成系统测试操作员

集成系统测试工艺设计员

集成系统设计员

人员

集成产品存放仓库

集成产品管理配置系统

集成测试环境布置

集成测试生产厂房

生产环境

航空系统集成产品体系要素

测试新技术应用方法

集成测试环境设计

工艺标准化方法

集成测试工艺设计技术

工艺技术

信号收集及处理装备

集成测试激励装备

集成测试模拟仿真装备

任务软件灌装设备

工艺装备

总线线缆

任务软件

底层软件

机载设备硬件

产品

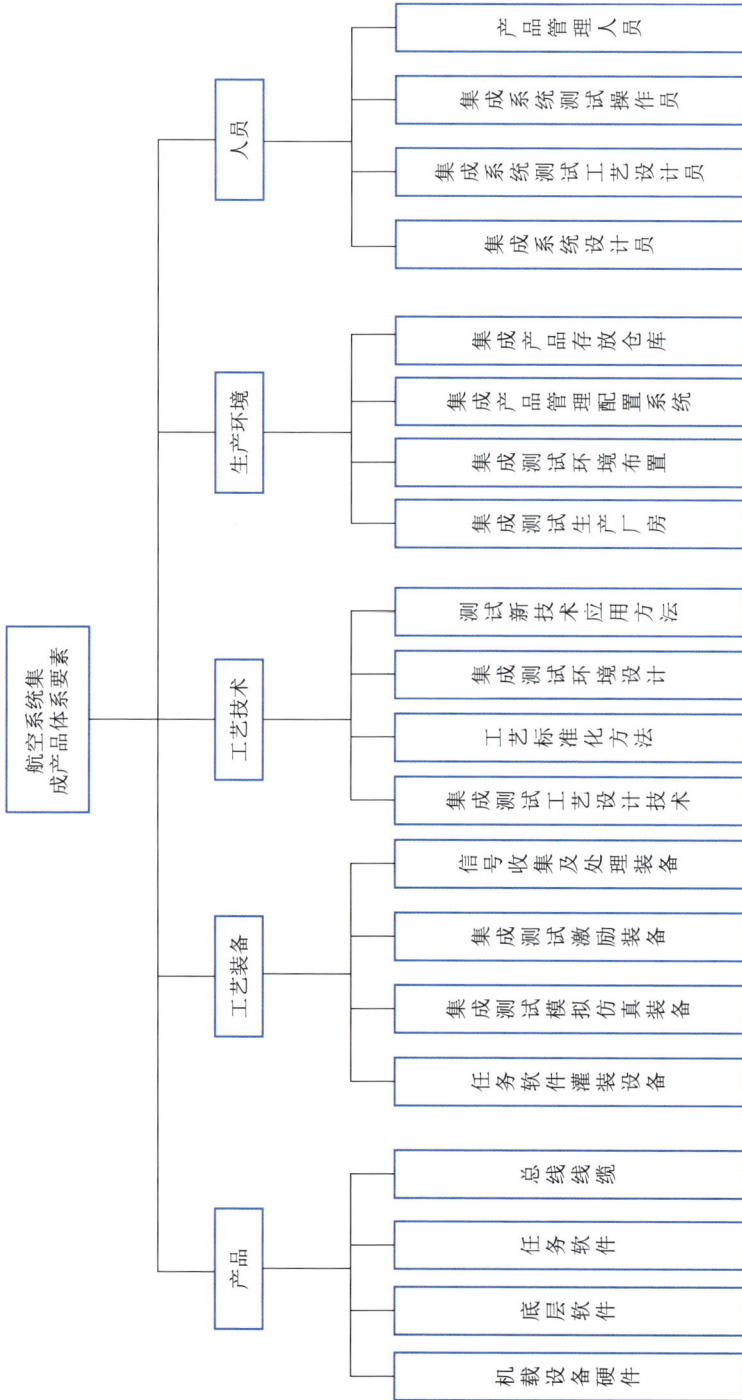

图6-6　航空系统集成产品体系要素框架

的话，那么从集成系统研制的成熟度发展规律和集成制造的技术路径角度考虑，则需要对集成系统制造阶段进一步重新划分和定义。按照产品技术状态、工艺成熟度和工艺技术研发需求，将 P 阶段进一步细分为 SP 阶段和 P 阶段，即小批试制阶段和批产阶段。

产品制造工艺的工程化研究重点在于：归纳总结形成诸如通用测试方法、通用测试标准等相关技术规范，以支持产品的工艺设计工作；对 SP 阶段的故障数据进行分析，通过数据挖掘分析出故障高发点，并对长期稳定项目进行甄别；提供数据支持，修改测试项目，对稳定项目进行优化删减，重点对高故障率项目增加测试用例，靶向提高故障点测试覆盖率，从而在生产阶段有效识别故障，提前暴露问题，减少外场售后成本，保障产品质量，提升飞行安全；同时提供大量有效数据，支撑持续完善工艺文件，做到操作明确、判据准确、结果正确，保证用例唯一性。

就工艺技术研发策略来讲，按航空系统集成产品科研和批产的各自的产品及技术特点进行分线处理，如图 6-7 所示。对于研发批次，即 SP 阶段之前的集成系统，由于产品技术状态不稳定，测试环境与方法尚不成熟，可依据产品规范，编制系统验收测试规范，通过集成系统验收测试程序的细化测试方法和测试用例，对产品的功能和性能进行全工况综合集成测试，其目的在于对集成产品的功能完整性和设计性能的满足性进行测试性验证；而对于 SP 阶段和 P 阶段的产品，通过产品制造工艺的工程化研究，编制批产产品生产测试规范，侧重于对集成产品的功能和硬件完好性进行验证，从而将测试制造的目的与科研测试试验相区别。在集成测试方法设计上，主要是通过对系统基本功能和硬件架构的研究，设计典型测试用例形成产品制造工艺规程，对产品进行完好性和符合性测试，满足高质量、多批次、稳定有效的航空系统集成产品生产需求。

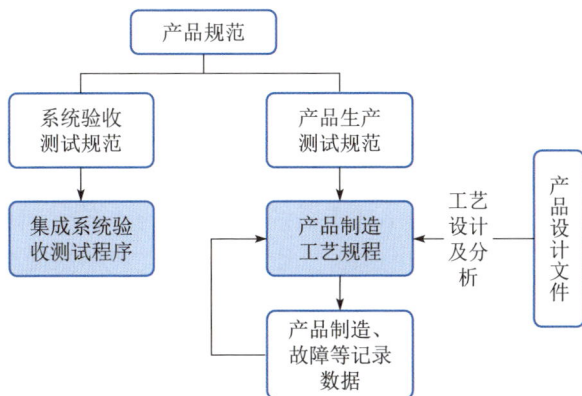

图 6-7　集成工艺技术研发策略

2. 集成测试平台系统开发策略

就航空系统集成业的发展条件来看，规范化的系统集成工艺管理和作业文件体系是软能力，产品管理生产体系的重构和责任明确是组织保障，而自动化集成测试平台（基本架构如图 6-5 所示）则是大系统集成能力和航空技术服务能力的物质平台，对于航空系统集成制造的开展和发展具有重要作用。

现代航空集成系统对自动测试系统提出了两大突出的需求，即"系统综合"与"故障诊断"，自动测试系统可用于集成系统的试验测试、仿真测试和维护测试。而如何满足这两大需求、开发好自动测试平台系统则需要从开发策略上进行研究。

现代航空集成系统的复杂程度越来越高，系统包含的软件、硬件模块等组件也越来越多，且交联关系愈加复杂，同时为适应不同的任务要求，航空集成系统的系列化发展也成为趋势。因此，为每一型航空集成系统或产品配套独立的集成测试系统显然都是不现实的，无论研制还是应用成本都过于昂贵且不便，故自动测试技术领域内的测试设备通用化就成为必然选择。国外对综合测试技术的发展非常重视，已发展出设计验证/生产检验/诊断维修的一体化、标准化技术，如 NASA 在艾姆斯-德莱顿研究中心的综合测试设施能同时满足 6 种不同型号飞机试验测试、仿真测试、飞行测试、维护测试的需求，大量节省了经费，X-29、F-18、F-16A 和 A310 飞机可同时在中心进行试验综合测试和验证。从自动测试技术的研制角度来看，这一趋势实质上就是如何实现自动测试设备的"系统综合"。

由系统组成和开发环境可以看出，现代航空集成系统的自动测试平台系统正朝着通用化与开放化发展，其组成可以说已经具有了标准的程序，但是一个通用的综合自动测试平台系统的完成过程是十分复杂的，目前国内的大系统集成工作中也存在一些问题，究竟如何能顺利推动该项工作，存在着策略选择问题。

从理论上来讲，综合自动测试平台系统的综合有 3 个维度：一是航空集成系统中某类产品不同型号之间的综合，如不同型号运动翼面控制装置的测试系统综合，可称为纵向综合；二是同一航空集成系统中不同成品之间的综合，如某型飞机中雷达、导航、电台、任务系统的测试系统综合，可称为横向综合；三是不同型号的某类装备之间的综合，如系列型号飞机的测试系统综合，可称为广度综合。

国内在纵向综合上已经开展了许多研究，如机载雷达的自动测试系统的设计中，分析了多种型号雷达的测试需求，统一了设计规范和通用测试资源，只要更换接口适配器和少量专用资源就可以适应不同型号雷达的测试要求。而在横向综合上的工作起步较晚，在某些型号研制过程中推动自动测试系统的通用化、综合化，但面临着许多困难，这些困难大多都源于对"故障诊断"的需求。由前述内容可以了解到，自动测试系统在集成中不仅需要测试技术的知识，而且需要对被测设备有足够的了解，有些工作甚至必须有被测设备设计师直接参与，也就是说由测试工程师与被测设备的设计工程师共同完成。

而一个型号的集成系统是极其复杂和庞大的，它们可能分布于不同的公司，甚至一个电子设备也可能牵涉几家研制单位，同时由于可测性设计在我国相应的标准还不完备，因此设备的可测性设计并不完善，这样当我们试图完成一个航空系统集成产品的综合自动测试系统就会力不从心，而建立故障诊断数据库更加困难。

基于以上原因，集成综合自动测试平台系统研发宜采取以下策略。

（1）尽快引进和建立装备的测试性标准体系和测试技术标准体系。建立测试性标准体系可以规范航空集成系统的测试性设计，测试性要求要贯穿航空集成系统的方案论证、工程设计和生产等各个阶段。航空集成系统的测试性设计和可靠性分析的结果要形成规范的文件和数据库，以数据资源共享为目标。测试技术标准的统一可以为各类测试系统的综合建立良好的基础。应建立通用的硬件和软件开发平台，各类测试系统的设计都以此为基础。

（2）考虑纵向综合和横向综合。电子设备的复杂程度差别很大，差异性也很大，在测试性和数据资源有限的条件下要想把航空集成系统的各类设备的测试全部一步到位地集成到统一的综合测试系统中有很大的困难。可以先由各成品研制单位按统一的规范，设计各自的自动测试系统，在此阶段要尽量实现纵向综合。再根据复杂性和差异性进行分类，实现资源需求相近的自动测试系统的横向综合。待取得经验和技术成熟后，进一步实现全面的测试系统综合。

通过上述策略可以实现平台系统的通用化、综合化，整个系统无论从软件到硬件都是开放的，可扩展的，对于各种不同的电子设备测试都有条件综合到一个综合测试系统中。但实现这样一个各种电子设备的综合测试系统需要测试技术、测试性技术、可靠性技术和各专业设计技术的支撑，尤其要重视标准体系的建立和数据资源的共享，才可能成功建立综合集成测试平台系统测。

6.3　工艺专业建设

为了体现航空系统集成工艺在飞机研制流程和航空系统集成行业专业化发展过程中的重要作用，适时地开展相关技术研究，完善工艺管理和技术体系，提升专业能力和体系化发展能力是必经之路。

航空系统集成业是一个全新的、发展前景广阔的技术及产业领域，意味着其体系和能力建设将是一项长期的、复杂的、系统性的工程项目，这些特点决定了系统工程应用的优越性和必要性。系统工程在现代大型复杂工程项目中已经得到广泛应用，并取得了显著的效果，因此系统工程方法论和标准化系统工程方法论的理论创新在体系、能力建设中应用就成为一项基本和重要的研究内容。

同时航空系统集成作为一门新的科学技术领域，专业技术的确立是其生存和发展之本。专业确立的充分条件为：以特定的科学技术理论为基础，发展出相应的设计、试验和管理方法与手段，具有满足型号/产品工程需求的研发制造能力，具备型号/产品谱系体系化发展的预测技术与验证能力。因此从专业概念的内涵分析，航空系统集成工艺专业建设至少包括3个方面：一是专业科学技术、管理能力的提升；二是针对原创、前沿理论和技术在飞行器上应用的可能性，从方法论上开展初步的研究验证的能力；三是面向型号工程研发需求开展的通用技术、方法、手段等的研究与实施。

总之，在系统工程方法论指导下，从航空系统集成专业、工艺战略规划、体系化发展要求等几方面综合考虑，确定航空系统集成工艺专业3个方面的研究方向：体系构建、专项技术和能力建设。具体来说至少包括以下项目和研究方向：工艺体系的建立、工艺标准化体系的建立、产品及工艺成熟度体系的研究、工时定额技术研究、软件计价测算方法、集成测试成本测算技术、精益生产能力建设、工艺系统实现能力的构建等。其中工艺标准化体系的建立已取得了显著的研究成果，将在第7章另行阐述。

6.3.1 体系构建

体系构建意味着行业的确立，任何行业从出现到成熟的过程都伴随着各种行业体系的建立和完善。就航空系统集成行业的集成工艺专业来说，工艺技术体系的建立是首要的，这是专业能称之为"专业"的根本，是与其他专业区别的本质特征，是界定行业技术边界的必要条件。

工艺体系是航空系统集成行业体系建设中的一个方面，对于产品化、规模化、经济化意义重大。工艺体系包括管理体系、质量体系、技术体系、工作体系等子体系，其中技术体系的科学性、完整性对于工艺体系的确立具有决定性作用。工艺技术子体系的核心是集成测试技术，还涉及工艺设计、工艺优化、工装设计及对工艺软件的规定。

标准化是生产经营活动发展到一定规模阶段的产物，具有一定必然性和必须性，对通用技术和经验的提炼升华能够规范行业发展，提升技术水平，减成本增效率等。标准化悠久的历史，经历了5个发展阶段，当代标准化阶段显著的特点是标准学、标准化系统工程的出现，使得标准化工作由经验科学实现了向方法科学的转变，标准化理念由规范、统一的基本思路向目标导向的综合标准化改变。

由于航空系统集成产业的产业模式、产业架构和集成生产工艺概念与传统的制造业区别较大，构建一套能够明确产业技术领域，体现行业技术水平，指引行业发展方向的标准化体系对于产业发展来说意义重大。航空系统集成工艺标准化体系是工艺体系中共性通用要素、因子的科学化和规范化，对于指导产品生产、引领行业工艺领域的发展具有重要作用。在体系建设中应用标准化系统工程及方法论建立标准化系统工程规范子体系，作为指导体系构建的基本原理和方法，体系其他部分包括工艺基础、工艺技术、工艺管理和工艺工作子标准体系。

6.3.2　专项技术

体系建设着重于架构建设、逻辑关系明晰及方法论的应用，着眼于宏观方面的、系统性的问题，微观方面则需要开展专项技术的研究，针对专业核心技术、新的研究领域及行业面临的急需解决的新问题等制定研究目标和计划，开展专门的研究工作，深挖技术特点和技术方法，形成科学的、合理的研究结果及成果形式，支持配套体系的完善，使之更具有可用性、完整性和科学性。

目前航空系统集成业工艺专业涉及的管理和技术方面的专项问题至少包括工艺设计及优化技术、系统集成制造平台建设研究、产品及工艺成熟度体系的研究、工时定额技术研究、软件计价测算方法等。

1. 工艺设计及优化技术

工艺设计和优化技术是目前工艺部门面临的最直观和核心问题，表面上问题是如何将设计文件转换成工艺文件，更深层次的其实是专业边界界定和明确行业工艺部门核心技术，即集成测试工艺部门职责范围、航空集成系统测试的目的及基本原理和方法。因此此项工作是一个长期的摸索和研究过程，要将短期工作与长远目标相结合，要融入到日常工作中和工艺标准化体系的建立之中，最终为规范和指引系统集成工艺技术和研制流程的科学发展提供依据。

从工程技术的一般原理和流程上来说，工艺设计和优化直接涉及系统集成工艺技术两个最基本的问题，一是集成制造的工艺测试原则，二是工艺测试方法，这其实反过来关系到集成制造部门的业务边界及测试目的问题，因此，明确核心技术才能从本源出发逐步建立集成制造的基本理论、方法论和相应的技术体系作为技术、工艺方法研究的基础，包括开展工艺优化工作，但回答这几个问题目前条件尚不成熟，还需从管理、技术等方面进一步充分讨论和研究。

故基于现实情况，工艺设计和优化研究提出自下而上的、分步骤实施的工作思路，从实际案例出发，由简至繁，逐步总结，不断深挖的螺旋式进阶工作方法，具体策略在 6.2 节中已说明。当前在开展工艺优化工作时需着重考虑以下 4 个方面，并进行归纳总结。

（1）工艺设计原则是什么？基于功能、硬件模块还是基于数据链？

（2）工艺方法的优化原则是什么？

（3）工艺测试项目如何分类？

（4）不同类别的测试项目优化方法是什么？

2. 系统集成制造平台建设研究

系统集成制造平台建设应重点考虑几方面因素：统一现有各平台的软硬件和网络架构；考虑资源复用，节约建设成本；考虑生产管理和自动化集成，提高生产效率和产品质量；考虑未来先进技术在平台上验证应用的兼容性，最大限度保证平台的可扩容性。

基于上述几方面因素，系统集成制造平台的建设原则应把握 4 点：使用成熟技术；满足产品系列需求；技术升级分阶段实施；各种设备的逐步综合。

对于平台设计具体的要求包括以下 4 个方面。

（1）模块化：批产平台的每个部分设计为独立的模块，在不参与全系统综合时，保证系统能够独立工作，完成模块功能。

（2）柔性化：将各个模块统一在一个接口形式之下，使各个模块根据需要柔性组合，便于模块的增加与替换。

（3）通用性：在技术要求满足的前提下硬件尽可能选择通用设备，减少应用软件对硬件的依赖，做好顶层与底层软件的隔离。

（4）先进性：在保证平台建设可行性的前提下尽可能采用先进的软硬件平台，确保平台功能的迭代升级，保持技术先进性。

研究最终目的是建成能够符合特定产品生产质量要求，能够做到按批架次统一管理，且覆盖从入厂验收、软件灌装、集成测试、数字化检验的一整套系统集成流程的集成制造过程平台，示意图如图 6-8 所示。其开发策略在 6.2 节已给予阐述。

| 入厂验收 | 应用软件灌装 | 集成测试 | 数字化检验 |

图 6-8　航空系统集成制造过程平台示意图

3. 产品及工艺成熟度体系的研究

首先从技术的发展一般规律来看，在基本的工艺设计、优化工作完成后制造工艺的进一步提升则需要考虑更多影响因素，包括产品成熟度和工艺成熟度，适时开展相应研究，能够保证工艺优化技术研究的科学性、完整性和连续性。

同时我国航空领域正由仿制引进模式向自主创新模式转变，大量高新技术的应用促进了航空装备的快速发展，同时也带来了大量的不可预见性，目前，技术风险已成为制约航空装备发展的关键因素之一，而集成系统及其集成生产作为新生事物，又是保证飞行器技/战术指标的关键一环，提高其技术成熟度和系统可靠性意义重大。

技术成熟度评价源自西方国家，已针对各种技术和工程阶段形成较为成熟的评价体系，但其项目管理、科研体制、制造分工等均与我国装备研制体系有所区别，同时就航空系统集成装备来说，其技术基础、研制程序及研制能力与西方国家存在差异。因此，在构建我国自主的航空系统集成技术架构和研制产业体系过程中，开展技术成熟度及评价体系研究，需要深入理解技术成熟度等级定义、改进完善评价方法，且应充分考虑与我国航空装备研制程序的融合。

航空系统集成产业的建立是一个系统工程，包括基础理论研究、技术开发、产品研发、集成生产、装备保障等内容，具有技术类别广、软硬件结合程度紧密、设备交联关系复杂、集成测试手段自动化程度高、同时配套厂商繁多等特点，决定了其技术风险和项目管理风险均相对较高，而传统的技术成熟度评估和制造成熟度评估方法大都针对单一技术的评价，对于这种技术数量多、集成程度高且交联关系复杂的系统产品成熟度评价适用度不高。因此需要一系列的相互管理与配合支撑的成熟度模型来实现各种要素的体系化量化评估管理。

基于以上两点，针对航空系统集成产品的研制和集成生产两个关键环节，开展适用于我国航空工业实际情况的成熟度理论体系研究；建立相应的成熟度模型；并构建一套比较科学的、客观的评价标准、评价程序及评价方法。主要研究内容包括以下几方面。

（1）我国航空系统集成研发与生产领域的成熟度理论研究。

（2）集成系统的技术成熟度模型及评价方法（或评价指南）。

（3）系统集成的工艺成熟度模型及评价方法研究。

4. 工时定额技术研究

紧随现代航空系统大综合、大集成、自动化、规范化的发展方向，适时开展系统集成相关技术和产业发展的初步探索和研究，形成飞机系统及其衍生产品的集成交付业务，对现有产品经营管理模式和工艺技术能力都提出了全新的要求。工时定额是经营管理的基础数据之一，其制定得合理与否影响很大，只有合理地制定工时定额，才能正确地组织生产、编制计划，才能有效调动作业人员的积极性、提高劳动生产率并降低成本。

作为国内航空领域新兴业务范畴，传统工时定额方法相对烦琐，重复较多，效率低下，不能很好地适应系统集成产品的生产特点。由于我国系统集成工艺基础薄弱，基础数据缺少正确、完整的统计，工时的制定缺少统一的标准和规范，目前计划主管凭借经验制订产品交付计划，缺少科学依据，工时定额数据准确性、权威性较差，参考价值不大，无法为计划排产及进一步的产能评估、资源配置等工作提供有效依据，影响管理及决策。

另一方面，伴随着我国航空工业管理改进力度的不断加大，精细管理、科学管理以及市场化运作对成本核算提出了更高的要求，需要给出比较准确的产品报价。产品的交货期对产品报价十分重要，其长短直接关系到产品的成本和质量，进而影响产品的报价，因交货期的确定又依赖于产品的工时定额，缺少工时定额方法，无法为航空系统集成产品合理制定价、报价提供依据。

介于生产运营必须依赖精确的计划与正确及时的执行和管理，准确、高效、全面地计算集成产品工时定额，充分利用工时这一杠杆合理安排生产资源，进行员工绩效考核，为生产计划提供保障，将有效解决当前面临的交货期无法预测及由此带来的生产计划安排混乱、生产进度难以保证的问题，对生产管理工作大有助益。这关系到经营管理水平及应对顾客需求的反应能力，是能否长期保持核心竞争优势的关键因素，具有重大而深远的意义。

5. 软件计价测算方法

软件作为一种不具有实体物质的产品，在现代（电子）工业产品中发挥着决定性的作用，对产品性能、功能的发挥和完善意义重大，甚至已单独成为工业产品，在现代大工业中发挥着举足轻重的作用。以现代飞行器为例，可以不夸张地说，其性能几乎由飞控计算机及任务软件决定。因此，可以看出软件在现代工业产品中价值巨大。同时价值决定价格，既然软件在工业中价值较高，其价格也应得到合理体现。

传统的计价方式主要针对物理实体产品，软件计价方式虽然也存在，但是各个行业标准不一且差异较大。通用规则是以软硬件结合方式的产品系统以系统为整体定价，软件单独的产品自行定价。

航空集成系统一般由三部分构成，计算机及系统、传感作动机构及附件和任务软件。目前航空集成系统价格主要由硬件组成，对软件并无具体的价格体现和定价细则，因此航空集成系统的定价体系缺失了极其重要的一块，对于行业发展和产业领域的完整性是极不利的。尽快开展对于航空系统集成产品软件的研发成本测算、软件价值测算是一项紧迫的工作。

6.3.3　能力建设

1. 能力及体系能力

关于能力的定义，兰德公司认为能力是在给定的标准和条件下，通过一系列手段或方式的集合，具有完成一组任务，达到预期效果的本领；美国国防部对能力的定义为：能力是在指定需求（条件和性能标准）下，通过不同手段和使用方式的组合来实施一组关键任务，达到预期目标或结果的持续本领。可以看出，能力是对体系功能需求的一种高层描述，并不会随着特定系统、威胁和环境而变化。英军国防体系结构报告（MODAF）中提及的内容给出一个定义：能力是指执行由用户所指定的一系列行动所应具备的基本素质，还提及了活动、实体、节点、能力配置和任务等要素共同组成了能力的外延。

目前较为典型和普遍接受的定义是由美国国防部提出的能力概念。美国国防部的能力概念历经联合能力集成和开发系统（JCIDS）和国防部体系结构框架（DoDAF）版本的变化而逐渐成熟。其中 DoDAF 2.0 版本对能力概念和视角采用基于本体论、集合论、逻辑学和数学的元模型 DM2 进行形式化描述，将能力定义为：在规定的（性能）标准和条件下，通过方式与手段（规则、活动和资源）的组合，执行系列活动，达到期望的（资源）状态的本领。

DoDAF 能力概念具有以下 6 个特点。

（1）能力概念的通用性。DoDAF 能力定义包含一组完整的和明确的组成要素及其相互关系模型，要素相互关系固定，但未限制能力的划分方法和具体能力的定制方法，可从多种角度对能力分类或分层。

（2）能力对象的体系性。DoDAF 是关于体系架构的规范，其能力概念是面向体系的，即体系所有要素及其关联关系综合作用的效果。

（3）资源概念的普适性。将体系中的一切客观实体统称为资源，包括体系建设与作战中的己方和敌方资源，能力目标的期望状态也是资源状态，资源既是主体也是客体，资源的流动、变化和对其他资源的影响是体系运行的主要机制。

（4）以活动为中心的能力分类。活动是能力的中心，是提供能力必需的且与其他要素均相关的要素，按照活动的分类和分层来分解能力是最合适的能力分类方法。

（5）基于效果的能力度量。能力度量反映了能力的目的与目标，以能力产生的期望效果（资源状态改变）大小衡量能力大小。

（6）能力本质的内在性。能力是达到期望效果的本领，意味着能力具有潜在可能性、稳定性和适应性。

基于 DoDAF 通用能力的定义将体系能力定义为：在一切可能条件下，有效组合运用一切可能的方式和手段，执行一切需要的活动，达到各种期望效果的本领。与通用能力定义相比，体系能力定义强调了条件、方式、手段、活动及其组合的一切可能性和全面效果。

按照 DoDAF 能力定义，基于效果的能力度量描述的统一模型采用抽象的函数关系式描述能力度量关系，能力度量逻辑关系式如下。

$$C = \text{Eft}(\text{Act}, \text{Cnd}, \text{Cmb}(\text{Way}, \text{Mean}), \text{Std}) \tag{6-1}$$

式中：Act 为活动集合；Cnd 为条件集合；Cmb 为方式与手段有效组合集；Way 为方式集合；Mean 为手段集合；Std 为效果度量标准集合；Eft 为一组活动在一定条件下有效运用一组方式与手段能达到的效果；C 为能力度量值集合。

基于能力度量统一模型，体系能力度量关系式可描述如下。

$$C_{\text{SoS}} = \text{All\_Eft}(\text{All\_Act}, \text{All\_Cnd}, \text{All\_Cmb}(\text{All\_Way}, \text{All\_Mean})) \tag{6-2}$$

式中：All_Act 为活动全集；All_Cnd 为条件全集；All_Cmb 为方式与手段有效组全集；All_Way 为方式全集；All_Mean 为手段全集；All_Eft 为期望效果全集；C_{SoS} 为体系能力度量值全集。

2. 工艺实现体系能力

我国的系统集成事业部作为承担航空系统集成这一新兴业务的部门，不仅肩负我国航空系统集成产业振兴的重任，还承担航空系统集成产品"孵化器"的职责，因此"能力建设"是其能否完成使命的基本功。此处"能力"的目标为，研究与建设一个制度与流程体系，包含具体方法与模型，能够满足任何一种航空系统集成产品从验证到批产的实现能力。

具体到工艺能力，基于专业范畴围绕能力内涵开展，提出工艺实现体系能力概念。按照体系能力定义包含的要素及过程要求，可将航空系统集成工艺体系实现能力的定义和度量可描述为：在各种环境中和人员与装备使用等条件下，综合运用工艺技术和工艺管理知识、方法、制度等通用成熟规范，采用程序化的设计、流程管理软件等手段，开展航空系统集成产品的工艺系统构建、工艺环境建设、工艺保障系统搭建等活动，按照规定的体系能力评估标准，达到项目任务目标期望效果的程度。

工艺实现体系能力是面向产品的，就能力的一般特征而言，除了具备DoDAF 能力概念具有的通用化、体系化、普适性、可分解组合、可度量等特点，还应具有以下特征。

（1）以核心技术、专利等知识产权为支撑。

（2）能力要素模块化、程序化原则，具备可快速重现的特点。

为了实现我国航空系统集成制造的规范化、科学化的快速发展，目前工艺专业研究面临的两个迫切的具体研究方向为：航空系统集成生产工艺体系实现能力的构建和孵化器工艺设计及实现能力建设，其中第一方向应该是第二个方向的一部分，或者说是典型案例。

航空系统集成生产工艺体系实现能力的构建这个课题内涵包含 3 个方面：一是航空系统集成生产工艺体系的建立；二是工艺体系的实现手段；三是普适原则，具备推广应用价值。从能力要素角度来看，工艺体系要素包括组织框架、技术体系、管理方法、平台建设、工作流程、知识管理等。工艺系统的实现能力要求将软性的知识与实际的生产实体相结合，包括依据工艺体系对生产环境要求及细则，工装的制造、采购及安装布置等。具备推广原则要求将方案和实施策略模块化，具备可移植性，面向客户需求能够实现个性化工艺系统的解决能力，实现逻辑如图 6-9 所示。

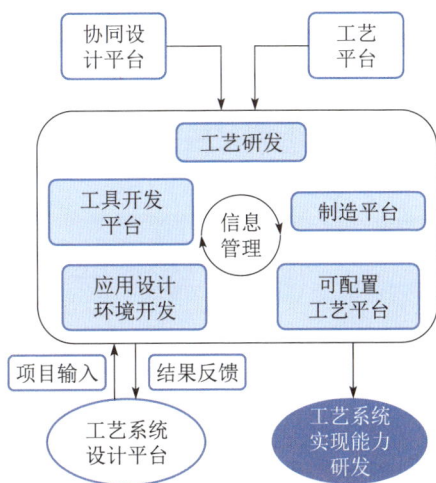

图 6-9　航空系统集成生产工艺系统实现能力体系逻辑

从体系框架构建来说，工艺专业能力建设包括六大类，如图 6-10 所示，分别为工艺平台建设、工艺制度建设、产品工艺、工艺管理、工艺预研和工艺体系实现能力研发。

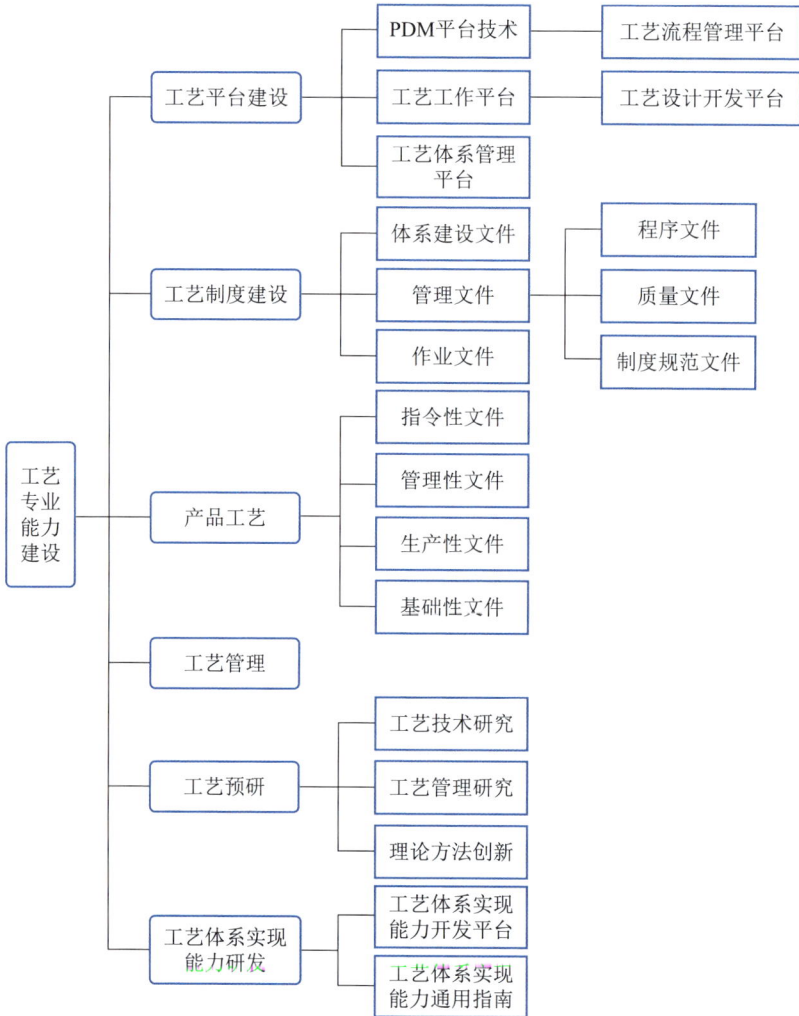

图 6-10　工艺专业能力建设方向

7

第 7 章

航空系统集成工艺标准化系统工程

    标准化作为一种有效的管理手段，使整个社会从无序走向有序，受到人们的高度重视，特别是工业界。标准化作为一门实践科学也必然遵循系统学第二定律（在保证实现环境所允许的系统功能的前提下，使整个系统对时间、空间、物质、能量和信息的利用率最高），不断地自我完善，从单项标准的标准化发展到标准系统的标准化。为了获得最大的社会与经济效益，将系统工程的观点和方法应用到标准化的社会实践中，这就是标准化系统工程。

    标准化系统工程作为现代各种复杂大型工程项目标准化系统建立的指导思想和理论基础，其基本概念最早由钱学森提出，但传统的标准化系统工程理论和模型已不能完全适用于航空系统集成工艺标准化系统这种新技术产业所展现的特殊形态体系的建立。因此，本书在研究航空系统集成产业的技术领域、特点和行业现状的基础上，从系统工程和标准化系统工程的原理和方法论角度出发，在研究航空系统集成工艺标准化系统工程的基础上，提出了标准化系统工程新理论和方法论，并对其进行了科学的分析和系统的阐述，同时将其应用于航空系统集成工艺标准体系的建立上，取得了满意的结果。

7.1　研究总体思路

    航空系统集成业是一个高技术含量、高附加值产业，国外已形成成熟的产业模式和较大的产业市场，国内则属于新兴行业，其产业模式、组织架构、核心技术、制造体系等尚在摸索和探索。而标准体系是产业/行业成熟的标志，标准体系的建立也是技术手段、管理方法的明确过程，因此基于国内目前的产业发展客观情况，在管理制度、工作规范、技术体系尚未建立或不完善的情况下，首先研究并建立工艺标准化体系对于系统集成工艺专业，甚至整个行业的规范化、科学化发展具有积极意义。

对于一个新兴行业来说，如何从零开始科学、合理、快速地建立标准体系是标准化和专业技术行业共同面临的课题，解决方法归根到底无非是参考借鉴和自行建立两条道路。

就借鉴这条道路来讲，航空系统集成行业参考借鉴现有的其他行业标准体系会面临3个问题：一是对于制造类企业工艺标准不容易获得，一般属于企业秘密；二是行业公开的标准体系年代较为久远，且工艺技术类标准较少；三是适用性问题，航空系统集成与传统的制造业从产业形态到制造技术特点都有较大差异，因此标准体系的符合性也需纳入考虑的范畴。

从自行建立这条路径来看也面临着几大难题。

（1）传统的标准化方法和原理已经不能满足现代复杂工程系统的标准化需求，且其标准化方法主要针对机械、传统制造行业，对于这种专业化分工出现的新兴系统集成行业，其手段、方法已经不能满足需求。

（2）现代标准化方法，即标准化系统工程是在系统论和系统工程方法论成熟和得到应用后出现的，是应对现代复杂大系统工程的有效理念和方法，而航空系统集成工艺体系的建设涉及与传统飞行器设计部门、二配厂商、型号标准化系统等部门的交联，更涉及系统集成部门自身的机构组织关系的重构，因此从这个角度来说，工艺标准化体系建设属于复杂系统工程，需要应用标准化系统工程。

（3）航空系统集成行业在国内属于新兴的技术领域，向着专业化、规范化、科学化方向发展的要求使得几乎所有技术、管理及工作标准及规范均要从零开始进行梳理、修订、编制，故工艺标准化体系建设也属于"大"系统工程，因此为了应对这一挑战，研究需从系统论、系统工程、标准化系统工程的基础理论和方法论着手，重点研究现代标准化系统工程的应用方法和案例，期望能为航空系统集成工艺标准化体系建设提供理论和方法论依据和支持。

（4）考虑到系统集成工艺研究专业是个新生事物，如何开展针对航空系统集成制造的工艺技术研究，确立专业核心技术和研究方向就成为专业技术人员面临的主要挑战。因此可从工艺标准化体系建立的角度出发，一方面可以规范现有的集成系统产品生产和管理，保障产品质量；另一方面能够通过体系的搭建及过程方法论的应用，明确专业的核心技术，发掘潜在的研究方向，并规划技术体系发展的蓝图。

综合考虑上述 4 点，自行建立标准体系就成为不得已，或者说更佳的选择，其实自行建立标准体系也有优势：一是标准体系的可塑性较高，能够吸收最新的研究成果，融入企业文化和价值理念；二是建立过程规范，能够对标准体系和标准形成较为深刻的理解；三是研究方法的创新和应用，可以形成自主的知识产权，对于标准化学科的完善、发展和推广具有积极意义。

因此以标准化理论、标准化系统工程、航空系统集成标准化系统工程为主要研究对象，通过对理论、方法论、程序化、典型应用的研究，最终形成一整套新时期标准化理论和方法论指导航空系统集成工艺标准化体系建立。结合研究内容之间的逻辑关系，构建了如图 7-1 所示的航空系统集成工艺标准化系统工程研究模型。

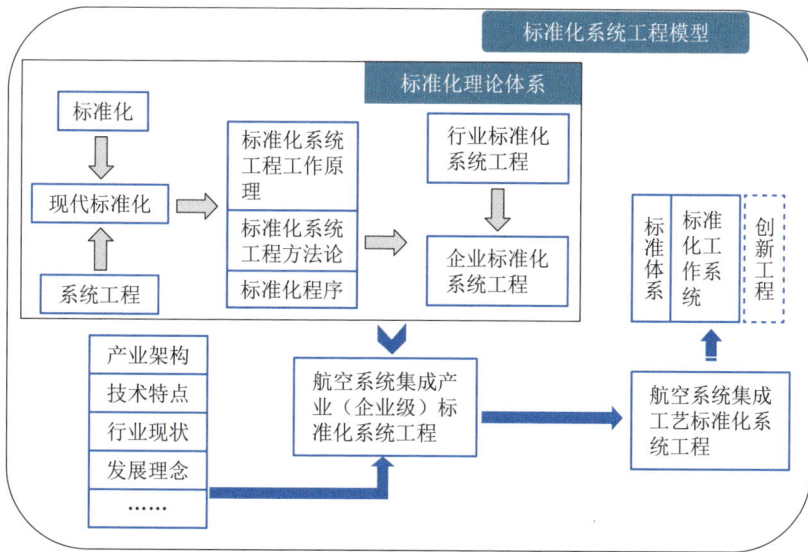

图 7-1　航空系统集成工艺标准化系统工程研究模型

7.2　标准化系统工程概述

7.2.1　概念的形成

用系统思维的方法组织开展复杂工程中的标准化工作，经过一个发展过程之后，形成了当今标准化系统工程的一系列标准化原则、程序和方法，对加快工程建设的速度、保证产品质量起着关键的作用。当代复杂的系统工程建设已经离不开相应标准化系统工程的工作，这是科技管理发展的必经之路。

标准化系统工程概念的出现不是偶然的现象，而是当代科技高速发展的必然结果。20 世纪 70 年代美国的"阿波罗"11 号登月成功是系统工程首次实际应用于航天工业的范例。随后，日本在系统工程的应用领域取得了较为显著的成果，在生产、交通、电力、通信和财政金融等方面研究系统工程方法的应用，实现了计算机网络的管理，极大地提高了工作效率、工作质量和管理技术高度科学化的发展速度。

标准化系统工程作为系统工程这门学问的分支，悄然出现在各种专业的科研生产与开发之中。在我国最早提出标准化系统工程这一重要概念的是我国著名科学家钱学森，他在 20 世纪 70 年代论述系统科学体系时指出：从系统科学的角度来看，存在着标准化系统工程横跨了自然科学、社会科学、技术科学和工程技术，标准化专业特有的学科基础即标准学。北京航空航天大学张锡纯教授等在《标准化系统工程》一书中论述到标准化系统工程这一概念时指出：标准化系统工程的基本性质，应该严格遵循钱学森的正确论断，标准化系统工程是对重大标准化活动的组织管理技术，作为系统工程，具有自身特有的发展规律、运动规律、工程理论方法、对象范围和特征，不可与传统的标准化工作方法同日而语。

系统思维方法的出现，极大地改变了标准化工作者的思维方式，使其在工作中对标准化对象的整体思维及相关专业标准方面的内部规律之间的联系得到加强，大大地加深了对标准化本质的认识。

7.2.2　发展历程

标准化系统工程的科学基础是标准化学，是一门尚在建立的学科，需要研究其发展史、运动规律、理论、方法、范围和其自身的特征，是一项包括科学、技术、理论、信息（情报）和管理等方面兼而有之的科研课题项目，就标准化的发展历程来说，大致经历了如下 4 个阶段。

1）分立标准的发展阶段

标准化的起源虽然始于远古时代，但是自发的、互不联系的分立标准的时代延续了很长时间，即在社会大工业生产尚未形成气候的时候，以手工业为主的时期，各行各业都是自发地制定分立标准为本行业所用。对事物单个地凭经验（包括不公开的技巧）分立标准，各自分立标准的做法对生产的发展具有很大的局限性。由于各立各的标准，标准相对孤立，互不联系，大量重复，相互矛盾，没有配套性，发展速度缓慢，缺少科学性，通过标准化转化为现实生产力的速度很慢，一般不考虑标准化的经济效益。

2）传统标准化的发展阶段

社会化工业生产初步形成以后，生产部门渐渐有了标准化觉悟，技术标准并非全部分立，国际上在20世纪初就要求有统一的度量衡标准，出现了通用化、系列化思想。在生产发展中，逐渐体会到了标准配套的重要性，但在各专业部门之间各自保守，协作关系甚少，在资本主义国家尤其如此。产品通用化、系列化程度很低，虽然觉察到标准化会带来经济效益，但是并不做这方面的研究。

3）现代标准化的发展阶段

现代标准化的主要特征是总结了现代社会工业化大生产中标准化的实践经验，将一系列的标准化理论应用于实际工作之中，诸如统一化、系列化、通用化、模块化和互换性等。对产品标准化在技术方面有比较全面的要求，要求有设计、工艺、工装、检测、储存、包装和运输等各方面的标准，对标准的配套性有所要求，在发展过程中，形成了综合标准化（如苏联的标准化工作）、标准化系统（如欧美的标准化工作）。综合标准化与以往的标准化工作方法相比，有着实质的差别，它要求针对产品的要求制定标准体系，考虑产品技术要求的整体性，由各相关专业组合成标准综合体，一个大型的产品可以有几个相互联系的综合体，如材料工艺综合体、电器电子综合体和技术文件综合体等，选用标准有着可以形成体系的内在联系。所谓标准之间的内在联系，是指其相互的作用性、相互依赖性、相互因果性和相互协调性，最后表现在产品质量和技术经济效益上。

综合标准化的进一步发展，要求运用预测科学研究标准体系的组成，提出超前标准化的要求。超前标准化的实质是根据技术发展预测的结果，提出不同质量水平指标的分等级标准，用以不断更新产品标准体系中的落后标准，以保证产品稳定地处于技术最新发展的水平要求之上，不致落后于社会科技发展的水平。

4）标准化系统工程的发展阶段

标准化系统工程理论与方法应用于实际生产和科研，是科学技术高度发展的必然，也是标准化工作本身高度现代化的集中表现。20世纪七八十年代以来，高新技术开始腾飞，三论（系统论、信息论、控制论）广泛应用于科研、生产及各工程开发工作之中，标准化系统工程应运而生。因为所有科研、生产及工程开发离不开系统思维方法，离不开各种有关信息的采用，信息的有效利用自然离不开标准化的控制。所有标准的实施，都是在直接起着控制作用，使科研、生产和管理循着科学的轨道向前发展。标准化系统工程的基本特征，简而言之，就是用综合标准化和超前标准化的方法，运用电子计算机等手段，在三论的指导下，以系统整体最佳性为目标，最终建立与经济技术发展水平相适应的、为科研生产和工程建设服务的标准化系统工程。标准化系统工程用综合标准化保证产品标准的全盘有效性，用超前标准化保证产品技术水平与科技发展水平的一致性，用标准体系表保证产品研制全过程及其整个生命周期内实施标准的可操作性和消灭无标生产的不合法性，用各阶段的标准化要求保证标准正确实施，以保证产品质量、可靠性和设计寿命、生产过程的稳定性、多次投产的再现性、实物与图样的一致性以及技术档案资料的完整性。

标准化系统工程的服务对象，一般都针对大型、复杂的工程项目，诸如航空、卫星和火箭等的研制，以及国家电力、水利、交通和各工业企业等。在从事标准化系统工程的工作中，要实际运用一系列的理论，如系统论、信息论、控制论、统计理论、科学预测及相应的数学理论、电子计算机软件和网络技术等。

7.2.3　定义及内涵

我国《系统工程名词浅释》中对系统工程的定义为："把定量化的系统思想方法应用于组织管理的工程实践，寻求实践效果的优化。它有着一整套分析和处理人工系统的方法论，比较典型的就是霍尔于 1969 年提出的三维结构。"那么把系统工程（包括系统科学）的原理和方法论应用到标准化领域就形成一门新的系统工程专业，这就是标准化系统工程。

至于标准化系统工程的学科性质，按照钱学森提出的科学技术体系，由于标准化也属于改造客观世界的学科，而工程技术学科正是改造客观世界的，因此标准化系统工程也属于工程技术学科的范畴。

工程技术必有相应的科学作为其学科基础，因此钱学森指出：各门系统工程学科的共有科学基础是系统科学，而标准化系统工程特有的一门学科基础则是标准学。但这门学科与传统的以解决实际工程技术问题的工程技术学科又有所区别，它是系统科学部门中横向综合的技术–管理性学科，解决的是标准化过程的宏观组织管理问题。

近年来，随着对标准、标准化和标准化系统工程的研究逐步深入，标准学和标准化学两个概念区分了开来，分别形成了自身的理论体系和方法论。其关系特点分别为：标准学是研究标准化的因，标准化学是研究标准化的果，它们有各自的理论体系。标准学主要是研究标准的类型、特性、原理、体系、研制方法、评价、实施、监督、维护等的学问，是研究约定的科学。标准化学则主要是研究统一化形式、状态、价值、方法等规律的学问，是研究统一化的学问。标准学和标准化学是标准化学科的两大核心科学理论，它们一起组成了标准化完整的科学理论体系。因此综上所述，学科基础与系统工程专业的关系如表 7-1 所列，可以看出，随着标准学和标准化学学科理论体系的完善和成熟，对应的系统工程学科基础随即建立，我们现在所研究和谈论的标准化系统工程其科学基础为标准化学。

运用系统工程的方法论解决标准化问题是中国标准化发展中的一个伟大实践。

表 7-1 　标准及标准化系统工程学科基础

序号	系统工程专业	学科基础
1	标准系统工程	标准学
2	标准化系统工程	标准化学

7.2.4 研究范围及对象

系统工程的组织管理对象不应该只是一套标准系统，而是整个制定和贯彻标准的标准化过程。

标准化系统工程研究对象分为直接研究对象和依存主体两部分。直接研究对象是标准系统和标准化工作系统，合称标准系统。标准系统除了有关的标准、规范，还包括为制定、贯彻标准而制定的有关文件系统。研究对象有 3 个系统：标准系统、标准化工作系统和由其依存性所决定的依存主体系统。

标准化系统工程的基本任务是：研究依存主体对象的特征和任务，合理确定其标准化目标，提出适合于达到标准化目标的标准化系统优化方案，并从宏观上组织管理好这个系统的建设和运行，以期实现标准化目标。为此，必须研究和解决好如下具体任务和问题。

（1）研究依存主体的价值特征、发展模式、系统特点和外部环境等，尽可能使用模型、参量定量地描述。

（2）研究现代系统工程方法对标准化系统工程实施的指导性问题。

（3）研究标准化理论对现代标准化系统工程实施的支撑性问题。

（4）研究标准化系统工程方法论及其应用方法。

（5）研究标准化方法及应用。

（6）研究标准化系统结构与功效间的关系，尽可能使用科学的方法描述这种关系。

（7）研究制定标准系统和标准化工作系统的有效途径和方法。

（8）研究标准化管理系统的建立。

7.2.5 开展标准化系统工程的意义

系统工程是一门指导实践的学科，研究标准化系统工程就是为了更好地指导标准化活动，取得更好的标准化效益。因此，研究标准化系统工程的意义与在实践中推行标准化的系统工程管理密切相关。

（1）从学科建设角度来看，标准化系统工程是标准化学科发展的新阶段，同时研究和推行标准化系统工程对于系统工程学科的发展具有促进作用。

虽然标准化作为一种社会实践活动历史悠久，但是作为一种科学管理方法还是在20世纪初期发展起来的，至于将标准化作为一门科学技术进行研究、归纳经验、提出基本理论则已经是20世纪70年代的事情了，其中以日本的松浦四郎的《工业标准化原理》和T.R.B.桑德斯的《标准化的目的与原理》为典型代表。标准化作为一门学科至今尚在发展成熟阶段，对于标准学的认识和研究还不是很充分。但是随着科技和复杂工业发展对于标准化的依赖和迫切需求，标准化活动客观上已经和系统工程相融合，综合标准化的理念就是这种融合的客观结果。正如李春田在《标准化概论》中所阐述的："以系统理论为指导的现代标准化既是现代化的建设事业对标准化的发展所提出的客观要求，也是标准化本身现代化的目标。"同时，研究和推行标准化系统工程反过来又推动和促进标准学的研究和发展。

（2）推行标准化系统工程是获取标准化效果的新途径。由于标准化是现代大生产开展的必要技术和管理手段，能够促进企业的技术研发和技术进步、利于提高产品质量、发展系列化产品、促进专业化生产分工、减少贸易壁垒，从而获得较好的社会效益和经济效益。但是这些效果如果不通过科学的管理是无法获得的，同时标准化工作系统也非常重要，标准化系统建立得再好，如果没有合理和完善的标准化工作系统也无法彻底贯彻标准化系统，也就无法达到标准化的效果。因此，以系统工程的理念组建标准化工作系统在标准依存主体上贯彻标准化系统，也就是在标准化全过程中推行系统工程正是为了保证上述标准化效果的实现。

（3）推行标准化系统工程有利于产业、行业及企业等体系的协调和可持续发展，并推行标准化战略。系统工程理论与标准化的结合使标准化具备了处理宏观规划性问题的能力，产业分工的精细化和协作的全球化也对标准化战略提出了迫切的需求。任何一个产业的存在和发展都离不开产业参与者之间的协同工作，标准作为一种参与者之间共同约定、共同遵守的产业分工协作方案和约定，使得协同工作成为可能，而系统工程作为一门管理的科学融入标准化全过程，对于标准战略的实施具有重要意义，对于一个新兴的产业来说其重要性更甚。

标准在整个产业程序中是具有决定性作用的，无标准则无产业，标准是产业存在和发展的基础。从技术层面来讲，标准是产业核心理念与技术领域的标识，管理上可依据产业模式和技术特点而形成具有特征的管理方法和程序。

标准可锁定产业的技术发展路径，标准可决定产业分工利益分配格局。特别对于一个新的产业来说，标准体系的发展规划就是技术规划战略蓝图和技术发展路线图。当前综合标准化方法的实施，系统工程理念和超前标准化方法的实施，为这种标准体系的事先规划和超前制定提供了理论依据和现实基础。同时标准的制定即意味着战略高地的抢占，这种产业发展策略也被称之为"标准化战略"。标准化战略是与知识产权战略相衔接的，通过抢先争夺标准话语权和控制标准内容，便可打包出售自己的专有技术并控制产业按有利于自己的技术路线发展。

7.2.6　标准化系统工程新模式

本书对标准化理论、方法论等进行了创新，共提出标准化和标准化系统工程的 4 项新理论和方法论，即优先性原理、价值驱动理论、标准化系统工程方法论（空间结构认知论和方法论逻辑）和综合集成标准化程序，具体研究成果在后续小节阐述。对于标准化系统工程的基础理论和方法论的这些研究成果，丰富和发展了现代标准化系统工程，对于指导其他行业和技术领域标准化工作的开展具有积极意义。

同时本书提出的 4 项新理论和方法论并不是单独存在和作用的，彼此之间存在着内在联系和逻辑关系，互为依据、互为补充、共同作用，形成了现代标准化系统工程的新逻辑，开创了革新性的标准化系统工程模式，其逻辑关系如图 7-2 所示。

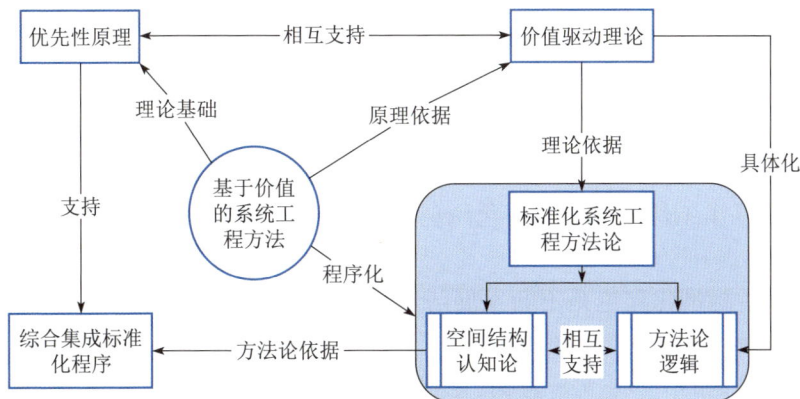

图 7-2　标准化系统工程新模型

7.3 标准化系统工程理论研究

从哲学本质上来看，同一体系架构内的理论、原理、方法等是一脉相承且互为支撑的。因此对于系统工程的实施，系统工程方法的选择决定了其基本理论和工作原理的提出和应用，但同时应该认识到方法、理论与原则的区别和关系。方法是理论的抽象化、模型化，理论是方法所体现哲学思想的统一化、逻辑化，而原则是将理论运用程式化、要素化。

因此，本书以基于价值的系统工程方法作为标准化系统工程开展的系统科学基础，指导标准化系统工程工作原理和方法论的研究，同时指明了标准体系的架构、标准体系表、标准化工作系统建立方法的方向和目标。

7.3.1 标准化原理研究现状

标准化原理（principle of standardization）就是标准化活动基本规律和本质的理论概括。标准化原理是在大量标准化活动实践的基础上，经过归纳、概括而得出的，具有普遍意义的指导作用，既能指导标准化实践，又必须经受标准化实践的检验，并在标准化实践中不断完善、提高。

从 20 世纪 60 年代国际上就开始了对标准化原理的研究，但各国由于工业发展水平、社会制度以及管理理念等不同，对标准化原理的认识一直未能统一。比较有影响的是 1972 年英国桑德斯在《标准化的目的与原理》中提出的 7 项原理和日本松浦四郎在《工业标准化原理》中所提出的 19 项原理。1974 年我国标准化工作首次提出几项标准化方法，在不断探索和修正之后，至 1980 年基本达成一致，认同"统一""简化""协调""优选"等基本原理。但自从系统理论引入标准化工作以来，以系统工程理论为指导的现代标准化原理就显著不同了。系统工程的原理同样适用于标准化，同时与传统标准化基本原理相结合发展出独特的现代标准化原理。这其中有代表性的是李春田提出的标准系统的 4 项宏观管理原理（包括系统效应原理、结构优化原理、有序原理和反馈控制原理）以及张锡纯在《标准化系统工程》一书中提出的标准化 4 项基本工作原理（有序化原理、统一协调原理、系统优化原理和反馈控制原理）。

当然，标准化理论是不断发展与进步的。一方面，在人类社会发展过程中，发展环境不断变化，不断变化的环境对标准化活动不断产生影响，从而促进标准化理论的进步；另一方面，随着标准化实践的深化和发展，人类对标准化活动规律的认识也必将逐步深入，新的更完善的理论必将取代旧的行将过时的理论。标准化理论研究，随着人类社会发展而进步，随着标准化实践活动开展而逐步深入，是一个无限渐进提高的过程。

因而，随着本书基于价值的系统工程方法的提出，价值论在系统工程中的应用得到体现，同时，由于理论是方法所体现哲学思想的统一化、逻辑化，因此新的系统工程方法在标准化系统工程中的应用必然引起与之相适应的标准化理论成果的出现。

7.3.2　价值驱动理论

从系统价值论包含在系统工程中的应用这个论断（参见第 3.5.1 节）可以判断，价值理论在标准化系统工程中的应用是合理和科学的，而如何应用则是需要研究的题目，因此既然是标准化系统工程，那么需要从标准化理念、标准化目的、标准化系统工程方法论（标准化手段）、标准化结果及存在的问题等方面综合考虑分析。

标准化的驱动力或者说目的，最初来源于统一、规范的需要，其本质可归结为"结果驱动"。随着工业技术水平的发展和规范管理的要求，逐渐细分出了型号需求驱动、技术需求驱动、管理需求驱动、产品需求驱动等，但都可通称为"需求驱动"，其本质是对客户、产品、技术、管理的需求通过标准化的方式给予满足与贯彻，与结果驱动一样，均属于"被动标准化"，即生产者对其产品和服务的标准化目的和手段以满足外部需求为基本原则。20 世纪 40 年代以来，系统工程理论和方法论逐步应用于大型复杂工程项目，V 型系统工程方法论也得到充分开发，继而出现了"需求分析"的概念，从此需求驱动或者称之为目标驱动就成为大型复杂工程标准化的驱动力，但究其本质理念和方法论，同样属于被动标准化。

需求驱动与工程项目系统工程的实施具有较好的契合性，但已不能满足当代标准化（体系）的实施与构建，原因在于当代标准化的理念已经不再局限于"规范、统一、协调"，而更加重视"引导、支撑、带动"作用，这意味着标准化要从被动变主动，综合标准化概念及其程序的出现就是这个理念的具体体现。但标准化驱动力的理念一直并未突破需求驱动或目的驱动这种被动化的思维框架，导致理念和实施"两张皮"，不能做到统一协调和理念的落地实施，一方面标准化系统工程理论未能有所进步，另一方面客观上也阻碍了工程技术的蓬勃发展。因此，"价值驱动理论"的提出对于完善和落实当代标准化理念具有重要意义。

价值驱动理论是**将主体（标准化实施实体，如企业、行业）的价值理念（包括价值愿景和价值手段）作为客体（待标准化的产品或系统）标准化系统**

建立和行动的立足点。

价值愿景包括技术前景、管理和工作方法及手段、环境友好、节能降耗、利润提升等。

价值手段主要指价值理念实现的方法论，强调科学化、规范化。

价值驱动理论的特点及优势在于能够将企业（行业）对客体的理解、发展判断和长远规划通过标准化的方式体现，并通过标准化方法和手段引导、带动客体的发展，将标准化方式由被动转为主动，与当代标准化理念相配合。就标准化结果而言，结果驱动和需求驱动的弊端在标准编制完成之日就是待完善之时，引导性、先进性缺失；而价值驱动强调价值理念实现的方法论，易实现标准体系的良性、可持续发展。

由于价值驱动理论的基础仍然是需求分析及满足，其发展之处在于价值分析、价值判断和价值体现，因此价值驱动可认为是需求驱动的高级发展阶段。

价值驱动理论是适应现代标准化新理念、新方法论的必然结果，其理论意义在于实现了标准化方式由"被动式"向"主动式"转变的变革性突破。

7.3.3 优先性原理

基于系统学基本原理，推导和归纳出现有的标准化活动基本工作原理，包括有序化原理、统一/协调原理、系统优化原理和反馈控制原理等4项。随着系统科学、标准化理念和现代系统工程方法论的发展，优先性原理作为现代标准化活动的另外一项重要工作原理被发现了。

优先性原理是现代标准化理念的映射，是系统科学基本理论在标准化活动中应用的结果，主要内容为，**标准化系统（包括标准系统和标准化工作系统）的形成和发展从时间和逻辑上均优先于依存主体，其建立方法和系统结构是依存主体价值理念的体现。**

具体可从标准化系统和其依存主体（现代工程项目）两方面说明。

首先，从系统的层次上来看，标准化系统高于无机系统、生物系统、社会系统，属于更高级层次，除了具备其他低级系统具有的整体性、有序性、相关性等共性特点和目的性、环境适应性、环境改造性和资源冗余性等特性，还有着自身独特的特性，包括优先性在内。

标准系统本身是有结构的，而且是高度有序的结构，当它与依存主体结合时，就成为依存主体的一种特征，高度有序的标准系统才能使依存主体的参序量达到阈值，从而使整个系统呈现出宏观上的有序，其协同性达到新的水平。随着标准化了的依存主体不断发展，环境持续变化，原来标准系统中某些要素就会落后或者失效，此时依存主体系统的输出就不能适应环境的需要，因而系统又走向了无序化，出现了不稳定。为了重新达到有序状态，标准体系就需要修订或重新制定，标准化工作系统也可能需要重新调整，在一整套标准化系统的作用下又达到新的更高度的有序化，输出新的功能，与依存主体的环境相协调。

但如果标准系统建立得不完善，融合度不高，贯彻不力，依存主体系统的参序量达不到阈值，宏观有序的状态无法取得，标准化效果也就没有了，甚至会使依存主体系统的无序度增加，引起混乱。因此，随便制定一套标准系统和标准化工作系统融入和贯彻到依存主体中是不科学的，需要先期开展标准化系统的研究和制定，使其结构有序，能够与依存主体高度协调。

其次，现代工程的特点和要求也对标准化活动提出了更高和更明确的要求，即先于工程项目的具体实施，超前计划和组织开展标准化活动，具体到航空领域这个特点可归结为一句话："型号研制、标准先行"。通过标准化活动一方面对项目的技术、管理事项统筹规划，配合系统工程的开展；另一方面也通过标准化活动建立标准体系和标准化工作系统，对技术、管理等事宜的研究和应用范围进行预先规划，带动、推动先进技术、理念及方法和手段的研究和应用。

现代标准化活动的这个特点可归纳为优先性工作原理。优先性原理基于标准化系统工程的基本理论和方法论的发展而衍生出来，是现代标准化活动的重要特征，标志着标准化系统工程的理论研究取得了重大发展。

7.4　标准化系统工程方法论研究

系统学认为，构成系统的最基本成分不仅有要素，而且有"序"，"序"代表了系统内部的组织程度，序是系统中各要素间一切相互联系的总和。一个系统除了有序程度高低，还有一个序变能力大小的问题，序变能力越大，系统具有的序变方式也就多，越能适应环境变化，从而具有较强的应变能力和发展潜力。同样的要素，不同的序可以有着悬殊的序变能力。考察一个发展系统，除了看它有序程度的高低，更重要的要着眼于它的序变能力，序变能力体现了一个系统的活力和发展的潜力。

因此，标准化系统作为一个系统也具备此特点，标准是其要素，结构则是其"序"。如何增强序变能力，使标准体系具有较强的适应性和发展潜力就是标准化系统工程开展的一项重要课题，不言而喻，使用科学的方法论是现代工程开展的不二法门，因此涉及标准化系统工程方法论的研究和应用。

从大概念上来看，方法论是关于认识世界和改造世界的根本方法。在某一门具体学科上，方法论是所采用的研究方式、方法的综合体。标准化系统工程方法论就是认识标准化对象和研究标准体系及构建标准体系的根本方法，是指导标准对象确定、标准间关系建立、标准体系结构形成与优化等方面的理论，具有优化性、有效性和普适性。

7.4.1 现状

系统工程有一整套分析和处理人工系统的方法，其中霍尔在 1969 年提出的三维空间结构是公认的比较通用的方法。几十年来霍尔三维空间结构的理论和应用得到了不断地丰富和发展。在 *System Science and Technology* 中，Westport. Con 把霍尔三维空间结构中的"时间维"引申为"时序维"。Jap. Aden、Jamdon. Simon 以及 Kenn 把霍尔三维空间结构运用到了医学、建筑、管理等各个领域，为霍尔三维空间结构这种硬系统方法的广泛应用树立了良好的示范。

1. 六维空间结构

我国学者沈泰昌把霍尔三维空间结构的"知识维"改为"条件维"，包含组织计划、情报资料、物质保证、技术措施和仪器设备等项，因为系统工程所面对的系统是实际的、要能产生客观效益的人工开放系统，必须与外部系统/环境进行物质、能量和信息的交流，把知识维改为条件维更符合方法论空间的实践性要求，是对霍尔三维空间结构的合理修正，进一步提高了霍尔三维空间结构的适用性。

霍尔三维空间结构适用于系统工程一般方法论，就其基本原理来说自然也适用于标准化系统工程，但这个三维结构不论从维度还是维度要素上均不能满足标准化系统构建的需求，作为一门对标准化活动进行宏观组织管理的技术，标准化系统工程提出了如图 7-3 所示的标准化系统工程六维空间结构（以下简称"六维结构"）作为对标准化活动进行组织管理的工具。标准化六维结构采用了沈泰昌对霍尔三维空间结构的修正结果，并由修正后的霍尔结构的 3 个维度与标准属性空间的 3 个维度相结合而成。

这个六维结构中，逻辑维和时间维是有先后顺序的，因此其坐标轴有箭头；级别维也有从属顺序，所以坐标轴也有箭头；其他维度则无方向性。对于标准化活动来说，时间维不仅有先后顺序关系，还有绝对的时域限制，因此其内容一般规定为规划阶段、拟定标准化及标准系统方案阶段、标准系统制定阶段、标准化系统建立阶段、标准系统贯彻阶段、标准系统实施阶段和标准化系统的更新或废止阶段等 7 个阶段。

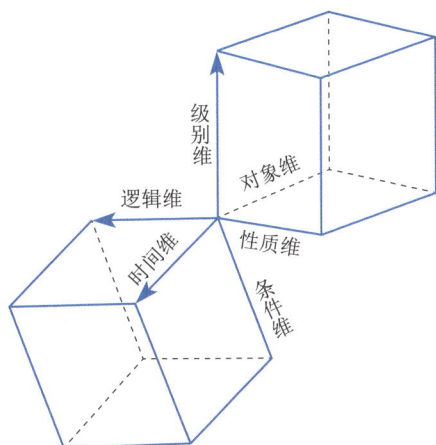

图 7-3　标准化系统工程六维空间结构示意

其一般使用方法为：首先将系统工程方法论空间三维结构和标准属性空间结构看作两个相互垂直的长方体，且其原点重合，两个长方体都可围绕原点转动。在分析问题时，将所需要的维度围绕原点旋转形成新的空间结构，理论上可组成的三维空间结构有 $C_6^3 = 20$ 组。

上述六维结构是就方法论而言的，具体应用时，不论是方法论空间还是标准属性空间都可灵活掌握，如时间维的标准化阶段划分，应随标准化的依存主体的特征而异。

总体来说，此六维空间结构把标准系统结构的复杂性和系统工程方法的科学性结合了起来，基本能够全面处理好标准化系统工程从目标确定开始直到标准系统寿命终结为止整个过程中的分析论证和组织管理的全部工作。

2. 存在的问题

分析现有的标准化系统工程方法论缺陷要从标准化项目的特点说起。现有的方法论来源于硬系统工程方法论，其方法论创建的目的在于解决工程项目的组织管理问题，但标准化除了依存主体为工程项目，其自身也有着软系统工程的特点，总的来说，工程项目更注重结果的符合性，标准化项目则强调过程的完整性和方法的科学性。具体主要表现在以下 3 个方面。

（1）实体工程项目目的指标明确，一般可量化考核检验；而标准化项目指标相对不明确，一般不可量化，只能定性确认。

（2）实体工程项目关注实施方法和技术手段，标准化项目除了强调方法论的正确，同样注重价值观的体现，即标准化项目包含软工程项目的要素。

（3）从生命周期关注点来说，工程项目较为关注"批产"之前的过程，而标准化项目也注重反馈的重要作用，继而将"更新维护"提升至与研制过程同等重要的位置。

由此综合考虑其他因素，可归纳现有标准化方法论的缺陷主要在于以下3点。

（1）六维空间结构思想和方法论来源于传统的硬系统工程方法论，而其主要用于大型复杂工程项目，针对如标准化这种软科学其具有认知缺陷，不能以系统的观点去看待和定义空间结构；对于维度的理解局限在适用于工程项目的霍尔三维空间结构硬方法论上，导致空间结构应用时不同维度的要素会产生重合，造成三维要素的不协调，方法论难以应用。（维度定义理论的提出）

（2）传统的认知方法不能适应标准化这种软科学的特点和本质特征，无法满足贯彻应用标准化新思想、理论和程序的要求，使得标准化系统工程有形无法。

（3）维度的选择没有具体方案。不合适的维度选择会导致要素、因子的提炼不是过于宽泛就是过于具体，操作性不强。

7.4.2 六维空间结构方法论的重建

标准化系统工程的六维结构，即条件维、时间维、逻辑维、级别维、对象维和性质维（图7-4），作为标准化系统工程的方法论基础。其中逻辑维、时间维和级别维是有方向的，其他三维则是无方向性的。

此六维结构不仅可用于新标准体系的建立研究，也可用于对现有标准体系的优化完善。

应用方法：方法论空间结构各维度有共同的原点 O，可以绕 O 点自由转

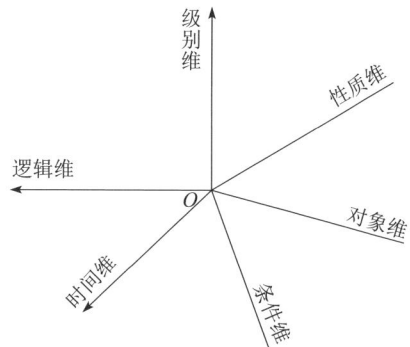

图7-4 标准化系统工程六维空间结构重构

动，根据认识论，依据标准化用途和目标选择任意 n（$n=2$、3）个维度进行组合，构成新的二维平面或三维立体结构（如时间维–对象维、逻辑维–时间维–性质维、逻辑维–条件维–对象维等），供标准化活动分析之用。

此六维空间结构与传统六维结构形式上保持了一致，区别在于空间结构认识论和方法论逻辑的改变。

1. 空间结构认知论

传统标准化方法论空间结构的认知论缺陷主要在于以下4点。

（1）六维空间结构思想和方法论来源于传统的硬系统工程方法论，而其主要用于大型复杂工程项目，针对如标准化这种软科学其具有认知缺陷，不能以系统的观点去看待和定义空间结构。

（2）传统的认知方法不能适应标准化这种软科学的特点和本质特征，无法满足贯彻应用标准化新思想、理论和程序的要求，使得标准化系统工程有形无法。

（3）维度的选择没有指导思想。不合适的维度选择会导致要素、因子的提炼不是过于宽泛就是过于具体，操作性不强。

（4）对于维度要素、因子的理解局限在适用于工程项目的霍尔三维空间结构硬方法论上，导致空间结构应用时不同维度的要素会产生重合，造成三维要素的不协调，方法论难以应用。

因此新的空间结构认知论主要针对传统认知论的缺陷提出，主要观点有3个：空间结构内涵、维度理论和逻辑重构。新的认知论解决了对方法论认知的思维缺陷，提高了标准化系统工程方法论六维空间结构的科学性和应用性。观点具体阐述如下。

（1）方法论空间结构的内涵：以系统论的观点看待标准化，建模的方式分析标准化对象，程序化的方式实施标准化。

（2）维度理论：方法论空间结构模型应用的要点在于科学地选择维度及定义维度要素、因子；其关键在于对系统和维度"对象"的理解要以系统本原的三基元观点"物质–能量–信息"进行分析。

（3）逻辑重构：标准化思维逻辑要实现从以问题为导向的传统逻辑思维向价值引导的现代标准化逻辑思维转变。传统的标准化逻辑思维活动的核心在于解决问题，而现代标准化活动的核心在于价值引导，逻辑思维的核心应是价值确定。

2. 方法论逻辑

传统的逻辑维度来源于解决工程技术问题，以问题为切入点，进行系统分解、指标确定、系统研究、过程优化、组织实施的研究方法，同样，传统的标准化系统工程方法论也沿用此逻辑，从摆明问题、标准体系指标的设计、标准化方案的综合、分析、优化到决策和实施计划，但这种逻辑思考方式已不能适应"引导、支撑、带动"的现代标准化理念。原因在于传统的逻辑思维以问题为导向，其后一系列的逻辑活动的核心在于解决此问题，而对于现代标准化活动来说，其核心问题在于价值引导，逻辑思维的核心应是价值确定，其过程包括价值判断、价值分析、价值建模、价值决策及价值实施等步骤。

下面对标准化逻辑思维的各个环节逐一简要说明。

1）价值确定

价值确定是将标准对象的标准化价值理念进行具体化，逐条逐项将标准化价值理念落实到各个方面，从理念愿景、技术发展、管理方法、知识管理到新技术、新材料、新工艺的应用，包括标准体系的架构、各子体系权重、编制方法等，制定基于价值理念的标准化条件，或者说判据。

2）价值判断

对系统、体系、项目、产品、技术等是否满足标准化条件的判断，判定其是否满足价值条件和当前能否进行标准化，对标准化活动的可行性、合理性和科学性进行判定。例如，建立一款新型 6 代战斗机系统的标准体系。价值判断是基于对 6 代战斗机的定义和技术愿景进行的是否具备进行标准化和建立标准体系的技术储备、环境条件和时机的判定。

3）价值分析

基于价值理念对待标准化的客体进行全面分析，确定其标准化工作的重点、难点，进行定性和对关键要素的定量分析。

4）价值建模

在价值分析的基础上，广泛收集其他各类影响标准化工作的信息，确定标准化工作任务的具体要求，提出任务目标的可行性指标和评价方法的准则。同时确定数个标准化备选方案，对每个方案的功能、结构和参数建立分析模型，依照目标可达度和评价准则进行综合评价，确定最佳方案。

在最佳方案确定后，对其进行结构、参数的次级优化，使其能够吸取其他方案和知识的优势，保证其配置更合理、功能更有效率。

5）价值决策

除非某个方案优势明显，否则大多数情况下可能有两个甚至数个备选方案，即便使用了优化方法，仍难确定唯一的最佳方案，这时就需要进行决策。决策时除了对不同方案的预期结果进行预判，更要考虑政策、战略和策略、风险等因素，最终选择一个或几个进行试验评估。

6）价值实施

将决策的结果方案付诸实施也是一个不断试错、反复优化和决策的过程，反馈机制的完善和效率对于实施结果具有重要作用。

7.5　标准化程序研究

标准化系统工程方法论是指导建立标准体系的有效工具，为标准体系的建立提供了理论基础和科学方法，但就标准化系统工程的开展来说，还需要建立一套完备的工作程序配合方法论的应用，因此标准化程序的提出就非常必要了。

7.5.1　综合标准化程序

现有的系统工程标准化方法、综合标准化是从 20 世纪 60 年代逐步发展起来的，基本特征是系统地、协调一致地制定贯彻标准，强调系统的整体最佳效益，强调标准的先进性和成套型，具有目标性、系统性、协调性、超前性和动态性等特点，并已形成较为成熟的综合标准化主要程序，如图 7-5 所示。

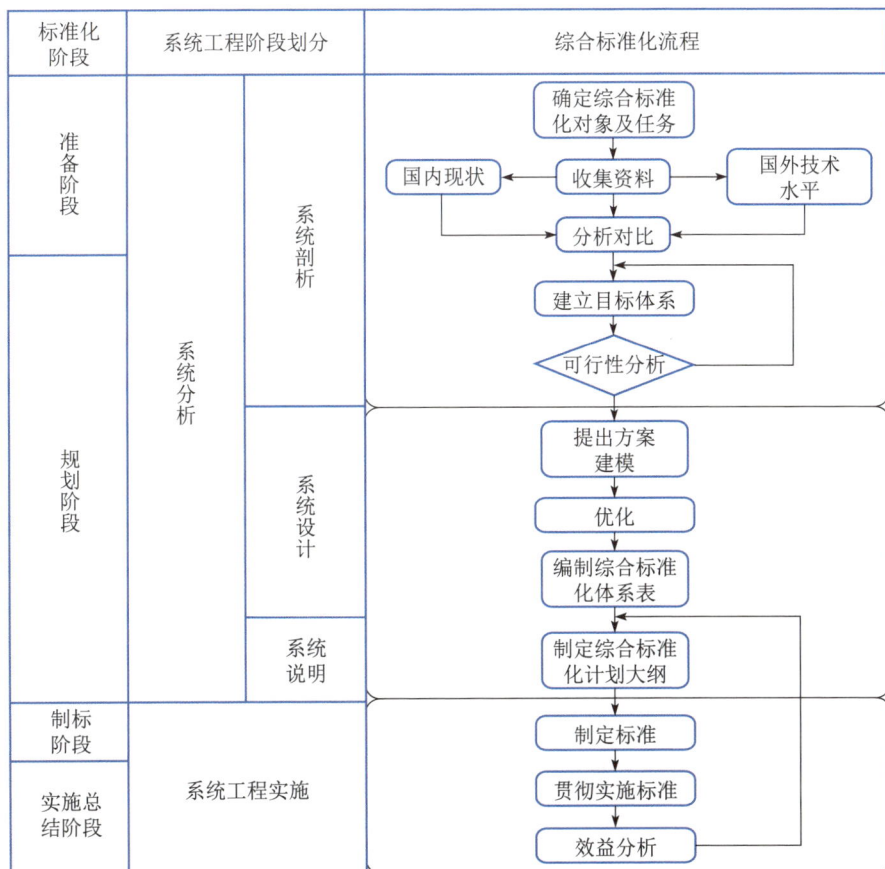

标准化阶段	系统工程阶段划分		综合标准化流程
准备阶段	系统分析	系统剖析	确定综合标准化对象及任务 → 收集资料（国内现状 ← → 国外技术水平）→ 分析对比 → 建立目标体系 → 可行性分析
规划阶段		系统设计	提出方案建模 → 优化 → 编制综合标准化体系表 → 制定综合标准化计划大纲
		系统说明	
制标阶段	系统工程实施		制定标准 → 贯彻实施标准 → 效益分析
实施总结阶段			

图 7-5　综合标准化程序

虽然综合标准化也强调先进性、协调性、超前性和动态性等系统性特点，但是由于其程序制定年代的标准化指导思想，或者说是标准化的价值驱动的限制和指引，其缺点在于不能满足复杂大系统工程的标准化要求，系统工程方法的理论指导作用不明显，反馈机制缺失，对于建模和大纲等指导性要素的决策和制定缺乏外部激励和优化机制等。

鉴于综合标准化程序的缺点和不足，为了贯彻实施标准化系统工程新理论和方法，需要对其进行优化和完善以配合标准化系统工程的开展。

7.5.2 标准化程序优化的理论基础

系统优化原理的主要内容是，以整个系统的输出功能和效果达到最优为目标。系统功能的优化取决于系统结构的优化。同时系统学认为系统的功能"是一个过程，它反映了系统对外界作用的能力，是由系统的结构所决定的，由系统整体的运动表现出来"。

因此标准化强调客观效果，重视系统的功能，而功能由结构决定，要优化功能则必须优化结构。但优化结构的对象又有直接优化对象和依存主体优化对象之分，而直接优化对象又是为依存主体优化对象服务的，因此对于标准化来说，最终目的就是要使依存主体（标准化系统）的结构优化，办法之一就是建立一套结构高度有序的标准系统，而标准系统的结构优化方式之一就是优化标准化程序，故标准化优化的最终落脚点之一就是标准化主要程序的优化。

研究系统优化时应具备 4 个条件：有明确的系统界限；有明确的总目标；有明确的具体约束条件；必须建立结构参数与功能参数间的关系，以构成系统运动模型。因此为了便于开展工作，最大限度地保证优化结果的正确性和科学性，以现有的系统工程标准化方法——综合标准化主要程序为原型开展优化工作。

7.5.3 综合集成标准化程序

优化需要有方法的指导，因此针对综合标准化程序的缺点和不足，引入综合集成方法论为指导开展工作，其基本模型如图7-6所示。

综合集成方法论最初由钱学森于 1987 年提出，表述为从定性到定量的综合集成技术，1992 年他又提出从定性到定量综合集成研讨体系，进而把处理开放复杂巨系统的方法与使用这种方法的组织形式有机结合起来，将其提升到了方法论的高度。其特点在于：强调系统运行、评价的反馈机制对于决策部门的重要性；专家理论和经验在系统判断、结果分析时的必要性；模型、方案等重要程序工具的反复优化等，这些特点能够较好地弥补综合标准化方法的缺陷。

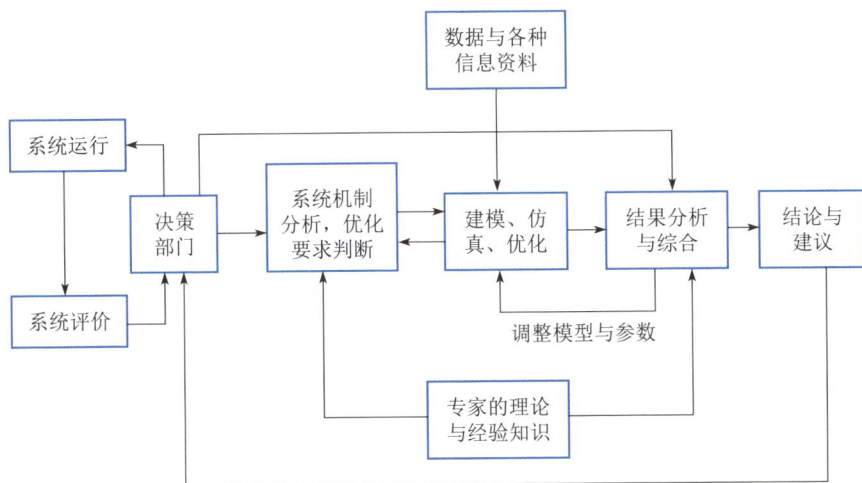

图 7-6　综合集成方法论

因此，以综合集成方法为指导，以新型标准化理念价值驱动为理念，以标准化系统工程方法论为直接手段，在综合标准化主要程序的基础上进行优化，得到如图 7-7 所示的标准化主要程序，命名为"综合集成标准化程序"。

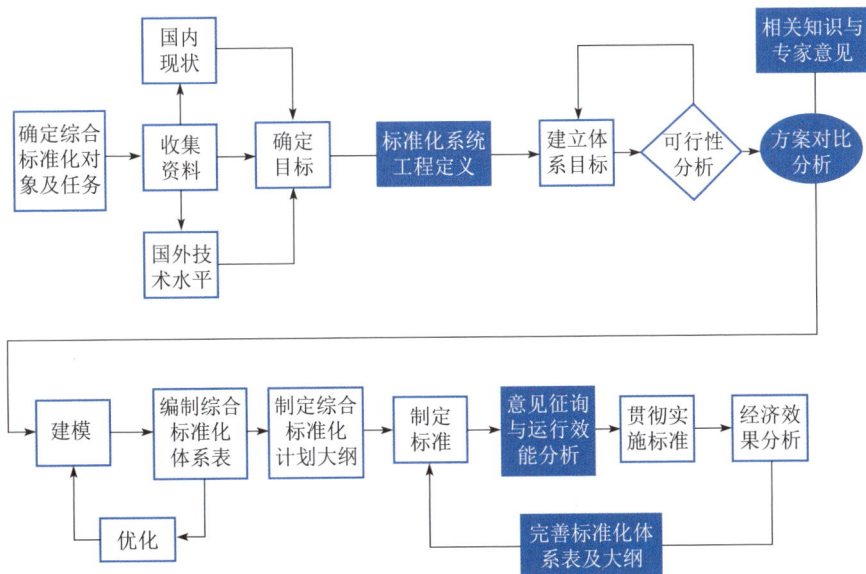

图 7-7　综合集成标准化程序

7.6　航空系统集成工艺标准化系统工程实例

目前国内各个航空主机院所已开始了相关技术和产业发展的初步探索和研究。为了配合、规范及引导行业发展及在研、在制航空系统集成产品的研发、制造，进一步规范大系统集成产品的设计、生产，工艺标准化则是一条必经之路。

系统集成专业发展的目标及目的之一就是建立一套满足产品生产需求的工艺标准，使工艺体系能够更加成熟、规范、高效，向着国外知名大系统集成商看齐，做好大系统集成标准化工作，以规范、指导、协同促进行业发展，填补国内在此领域的空白。因此，构建一套能够明确产业技术领域，体现行业技术水平，指引行业发展方向的工艺标准化体系对于产业发展来说意义重大。

7.6.1　工艺标准化系统工程研究模型

系统工程是航空系统集成工艺系统构建的重要手段和方法，能够使得工艺系统在其他配套系统尚不成熟、完善的情况下从工艺过程设计角度开展工艺系统的顶层设计和架构规划，对于工艺系统的可持续、动态化、规范化、科学化发展，保障现有航空系统集成产品的质量具有重要意义。

工艺标准化系统工程与工艺系统工程均依存于工艺体系，并以工艺标准化系统为直接研究对象，它们之间的关系可以用图7-8所示的概念模型阐述。工艺标准化系统工程是工艺系统工程的一个子系统，它既依附又相对独立地存在于工艺系统工程中，其目标和依附对象以工艺系统工程的目标和研究对象为基准，同时两者使用的研究思想和方法一致，任何一方不采用系统工程的手段都会影响到另一方目标的实现。两者相互配合，相互制约，共同推进工艺系统的建设。

工艺标准系统、人、物、信息和经费等都作为工艺系统的输入，输出航空系统集成产品及全寿命周期的维护服务。其中工艺标准系统是工艺系统输入构成的主要部分，其标准化功效渗透到工艺系统内各个子系统之中，改进工艺系统结构，提高工艺系统的输出功效。这个功效也就是标准化体系作用于工艺系统的标准化功效，反馈于工艺标准化工作系统，通过与预期目标的对比，一方面对工艺标准体系的功效进行了分析评估，另一方面促使工艺标准化工作系统进行自我改进。这个过程始终是在工艺标准化工作系统的组织与参与下完成的，从整个流程的各个步骤保障工艺标准体系的建立和贯彻，以及工艺标准化工作系统的完善与优化。

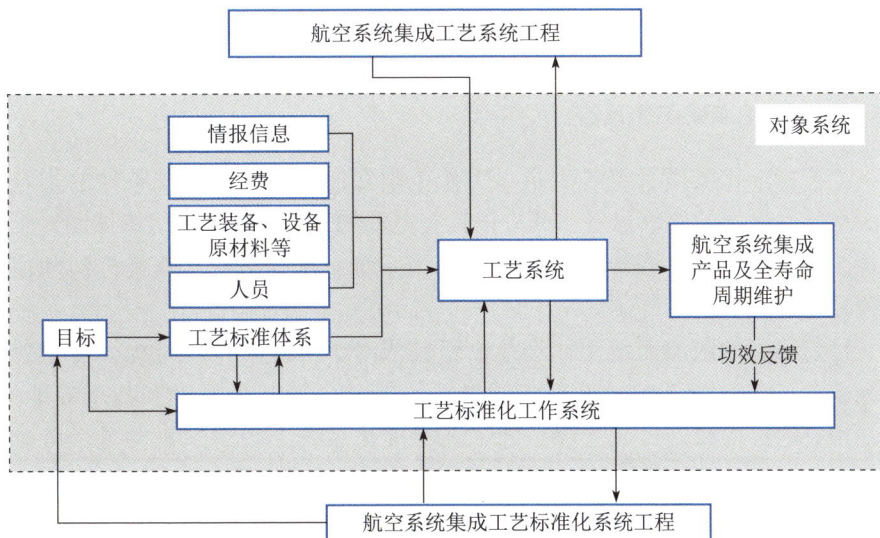

图 7-8　航空系统集成工艺标准化系统工程的结构模型

7.6.2　工艺标准化系统概述

在一个产业领域，产业规模化、正规化发展需要构建完备、科学的工艺标准体系。工艺标准体系是先进工艺技术、工艺管理经验的升华，能够引领产业良性发展，促进产业繁荣，其体系的完善、科学、先进与指导性、开放性是至关重要的，但同时需要保护企业工艺诀窍。

航空系统集成工艺标准是航空工艺标准的一个新兴的分支与重要组成部分。标准化系统包括工艺标准体系和工艺标准化工作系统。

1. 工艺标准体系

航空系统集成产业虽然属于新兴的技术领域，大部分技术类工艺标准为新编标准，但其与机载设备行业、型号系统等密切的交联关系决定了其不可能完全是一个独立的分支体系，标准体系中除了会采用或修订使用国家军用标准和航空行业标准，必然还纳入相关的国家标准和其他行业标准，如电子行业标准等，故标准体系中各标准之间的匹配、协调、适用等是否科学合理直接关系到工艺管理、集成过程和寿命周期内维护保障目的的可达成度。

同时随着现代设计方法和制造技术的进步，航空系统集成产业工艺标准体系要考虑适应未来一定时期内工艺技术发展带来的管理方法的变化，故标准的作用要从传统的"规范、统一、协调"向"引导、支撑、带动"作用转变。

因此航空系统集成工艺标准体系的建立应满足目标性、协调性、技术可行性、开放性等原则。

2. 工艺标准化工作系统

工艺标准化工作系统是人员、工作范围和制度，以及工作条件的集合系统。从体系建立的要求出发，其应该具有完整的、相对独立的组织体制，至少包含5个主要部分：领导机构、专家咨询系统、执行组织、监督机构和信息系统。

目前我国的航空系统集成产业由于其依附于传统的科研机构，建立独立的标准化工作系统显然是不现实的做法，但又由于其必要性和技术专业性，设立相应的机构和人员成立虚拟的工艺标准化系统工程组织机构是个可行的办法。

因此虚拟的工艺标准化系统工程组织机构设立的基本原则为"业务随人，以责定职"，团队组织架构设计以贯彻和实施系统工程思想和理念为指导，采用了两级三岗的扁平化组织机构设置和人员管理方式，组织框架及与实体组织的关系如图7-9所示。其中，两级管理机构由一级工艺体系系统工程委员会和二级工艺体系系统工程办公室组成。三岗由工艺标准化体系系统工程主任师、工艺标准化体系系统工程副主任师和工艺体系系统工程人员组成。

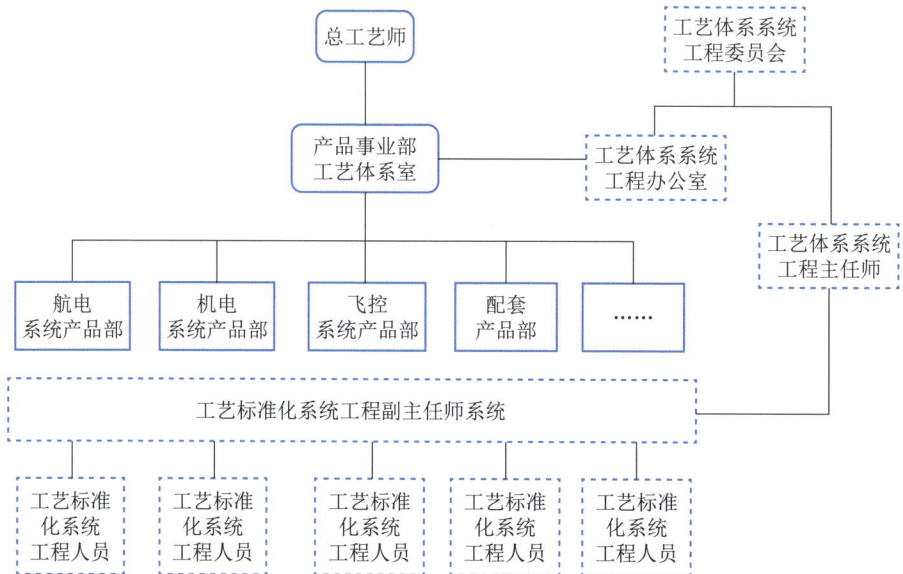

图 7-9　航空系统集成工艺标准化系统工程组织结构

7.6.3　工艺标准化理念

航空系统集成工艺标准体系系统工程是使用系统工程的思想和方法论指导工艺体系的建立，其中方法论对工艺标准化系统工程的实施有着不容忽视的重要作用。体系建立的基本要求为：其结构应适应我国航空标准体系的基本要求及基本模式，但应在此基础上有所创新以应对航空系统集成产业及产品的特点；其技术理念应具有广泛的包容性，既能解决现实问题，又能引导和指导行业不断探索新技术；同时坚持自主发展的价值理念在体系中的融合应给予体现。

因此以系统工程的基本原理和方法论为指导，以标准化技术为手段，标准化系统为目标，充分理解航空系统集成行业和产品的特点，形成一套同时具备现实可操作性和发展指导性的航空系统集成工艺标准化系统，做到"定义清晰，组织科学，权责明确，过程规范，理念先进"。

航空系统集成工艺标准化作为一项工程，与传统工程项目相比有着自身独特的个性。标准化不仅是对工程项目的规范，更是对行业发展、工程技术等发展方向的引导，从标准体系的结构制定、标准化程序优化、内容安排等方式体现，故（企业）行业要达成何种目标、实现何种规划、以何手段完成，更多的是一种价值理念的驱动。

因此价值驱动理念坚持"跟踪前沿、立足现状、面向愿景、重点实施"的指导原则，建立具有中国航空工业技术和组织特点的标准化体系，在技术上向国际先进技术看齐，在组织管理上，建立具有自主特点的管理和组织方式，在标准化作用上坚持能够引导自主设计的实施，基于原创设计的创新等价值理念。具体体现在以下几方面。

（1）标准化系统工程理论和方法论的创新与应用。

（2）管理方法创新、工作（技术）模式变革的预先判断。

（3）飞行器系统集成技术发展方向的引导性。

（4）集成方法及测试新技术运用的理念。

（5）集成产品全寿命周期内工艺价值的贯穿体现。

（6）标准体系建立和标准编制方法的科学性和自主性。

7.6.4　标准体系表的建立

标准体系表包括标准体系结构图和标准体系明细表，是表达企业标准体系概念的模型，是策划、分析、设计、建立、实施、评估企业标准体系的重要方法和工具，企业标准体系表的建立是企业标准化的基础工作。

1. 编制原则

依据相关国家标准、国家军用标准，体系表的编制原则一般包括以下几个。

（1）目标明确。基于目标决定结果的一般原理，应明确建立标准体系表的目标。

（2）理念先进。标准化要对先进技术、管理方法和工作方法进行标准引导，基于现代科学理论和方法论开展标准化工作，不对不合理、不科学、低效率、高耗能的要素、流程进行标准化。

（3）全面成套。围绕标准体系的目标协同开展，对照工艺标准化系统工程模型的各个机制功能和运行途径进行体系效能板块的合理布局，能够体现体系的系统整体性。

（4）层次适当。每份标准应安排在恰当的层次上，同一份标准不能列入两个以上子体系内。应尽量扩大标准的适用范围，做到体系尽量合理简化。

（5）划分清楚。子体系或类别的划分，应按行业、专业等标准化活动性质进行分类，不应按照行政管辖范围划分。

（6）适度超前。作为一个新兴技术领域，技术发展日新月异，标准规划及编制应考虑适时及时纳入最新技术、管理成果，带动、引领行业快速发展。

除了国标中明确的四项原则，针对航空系统集成产业的特点，还应考虑以下 3 个原则。

（1）兼顾新旧。航空系统集成由于其产品特点及相应的技术模式，产品技术跨度较大，因此标准编制应充分考虑老旧产品的适用性及新产品的成熟度，最大限度地做到新旧兼顾，普遍适用。

（2）加强"软"标准化。与传统工业强调实体、硬件的标准化理念不同，航空系统集成产业应在软标准化上加强，适应产品技术特点及发展趋势，包括术语、概念定义、图形、符号、测试、试验和评价方法、程序、接口等。

（3）重视企业价值理念和文化精神的作用与融合。包括企业（行业）价值目标、理念和宗旨、原则以及文化精神在工艺标准体系中的体现，这种体现通过两种方式表现：一是直接体现，在标准体系表的框架、板块搭建、标准规范内容的编排中将原则、宗旨等直接显现；二是间接体现，在标准化目标的选择、标准内容的编制、管理工作流程及方法、先进技术的使用等方面将这种精神理念融入其中。

2. 标准体系表结构

标准体系表的结构可分为层次结构、功能归口型结构或序列结构。一般而言，层次结构和功能归口型结构用于综合性或全局性管理，而序列结构则适用于以产品或服务、某专项或局部工作为中心的管理。后者是前者的补充，可以根据其生命历程用"序列结构"形式列出。

层次结构一般由技术标准、管理标准和工作标准子标准体系组成，如图7-10所示。

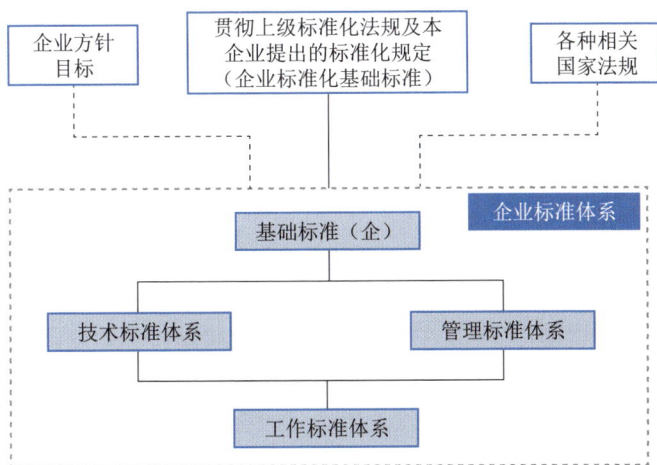

图7-10 企业标准体系表层次结构图

技术标准子体系作为企业标准体系的一个主要子体系，其结构形式与上级标准体系从结构形式上应保持一致，这样从系统的组成上才能够进行拆分、合并、重组，从满足系统的属性要求上才能够做到相互支持相互配合。

功能归口型结构，顾名思义，就是按功能划分将子标准体系由相应功能部门负责标准体系的建立，具体如图7-11所示。

航空系统集成工艺标准体系作为航空系统集成企业标准体系的一个子系统，从标准化系统的属性上来讲，与企业标准并无差异，结构形式也按照其基本结构图构建，但到底如何选择并组建航空系统集成工艺标准体系结构则需要从以下几方面考虑。

（1）适应航空型号标准体系的一般架构特点。

（2）满足航空系统集成产业的特点和需求。

（3）以标准化系统工程理论为指导的体系架构搭建。

基于以上3个建立原则，航空系统集成是一个新兴的产业和行业，目前其

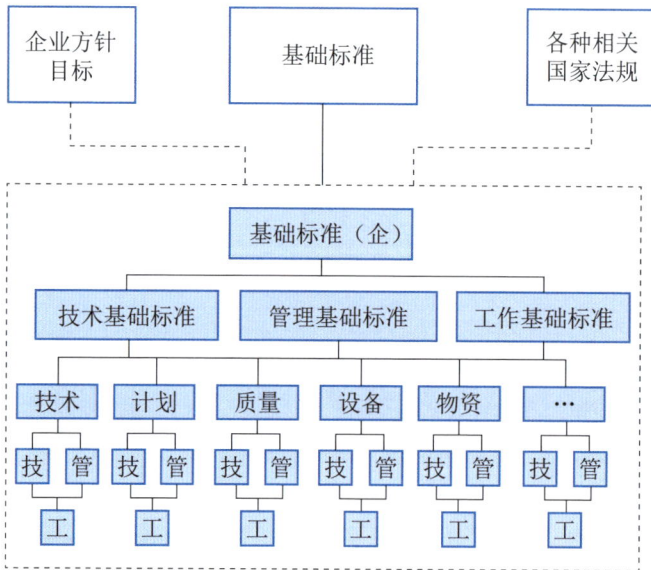

图 7-11　功能归口型结构图

产品和技术特点均决定了其不可能完全按照一个新建行业去考虑标准化体系的搭建，也就是说，从功能归口型考虑是不现实的，因为这会涉及相当多的部门机构重组与职责的再划分，这样就超出了一般标准化体系建构的能力。因此以标准属性划分的层次结构就显得具备一定的灵活性和适应性，更能满足这种在原有体系下重新构建新体系的特殊情况。

同时航空系统集成产业是一个以集成产品和测试技术为核心的新产业，涉及与二配厂商、供应商和主机场所的技术分割与职责重构。因此以系统工程理论为指导建立标准化体系是比较适合的，因为系统工程的一般原理和特点能够满足这种体系的再划分需求，同时其方法论和建模手段对于体系的边界定义与流程建立也是非常必要和重要的。故引入标准化系统工程理论和方法论在体系构建中需要给予体现。那么如何体现标准化系统工程理论和方法论的作用呢，则需要溯本回源，从系统学去寻找其理论基础。

系统学认为，系统总是处于不断运动和变化中，其结构之间相互促进、协调发展，当达到一定阈值后结构就会产生一些质变，使系统内结构、功能发生分化。这种变化的一个结果就是在系统内出现控制中心，整个系统的控制任务由某一子系统来完成，而其他子系统则变为被控制对象。因此控制中心的形成进一步提高了系统从外部环境吸收负熵流的能力和内部的协同作用，使系统更加稳定，并为结构的进一步有序化创造新条件，这就是系统内控制中心形成的系统学基础理论。据此，标准化体系作为一个系统，也会形成这种系统内的控制中心，那么建立一个贯彻、规范标准化系统工程理论和方法论的子体系就非常必要和合理了。

基于上述理由航空系统集成的（企业/行业）标准化体系结构图如图7-12所示。

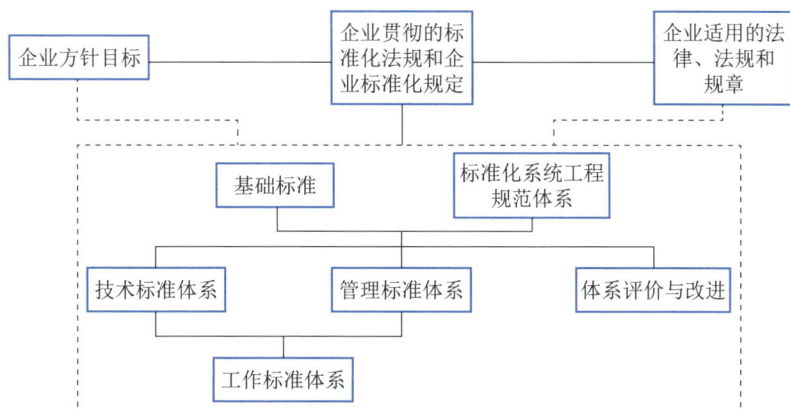

图 7-12　航空系统集成企业标准体系表层次结构图

航空系统集成工艺标准化子体系作为企业标准化体系的一个子体系，从架构上需与上级标准化体系结构保持一致，因此上述层次结构图也是工艺标准化体系的结构图。

3. 标准体系表建立方法

标准系统的最终表现形式就是标准体系表，将标准体系以图表的形式科学地、合理地表达出来。标准体系的结构形式实质上就是标准体系表的结构形式，因此标准体系表结构确定的前提下，如何开展体系表的具体搭建是进一步需研究的内容，其中的要点之一就是体系表各层次标准化要素及因子的提炼，标准化系统工程六维空间结构方法论是处理此类问题的科学手段。

标准化系统工程六维空间结构方法论只是提供了一种方法论，一种具体问题的处理方式，但如何操作建立起相对合理的航空系统集成工艺标准化表还需要进行应用技术研究，在此过程中要牢牢把握和理解方法论的3个主要观点：空间结构内涵、维度理论和逻辑重构。

1）空间结构维度的选择

使用传统的"级别-性质-对象维"的标准属性空间结构或者"逻辑-时间-知识维"空间结构，都不能满足对于一个全新产业标准体系表共性要素的提炼需求，不是过于宽泛就是过于具体，操作性不强。因此 3 个维度的选择一方面使用系统观点去分析和理解标准化对象，另一方面要综合产业现实情况和标准化目标。

航空系统集成工艺系统作为待标准化的系统，其目标是建立全寿命周期、全产业链、涵盖工艺全部要素的标准体系，因此按照系统是由"物质-能量-信息"三基元组成的基本思想选取 3 个维度并分别进行定义，这样能够较好地区分各种要素，避免标准化因子在空间结构的重叠和冲突。具体考虑如下。

（1）信息对应对象维度。关键在于对"对象"这个概念的理解，以系统的观点来看，系统内的对象要素是可分解和无穷尽的，那么分类和定义到什么范围就不好控制，处理不好会与条件维的物质、环境的要素产生重合，造成三维要素的不协调。因此从广义上来看，信息可理解为系统的存在方式和运动状态，以及这种方式、状态的直接或间接表述。同时信息以物质作为载体，也可以脱离生产它的物质而被传递、存储和变换。那么就工艺这个系统来看，信息应理解为工艺这个概念的存在方式和运作方式。

（2）物质对应条件维度。物质是信息的载体，包含具体的实体物质对象，也包含非实体的物质对象，如知识、环境等概念类物质。

（3）能量对应性质维度。能量是物质转化和运动的基础，是保证系统有序性的必要条件。性质维是对系统各要素、过程的宏观分类，是保证系统有序性的具体体现。

据此，针对航空系统集成工艺标准化体系表建立的"条件-性质-对象维"三维空间结构，3 个维度均无方向性，如图 7-13 所示。

2）空间结构维度的定义

从系统的观点来看，节点要素应是具有相同本质特征的、功能类似的某一子系统或者集合，在大系统中各司其职，又相互协调，从功效上共同支撑大系统的运行。其中包含的具体

图 7-13　标准化要素三维空间结构

构成要素则是可变、可分解组合、动态的，依据实际需求而再次分解定义的，据此对 3 个维度的节点分别进行归纳与定义，形成了如图 7-14 所示的三维空间结构。

性质维：根据选择的体系结构形式，工艺标准分为 3 个子系统：技术、管理和工作子系统，因此，性质维分技术标准、管理标准和工作标准 3 个要素。

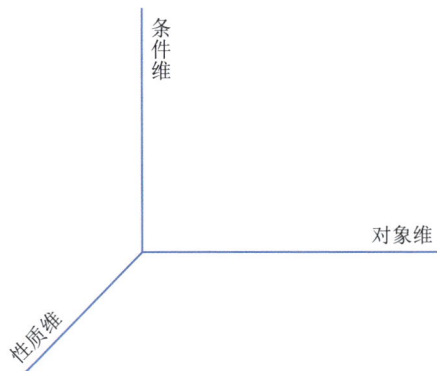

条件维：根据顾基发和朱志昌的 WRS 系统方法论，任何体系的建设应考虑物理、人理和事理 3 个基本要素，为了体现价值理念的引导和对结果的决定作用，增加理念要素；同时现代航空集成技术快速发展，为了适应新技术的发展和体系的健全，知识管理就显得比较重要，作为单独一个要素体现在各自体系建设中，这样条件维就有了 5 个要素：工艺人员、工艺物质、工艺环境、工艺知识和工艺理念。

对象维：既然是以系统论和系统方法论指导体系化建设，传统的对象概念就不能适应维度的建立，比如装备、文件等客观具体的实物或概念，因为这种看待对象概念的观点提炼的要素和条件维要素是重合或冲突的，例如工艺装备要素在条件维里体现在工艺物质要素中，则无法使用系统方法建立体系。因此用系统的观点，就工艺这个概念的存在方式和运作方式来看，可分为工艺基础、工艺理论和方法、工艺过程（实践）、工艺反馈和工艺优化。

3）标准化系统工程规范子体系

控制中心形成的理论基础是标准体系结构图确立和航空系统集成标准化系统工程规范子体系建立的理论基础。

在标准化体系标准的构建过程中，建立低于行业、企业上级标准规范下，高于通用规范上级的标准化系统工程规范子体系，贯彻实施标准化系统工程的方法论，指导标准体系表的全面构建，从方法论和规范性要求

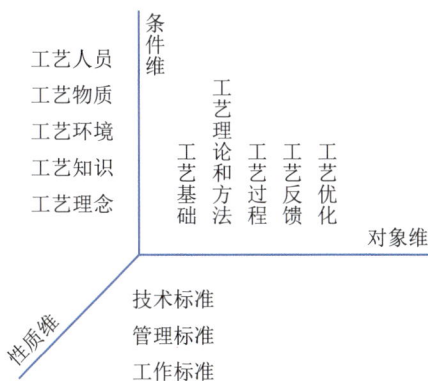

图 7-14　工艺标准化体系三维结构空间

上统一标准系统。标准化系统工程子体系主要包括 3 个方面内容：一是标准化系统工程的定义、一般要求和系统工程方法论；二是工艺标准体系表的建立方法和要求；三是标准化工作系统的建立方法指导和工作原则。

航空系统集成工艺标准化系统工程子体系的建立是第一次在标准化体系表中将系统工程作为单独子体系，建立完整的子体系概念，明确系统工程的概念和方法，指导标准化系统工程的实施，使标准体系表的建立更科学、更规范，保证了体系表的结构、标准化要素、标准化因子的正确合理，使标准体系具有可持续发展的能力。

4）航空系统集成工艺标准体系表

按照上述方法，通过合并、优化，最终形成的航空系统集成工艺标准体系表如图 7-15 所示。

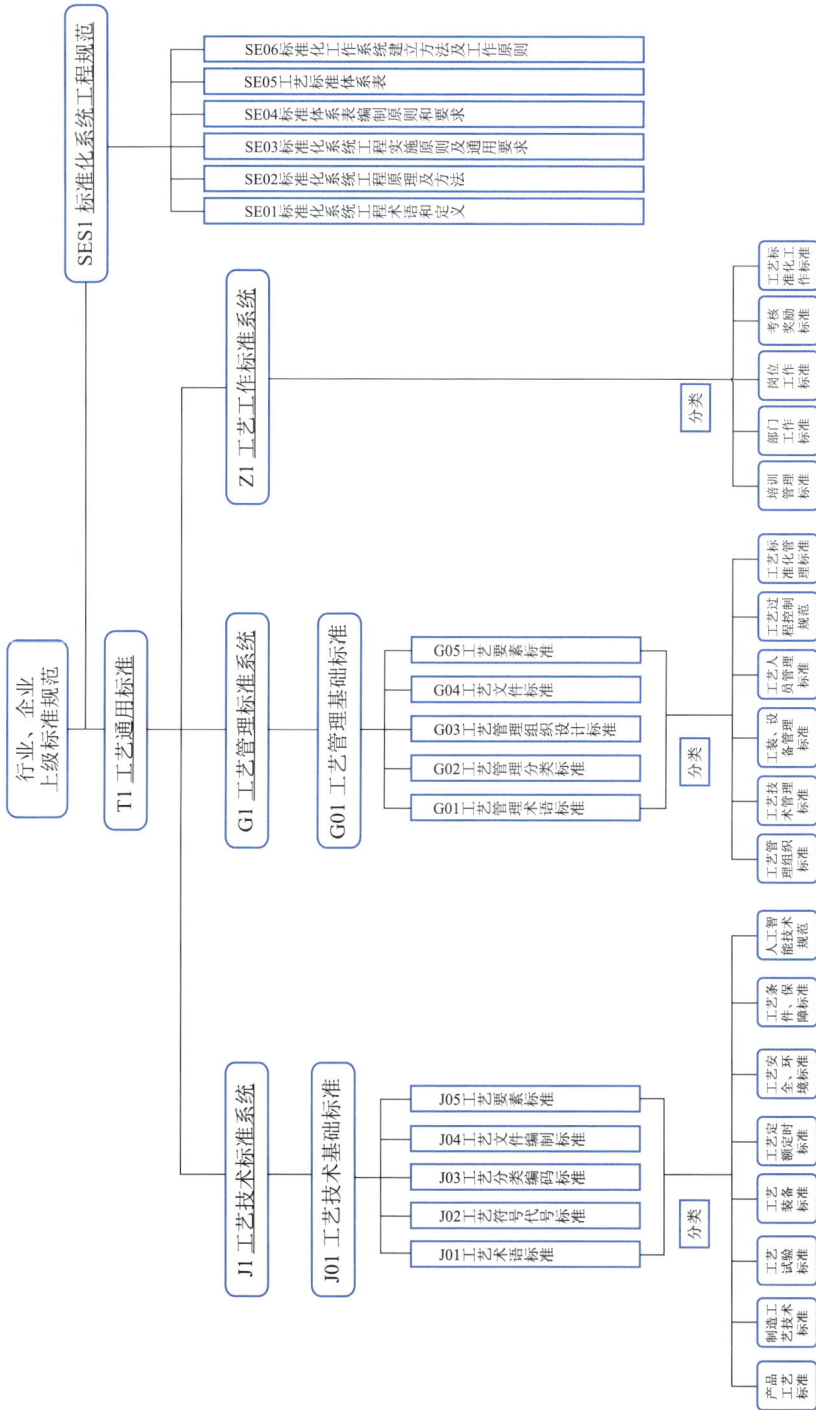

图7-15 航空系统集成工艺标准体系表

5）标准化因子的提炼方法

已建立起框架的标准体系表，如何进行项目标准化因子的提炼，对于标准、规范的制定就成为一项技术关键。

对于维度建立所采用的"条件–性质–对象维"标准化要素制定空间结构，在标准化因子的建立上并不适用，因子的标准化是对于特定要素的具体化，因此考虑的维度应随之改变，首先应贯彻全寿命周期标准化的理念，因此时间维是必需的；再者工艺是围绕产品开展的，因此从其工作程序、方法上可考虑工作逻辑维的建立；最后对于标准化要素作用客体的效果途径进行考虑建立对象维，这样就建立了一个"时间–逻辑–对象维"的三维空间结构。

以系统集成测试工艺标准化子体系的建立为例，运用"时间–逻辑–对象维"的空间结构的标准化因子提取方法，进行如下考虑。

时间维：标准化要素在产品全寿命周期上的体现，以基础标准为基本定义，从概念至退役全寿命周期的考虑，如图7-16所示。

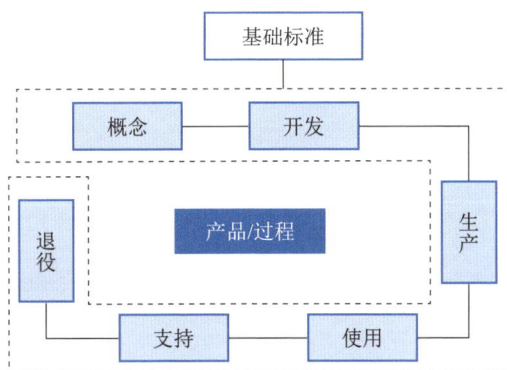

图7-16 产品全寿命周期

逻辑维：传统的考虑问题的逻辑次序为：提出问题、指标设计、系统综合、系统分析、优化、决策和组织实施。这种逻辑对于一个新的科学问题或工程问题是适合的，但是对于一个新技术行业的工艺问题来说，这种逻辑显然是不适用的。首先工艺逻辑的问题应该是最优化的问题，而非探索未知的问题；其次工艺的开展始终是围绕已存在的产品开展的，而非未来待开发或概念产品，因此其逻辑要素和次序应该是：工艺原理及方法、方案确定、工艺设计、工艺验证、工艺优化。

对象维：这里应该是待标准化要素影响和指导客体的效果和途径，而非待标准化本体。集成测试工艺作为一种技术概念，其影响和指导产品制造与设计的途径具体落实体现在各种工艺相关书籍、文件上，因此通过对这种客体客观

241

效果的分类，可将其标准化因素划分为指南、制度、要求、规定和规程等。

这样对于集成测试工艺标准这个待标准化方向就形成了图 7-17 所示的标准化三维空间结构，对于标准化因子的提取具有指导作用。

其他子系统也可按照此方法进行。

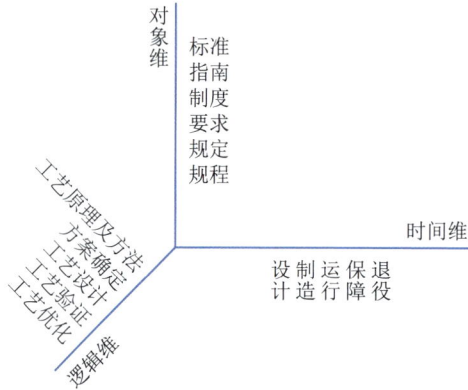

图 7-17　集成测试工艺标准化子体系三维空间结构

附录A 航空系统集成产品研制阶段及流程图

飞机整机研制程序

论证阶段	方案阶段	工程研制	设计定型	生产定型

总体系统设计研制程序

概念设计	初步设计	详细初步设计	详细设计	试飞、首飞和科研试飞	使用保障 / 设计定型

概念设计：系统需求分析 → 系统方案论证 → 报告评审

初步设计：系统设计需求分析 → 初步方案设计 → 系统性能指标分析 → 原理验证平台建设 → 顶层设计要求 → 方案设计 → 技术协议

详细初步设计：详细初步设计审查 → 设备研制技术要求 → 项层设计要求 → 方案设计

详细设计：系统/设备装机设计 → 系统性能指标分析 → 生产技术条件和试验需求 → 详细设计审查 → C样件试验 → C转S审查 → S样件试验

试飞、首飞和科研试飞：首飞技术审查 → 试飞、首飞用户教材及资格资质试验 → 定型/鉴定试验 → 成品定型/鉴定审查

使用保障 / 设计定型：定型技术文件编制 → 技术支持

二配厂家研制程序

论证阶段：可行性论证报告 → 报告评审

方案阶段：方案报告 → 报告评审

初样研制阶段：初样详细设计 → 详细设计评审 → 初样试制、试验 → C转S评审 → S样件设计、制造、试验

试样研制阶段：首飞评审 → 飞行试验 → 出厂评审 → 鉴定试验大纲 → 大纲评审 → 鉴定试验 → 审查结束

系统集成产品全寿命周期

生产准备：产品开发工艺调研 → 参与产品设计方案 → 产品工艺可行性分析 → S样件设计审查工艺文件工艺 → 产品工艺规范 → 工艺方案设计 → 工艺方案评审

首件生产：工艺规程工艺路线 → 专用设备和工装鉴定 → 工艺试验

生产定型：首件暨工艺鉴定评审 → 工艺和工艺路线优化 → 工艺和工艺时定额 → 工艺鉴定

批产及外场保障阶段：工艺实施 → 工艺反馈 → 工艺总结

附录B 航空系统集成产品生产流程图

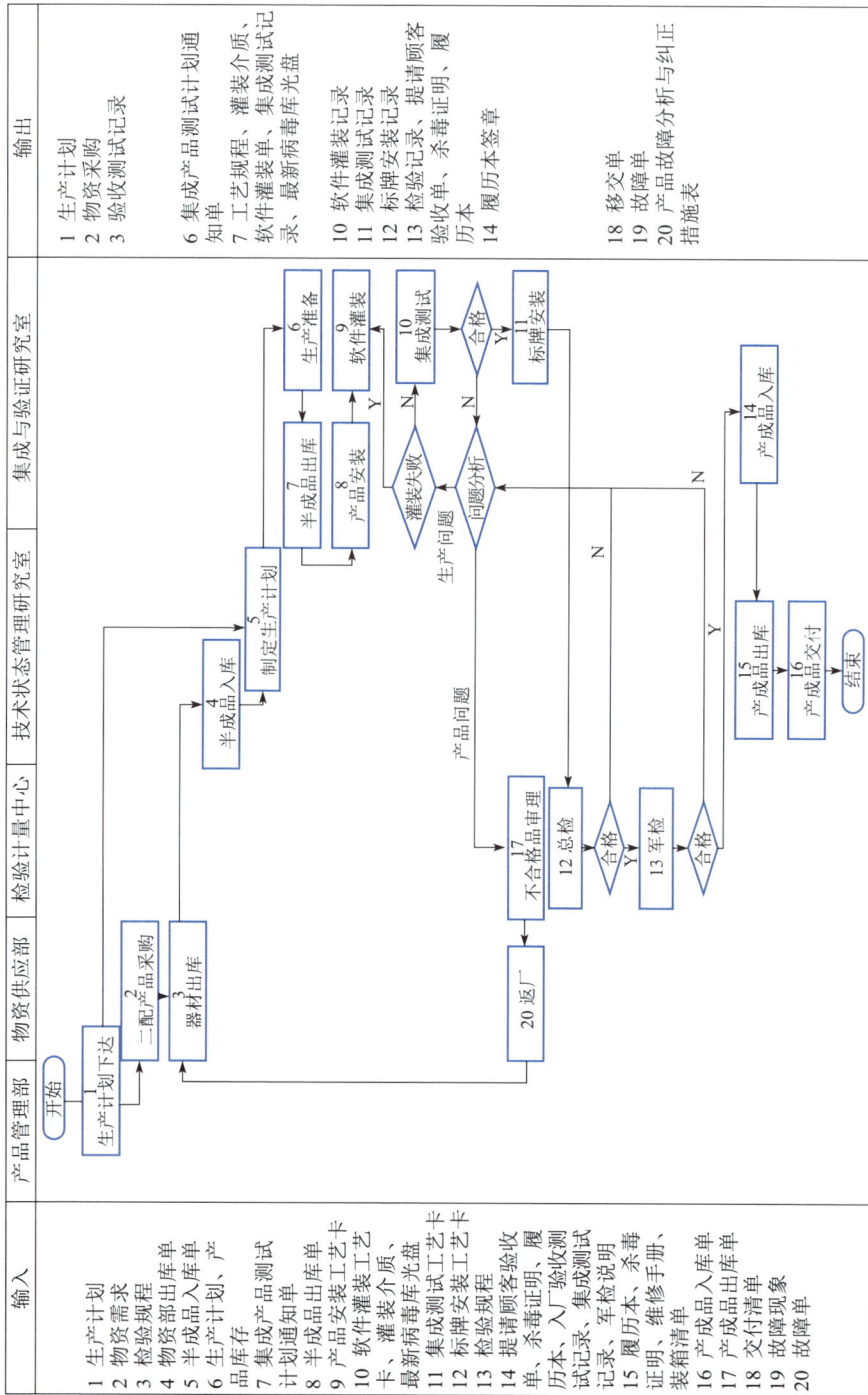

泳道（部门）： 产品管理部 | 物资供应部 | 检验计量中心 | 技术状态管理研究室 | 集成与验证研究室

流程节点：
开始 → 1 生产计划下达 → 2 二配产品采购 → 3 器材出库 → 4 半成品入库 → 5 制定生产计划 → 6 生产准备 → 7 半成品出库 → 8 产品安装 → 9 软件灌装（灌装失败）→ 10 集成测试 → 合格？（Y/N，问题分析）→ 11 标牌安装 → 12 总检（合格 Y）→ 13 军检（合格 Y）→ 14 产成品入库 → 15 产成品出库 → 16 产成品交付 → 结束；17 不合格品审理 → 20 返厂；生产问题／产品问题

输入

1 生产计划
2 物资需求
3 检验规程
4 物资部出库单
5 半成品入库单、产品库存
6 生产库存
7 集成产品测试计划通知单、产品测试计划、产品库存
8 半成品出库单
9 产品安装工艺卡
10 软件灌装工艺卡、灌装介质、最新病毒库光盘
11 集成测试工艺卡
12 标牌安装工艺卡
13 检验规程
14 提请顾客验收单、杀毒证明、履历本、入厂验收测试记录、集成测试记录、军检说明
15 履历本、杀毒证明、装箱清单
16 产成品入库单
17 产成品出库单
18 交付清单
19 故障现象
20 故障单

输出

1 生产计划
2 物资采购
3 验收测试记录
6 集成产品测试计划通知单
7 工艺规程、灌装单、软件灌测试记录、最新病毒库光盘
10 软件灌装记录
11 集成测试记录
13 标牌安装记录、提请顾客验收单、杀毒证明、履历本
14 履历本签章
18 移交单
19 故障单
20 产品故障分析与纠正措施表

参考文献

［1］ 张新国. 国防装备系统工程中的成熟度理论与应用 ［M］. 北京：国防工业出版社，2013.

［2］ 陈颖，苑任亮，曾利. 航空电子模块化综合系统集成技术 ［M］. 北京：国防工业出版社，2013.

［3］ 张锡纯. 标准化系统工程 ［M］. 北京：北京航空航天大学出版社，1992.

［4］ 汪应洛. 系统工程 ［M］. 北京：机械工业出版社，2014.

［5］ 金德琨，敬忠良，王国庆，等. 民用飞机航空电子系统 ［M］. 上海：上海交通大学出版社，2011.

［6］ 蒲小勃. 现代航空电子系统与综合 ［M］. 北京：航空工业出版社，2013.

［7］ COLLINSON RPG. Introduction to Avionics Systems ［M］. 北京：国防工业出版社，2013.

［8］ 花禄森. 系统工程与航天系统工程管理 ［M］. 北京：中国宇航出版社，2010.

［9］ 伊·普里高津，伊·斯唐热. 从混沌到有序 ［M］. 曾庆宏，沈小峰译. 上海：上海译文出版社，1987.

［10］ 贝塔朗菲. 一般系统论 ［M］. 北京：社会科学文献出版社，1987.

［11］ ANDRESEN M M，HEIN L. Integrated Product Development ［M］. Berlin：Springer，1987.

［12］ 詹武，董亚卓，郭颖辉，等. 基于 DoDAF 的多视角能力概念定义与度量描述方法 ［J］. 指挥信息系统与技术，2017，8（5）：15-19.

［13］ 张维明，修保新. 体系工程问题研究 ［J］. 中国电子科学研究院学报，2011，6（5）：451-456.

［14］ 张最良，黄谦，李露阳. 体系开发规律和科学途径 ［J］. 中国科学基金，2006，3：159-162.

［15］ 谭跃进，赵青松. 体系工程的研究与发展 ［J］. 中国电子科学研究院学报，2011，6（5）：441-445.

［16］ 徐振兴，姜江. "系统的系统" 工程——体系工程研究综述 ［J］. 自然辩证法研究，2011，27（2）：56-61.

［17］ 刘晓强. 集成论初探 ［J］. 中国软科学，1997，10：103-106.

［18］ 孙淑生，李必强. 试论集成论的基本范畴与基本原理 ［J］. 科技进步与对策，2003，8：8-10.

［19］ 海峰，李必强，冯艳飞. 集成论的基本原理 ［J］. 新技术·新方法，2000，22（4）：172-177，219-223.

［20］ 陈忠，王浣尘. 系统演化的原理与特征 ［C］. 中国系统工程学会第八届学术年会，1994：92-96.

［21］ 严广东，王浣尘. SAR 系统的基本原理和研究思路. The 11th Annual Conference of Systems Engineering Society of China，2000：74-80.

［22］ 曹鸿兴. 界壳理论及其应用 ［J］. 自然杂志，1999，22（3）：145-196.

［23］ 冯绍军，陈禹六. 系统集成的约束机理研究 ［J］. 系统工程理论与实践，2002，5：19-23.

［24］ 左晋. 系统集成概念范畴研究 ［J］. 现代情报，2012，32（3）：130-133.

［25］ 林益. 一般系统论研究的过去、现在和未来（上）［J］. 空军工程大学学报（自然科学版），2001，2（6）：1-6.

［26］ 林益. 一般系统论研究的过去、现在和未来（下）［J］. 空军工程大学学报（自然科学版），2002，3（1）：1-10.

［27］ 杨天社，席政，黄永宣，等. 航天工程系统集成模型和策略研究 ［J］. 空间科学学报，2006，26

（6）：459-464.

[28] 邹德儒，解向军. 第三代飞机航空电子系统集成 [J]. 飞机设计，2013，33（5）：47-50.

[29] 沈文杰，尹光甲. 综合自动测试系统集成策略 [J]. 现代雷达，2001，23：1-4.

[30] 孙国兴，张宇，陈雷. 数字化检验在航电系统集成生产中的应用 [J]. 飞机设计，2013，33（3）：68-70.

[31] 蒲小勃，谢岚风. 新一代航电系统结构研究 [C]. 航空机载产业及技术发展研讨会，2002.

[32] 常雷雷. 装备技术体系成熟度与满足度评估方法研究 [D]. 长沙：国防科学技术大学，2014.

[33] 张明国. 耗散结构理论与"阶梯式发展"——一种"非线性阶梯发展观"的尝试性建构 [J]. 系统科学学报，2014，22（4）：17-21.

[34] 周秋蓉. 对耗散结构理论的思考 [J]. 重庆师范学院学报（自然科学版），1995，12（2）：20-23.

[35] 管晓刚. 耗散结构论的科学与哲学意义 [J]. 系统辩证学学报，2000，8（4）：30-34.

[36] 王崧. 耗散结构论的理论价值及方法论意义探析 [J]. 电子科技大学学报（社科版），2006，8（6）：72-74.

[37] 艾新波. 成效导向系统工程方法与应用初探 [D]. 北京：北京交通大学，2009.

[38] 郭宝柱. 大型、复杂技术项目的系统工程方法 [C]. 中国系统工程学会第十四届学术年会，2006：245-249.

[39] 汪应洛. 当代中国系统工程的演进 [J]. 西安交通大学学报，2004，24（4）：1-6.

[40] 赵佩华，张卫国. 论系统工程方法（论）由"硬"变"软"的内在根由 [J]. 系统科学学报，2008，16（3）：19-23.

[41] 赵亚男，黄体忠. 系统工程方法论综述 [C]. The 13th Annual Conference of System Engineering Society of China，2004：289-295.

[42] 张书琛. 系统工程中的价值哲学分析 [J]. 系统辩证学学报，1998，6（3）：79-85.

[43] 麦绿波. 标准体系构建的方法论 [J]. 标准科学，2011，6：11-15.

[44] 郭道劝. 基于 TRL 的技术成熟度模型及评估研究 [J]. 国防科技，2007，38（3）：34-44.

[45] 田陇豫，荆涛，刘磊. 基于关键技术贡献的系统成熟度评价算法研究 [J]. 计算机仿真，2011，28（10）：28-31.

[46] 褚恒之，曾相戈. 技术成熟度评价在航空装备研制中的应用研究 [C]. 第五届中国航空学会青年科技论坛，2012：211-215.

[47] 卜广志. 武器装备体系的技术成熟度评估方法 [J]. 系统工程理论与实践，2011，31（10）：1994-2000.

[48] DoD. Technology readiness assessment（TRA）deskbook [R]. U. S. A. Department of Defense，2009.

[49] 任长晟. 武器装备体系技术成熟度评估方法研究 [D]. 长沙：国防科技大学，2010.

[50] 钱学森. 一个科学新领域——开放的复杂巨系统及其方法论 [J]. 上海理工大学学报，2011，33（6）：526-532.

[51] 涂建军. 装备标准化系统工程基本原理与模型 [J]. 标准科学，2016，33：16-23.

[52] MAIER M W. Architecture Principles for System-of-systems [J]. Systems Engineering，1998，1（4）：267-284.

[53] 刘旭蓉，侯妍，艾克武. 美英武器装备项目技术成熟度评估研究 [J]. 装备指挥技术学院学报，2005，16（6）：48-52.

[54] SAUSER B，Ramirez-Marquez J，VERMA D. From TRL to SRL：The Concept of Systems Readiness Levels，The 4th Conference on Systems Engineering Research，Los Angles，2006.